보통 미적분이라는 공포스런 이름으로 불리지만
알고 보면 아름다운 수학의 한 방법에 대한 가장 간편하고도 쉬운 입문서

톰슨의 쉬운 미적분

Calculus Made Easy

실베이너스 필립스 톰슨 지음 | 이주명 옮김

필맥

톰슨의 쉬운 미적분(Calculus Made Easy)

지은이 | 실베이너스 필립스 톰슨
옮긴이 | 이주명

1판 1쇄 펴낸날 | 2011년 2월 10일
1판 4쇄 펴낸날 | 2022년 10월 20일

펴낸이 | 문나영

펴낸곳 | 필맥
출판등록 | 제2021-000073호
주소 | 경기도 고양시 덕양구 중앙로 542, 910호
홈페이지 | www.philmac.co.kr
전화 | 031-972-4491   팩스 | 031-971-4492

ISBN 978-89-91071-83-4 (03410)

Korean translation copyright © 2011 by Philmac Publishing Co.

* 이 책의 한국어판 저작권은 필맥이 소유합니다. 이 책의 전부 또는 일부 내용을 재사용하려면 반드시 사전에 필맥의 서면 동의를 받아야 합니다.
* 인쇄, 제작, 유통 과정에서 파본된 책은 구입하신 서점에서 바꾸어 드립니다.

어느 한 바보가 할 수 있는 것은 다른 바보도 할 수 있다.
What one fool can do, another can.
(고대 원숭이 속담)

| 머리말 |

미적분을 할 줄 아는 바보들이 얼마나 많은가. 그런데도 그들이 아닌 다른 바보들에게는 똑같은 미적분 기법을 능숙하게 구사하는 방법을 배운다는 것이 어렵거나 지루한 과제라는 생각이 널리 퍼져 있는 것은 놀라운 일이다.

미적분 기법 가운데 어떤 것은 아주 쉽지만, 어떤 것은 아주 어렵다. 고등수학 교과서를 쓴 바보들(그들은 대부분 똑똑한 바보다)은 미적분 가운데 쉬운 부분이 얼마나 쉬운지를 당신에게 보여주려고 하는 경우가 드물다. 오히려 그들은 그런 부분을 다룰 때 가장 어려운 길로 돌아 감으로써 자기들이 엄청나게 똑똑하다는 인상을 당신에게 주고 싶어 하는 것처럼 보인다.

나 자신은 눈에 띄게 멍청한 사람이다. 그래서 나는 어려운 부분은 다 잊어버리고 이제부터 나와 같은 바보들에게 어렵지 않은 부분만 설명하고자 한다. 내가 설명하는 것들을 완전히 익히면 나머지 다른 것들도 익힐 수 있게 될 것이다. 어느 한 바보가 할 수 있는 것은 다른 바보도 할 수 있다.

| 개정판에 붙임 |

이 책이 놀라운 성공을 거둔 것을 보고 이번의 개정판에는 풀이가 된 예제와 연습문제를 상당히 많이 추가했다. 또한 경험상 더 많은 설명이 필요할 것을 보이는 부분에는 이번 기회에 설명을 추가했다. 많은 선생님과 학생들은 물론이고 비판자들에게도 편지를 보내주고 귀중한 제안을 해준 데 대해 감사드린다. 1914년 10월.

| 차례 |

머리말 • 4

1장 미리부터 갖게 되는 공포를 없애기 위해 • 9
2장 작음의 상이한 정도에 대해 • 11
3장 상대적 증가에 대해 • 18
4장 가장 단순한 경우의 예 • 27
5장 그 다음 단계: 상수를 어떻게 다룰 것인가 • 36
6장 함수의 합, 차, 곱, 몫 • 46
7장 축차미분 • 61
8장 시간이 변화할 때 • 65
9장 유용한 우회기법 소개 • 80
10장 미분의 기하학적 의미 • 90
11장 극대와 극소 • 107
12장 곡선의 구부러진 정도 • 127
13장 추가로 소개하는 유용한 우회기법 • 136
14장 완전한 복리와 유기적 성장의 법칙 • 151

15장 사인과 코사인을 다루는 법 • 186

16장 편미분 • 197

17장 적분 • 207

18장 미분의 역과정으로서의 적분 • 217

19장 적분으로 넓이 구하기 • 231

20장 우회기법, 함정, 그리고 승리 • 252

21장 몇 가지 미분방정식의 해 구하기 • 261

22장 곡선의 구부러짐에 대한 몇 가지 추가 설명 • 276

23장 곡선의 일부인 호의 길이를 구하는 방법 • 291

맺음말 • 308

미분과 적분의 표준형태 • 311

연습문제의 해답 • 314

옮긴이의 후기 • 333

찾아보기 • 337

기호로 사용되는 그리스 문자

대문자	소문자	영어명칭	읽기(*)
A	α	Alpha	알파
B	β	Beta	베타
Γ	γ	Gamma	감마
Δ	δ	Delta	델타
E	ε	Epsilon	엡실론
Z	ζ	Zeta	제타
H	η	Eta	에타
Θ	θ	Theta	세타
I	ι	Iota	이오타
K	κ	Kappa	카파
Λ	λ	Lambda	람다
M	μ	Mu	뮤
N	ν	Nu	뉴
Ξ	ξ	Xi	크시
O	o	Omicron	오미크론
Π	π	Pi	파이
P	ρ	Rho	로
Σ	σ	Sigma	시그마
T	τ	Tau	타우
Y	υ	Upsilon	윕실론
Φ	φ	Phi	파이
X	χ	Chi	카이
Ψ	ψ	Psi	프사이
Ω	ω	Omega	오메가

(역주) 이 '읽기'는 그리스어의 본래 발음과 같지도 않고, 영어 명칭의 영어발음과 같지도 않다. 일본 사람들이 읽는 방식과 상당히 비슷하기는 하지만 꼭 같지는 않다. 이 '읽기'는 일본어의 영향 아래 우리나라의 수학자, 과학자, 교사 등이 그렇게 읽다보니 관행화된 것이다.

1장
미리부터 갖게 되는 공포를 없애기 위해

미적분을 배워야 하는 고등학생이 미적분에 대해 미리부터 갖게 되는 공포로 숨이 막혀 그것을 배우려는 시도조차 하지 못하게 되는 경우가 많다. 그러나 미적분에서 사용되는 두 개의 가장 기본적인 기호가 무슨 뜻인지를 일상적인 언어로 말해보는 것만으로도 그러한 공포를 제거할 수 있다.

공포를 불러일으키는 그 두 개의 기호는 다음과 같다.

(1) d: 이것은 '~의 작은 조각(a little bit of)'이라는 뜻일 뿐이다.

그러므로 dx는 x의 작은 조각이라는 뜻이고, du는 u의 작은 조각이라는 뜻이다. 수학자들은 보통 '~의 작은 조각'이라는 말보다 '~의 요소(an element of)'라는 말이 더 정중한 표현이라고 생각한다. 어떻게 말하든 그건 각자의 자유다. 그러나 그 작은 조각(또는 요소)을 무한히 작은 것으로 봐도 된다는 것을 당신은 곧 알게 될 것이다.

(2) $\int$: 이것은 에스(S) 자를 길게 늘여 쓴 것일 뿐이며, '~의 합'이라고 불러도 된다(당신이 원한다면).

그러므로 $\int dx$는 x의 작은 조각들을 전부 다 더한다는 뜻이고, $\int dt$는 t

의 작은 조각들을 전부 다 더한다는 뜻이다. 수학자들은 보통 이 기호를 '~의 적분(the integral of)'이라고 부른다. 이제는 어느 바보도 x를 수많은 작은 조각들로 구성된 것으로 간주한다면 그 각각의 작은 조각을 dx라고 부를 수 있고, 그 작은 조각들을 다 더하면 dx들의 합(이것은 x 전부와 같다)이 구해진다는 것을 알 것이다. '적분'이라는 말은 '전부(the whole)'라는 의미일 뿐이다. 1시간이라는 '시간'을 예로 든다면 그것이 '초'라고 불리는 작은 조각 3600개로 쪼개진다고 생각해도 된다(당신이 이렇게 생각하고 싶다면). 그 3600개의 작은 조각들을 다 더하면 1시간이 된다.

흔히 두려움을 불러일으키는 $\int$라는 기호로 시작되는 수식을 만나게 되더라도 이제부터는 당신이 두려워할 필요가 없을 것이다. 왜냐하면 그 기호가 거기에 씌어져 있는 것은 당신에게 그 뒤에 나오는 다른 기호가 가리키는 작은 조각들을 전부 다 더하는 연산을 하라고(그렇게 할 수 있다면) 지시하는 것일 뿐임을 이제는 당신이 알게 됐기 때문이다.

그게 다다.

2장
작음의 상이한 정도에 대해

우리는 앞으로 미적분 연산을 하는 과정에서 작은 정도가 서로 다른 작은 양을 다뤄야 함을 알게 될 것이다.

또한 작은 양이 너무 미세하게 작으면 그것을 고려대상에서 제외시킬 수 있는데, 어떤 상황에서 그렇게 할 수 있는지도 우리는 알아야 한다. 이와 관련해 작음의 상대적인 정도가 관건이 된다.

이 문제에 대한 어떤 일반적인 규칙을 정하기에 앞서 우리에게 익숙한 몇 가지 경우를 생각해보자. 1시간에는 60분이 들어있고, 1일에는 24시간이 들어있으며, 1주에는 7일이 들어있다. 따라서 1일에는 1,440분이 들어있고, 1주에는 10,080분이 들어있다.

1주 전부와 비교하면 1분은 분명히 매우 작은 시간의 양이다. 실제로 우리의 선조는 1시간과 비교해도 1분은 작은 양이라고 보고 그것을 '1미누트(minùte)'라고 불렀다. 이것은 1시간의 1미누트(즉 60분의 1)에 해당하는 조각이라는 뜻이다. 이보다 더 작은 시간의 조각이 필요하게 되자 우리의 선조는 1분을 더 작은 60개의 부분으로 나누었고, 엘리자베스 여왕이 통치하던 시기[1]에는 그 60개의 작은 부분 하나하나를 '2차 미누트(second minùte; 즉 두 번째 단계로 미세한 작은 양)'라고 불렀다. 그래서 우리가 두 번째 단계로 작은 그런 시간의 양을 '초(second)'라고 부르게 된 것이다. 그러나 오늘날에는 그것이 왜 그렇게 불리게 됐는지를 아는 사람이 별로 없다.

1일과 비교해 1분이 그렇게 작은 양이라면 1초는 얼마나 더 작은 양이겠는가!

이번에는 1파딩[2]을 1소버린[3]과 비교해보자. 1파딩은 1소버린의 $\frac{1}{1,000}$을 가까스로 넘는 정도에 불과하다. 따라서 1소버린과 비교하면 1파딩은 별로 중요하지 않다고 볼 수 있고, 분명히 하나의 작은 양으로 간주할 수 있다. 그렇다면 1파딩을 1000파운드와 비교하면 어떠할까? 더 큰 금액인 1,000파운드에 대해 1파딩이 갖는 중요성은 1소버린에 대해 $\frac{1}{1,000}$파딩이 갖는 중요성이나 마찬가지로 작을 것이다. 소버린이 제아무리 금화라고 해도 백만장자의 재산에서 1소버린은 무시할 수 있는 정도의 작은 양이다.

그 다음으로, 어떤 목적을 위해 우리가 상대적으로 작다고 말할 수 있는 부분을 가리키는 분수를 놓고 본다면 그것보다 더 작은 단계의 다른 작은 분수를 얼마든지 이야기할 수 있다. 따라서 시간을 따져볼 의도에서 $\frac{1}{60}$을 작은 부분으로 본다면 $\frac{1}{60}$의 $\frac{1}{60}$(즉 작은 부분의 작은 부분)은 두 번째 단계로 작은 양으로 간주할 수 있을 것이다.[4]

---

1 _ (역주) 이는 영국 튜더왕조의 5대 왕인 엘리자베스 1세 여왕이 재위하던 시기를 말한다. 엘리자베스 1세 여왕은 1558년부터 1603년까지 45년간 재위했다.
2 _ (역주) farthing. 1960년까지 사용된 영국의 청동화. 1파딩은 $\frac{1}{4}$페니 또는 $\frac{1}{960}$파운드에 해당.
3 _ (역주) sovereign. 영국의 금화. 1파운드에 해당.

또는 어떤 의도에서든 우리가 1퍼센트(즉 $\frac{1}{100}$)를 작은 부분으로 본다면 1퍼센트의 1퍼센트(즉 $\frac{1}{10,000}$)는 두 번째 단계로 작은 부분이 될 것이고, $\frac{1}{1,000,000}$은 1퍼센트의 1퍼센트의 1퍼센트이므로 세 번째 단계로 작은 부분이 될 것이다.

마지막으로, 매우 정밀한 정도까지 따져봐야 할 일이 있어서 $\frac{1}{1,000,000}$은 돼야 '작다'고 볼 수 있다고 가정하자. 예를 들어 일등급 크로노미터[5]의 경우는 1년에 30초 넘게 늦어지거나 빨라지는 일이 없어야만 우리가 그것을 가지고 1,051,200분의 1 이하의 정확도로 시간을 잴 수 있다. 이러한 의도에서 우리가 $\frac{1}{1,000,000}$(즉 100만 분의 1)을 작은 양으로 간주한다면 $\frac{1}{1,000,000}$의 $\frac{1}{1,000,000}$, 다시 말해 $\frac{1}{1,000,000,000,000}$ (즉 1조 분의 1)은 두 번째 단계로 작은 양이 될 것이며, 이것은 상대적으로 비교할 때 완전히 무시해도 된다.

그렇다면 작은 양 자체가 더 작아질수록 그 작은 양에 대응하는 두 번째 단계의 작은 양은 더욱 더 무시해도 됨을 알 수 있다. 따라서 우리는 모든 경우에 첫 번째 단계의 작은 양 자체가 충분히 작다면 그에 대응하는 두 번째 단계의 작은 양이나 세 번째 단계의 작은 양은(물론 네 번째 단계 이후의 작은 양도) 무시해도 됨을 알 수 있다.

그러나 우리의 수식에서 작은 양이 어떤 다른 인수(factor)와 곱해진 인수로 존재하는데 그 다른 인수 자체가 크다면 그 작은 양이 중요해질

---

4 _ (원주) 수학자들은 두 번째 단계의 '규모(magnitude)' (즉 '크기')라는 말을 한다. 그런데 이 말로 그들이 가리키는 것은 사실은 두 번째 단계의 '작음'이다. 이런 그들의 표현은 미적분을 처음으로 배우는 초보자에게는 매우 혼란스럽다.

5 _ (역주) chronometer. 천문관측이나 항해에 주로 이용되는 정밀시계. 기온의 변화나 배의 흔들림 등에 따라 발생하는 시간의 오차가 최소화되도록 만들어진 시계.

수 있음을 기억해두어야 한다. 1파딩도 100과 곱해진다면 중요해질 수 있는 것이다.

그런데 미적분에서 우리는 x의 작은 조각을 dx라고 쓴다. 이렇게 쓰는 dx, du, dy와 같은 것들을 우리는 '미분(differential)'이라고 부른다. 즉 각각의 경우에 우리는 x의 미분, u의 미분, y의 미분이라는 말을 사용한다(이 세 가지 기호는 각각 '디 엑스', '디 유', '디 와이'라고 읽는다). dx가 x의 작은 조각이고 그 자체가 상대적으로 작다고 해서 $x \cdot dx$, $x^2 \cdot dx$, $a^x \cdot dx$와 같은 양들을 무시할 수 있다고 생각해서는 안 된다. 그러나 $dx \times dx$는 두 번째 단계로 작은 양이므로 무시해도 된다.

매우 단순한 예를 들어 설명하면 이해하는 데 도움이 될 것이다.

x라는 양이 늘어날 때 그 증가분을 dx라고 하고, x가 늘어나 $x+dx$가 된다고 생각해보자. 이 $x+dx$의 제곱은 $x^2 + 2x \cdot dx + (dx)^2$이다. 이 수식의 두 번째 항은 첫 번째 단계의 작은 양이므로 무시할 수 없다. 그러나 세 번째 항은 x^2의 작은 조각의 작은 조각이므로 두 번째 단계로 작은 양이다. 따라서 dx가 숫자로 이를테면 x의 $\frac{1}{60}$이라고 가정한다면 위 수식의 두 번째 항은 x^2의 $\frac{2}{60}$가 되고, 세 번째 항은 x^2의 $\frac{1}{3,600}$이 될 것이다. 이 마지막 항은 두 번째 항에 비해 덜 중요한 것이 분명하다. 그러나 더 나아가 dx가 x의 $\frac{1}{1,000}$을 의미한다고 가정하면 위 수식의 두 번째 항은 x^2의 $\frac{2}{1,000}$가 되고, 세 번째 항은 x^2의 $\frac{1}{1,000,000}$에 불과하게 될 것이다.

기하학적으로는 이것을 다음과 같이 설명할 수 있다. 각 변의 길이가 x인 정사각형을 그려보자(그림 1). 그리고 그 정사각형이 가로와 세로 두 방향으로 작은 양인 dx만큼씩 커진다고 가정하자. 그러면 커진 정사각형

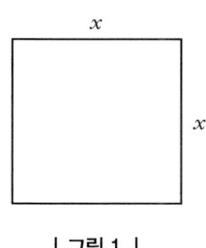

| 그림 1 |

은 넓이가 x^2인 원래의 정사각형, 각각의 넓이가 $x \cdot dx$(합치면 $2x \cdot dx$)인 위쪽과 오른쪽의 두 직사각형, 그리고 넓이가 $(dx)^2$인 오른쪽 위 모서리 부분의 정사각형으로 구성된다. 그림 2에서는 우리가 dx를 x가 늘어난 부분으로서는 꽤 크게 그려서 dx가 x의 5분의 1 정도나 된다. 그러나 dx가 가느다란 펜에 잉크를 묻혀 그은 선의 굵기에 비해서도 $\frac{1}{100}$에 불과하다고 가정해보자. 그러면 오른쪽 위 모서리 부분의 정사각형은 넓이가 x^2의 $\frac{1}{10,000}$에 불과하게 되어 사실상 거의 눈에 보이지 않을 것이다. x의 증가분 dx 자체가 충분히 작다고 볼 수만 있다면 $(dx)^2$은 무시할 수 있을 게 분명하다.

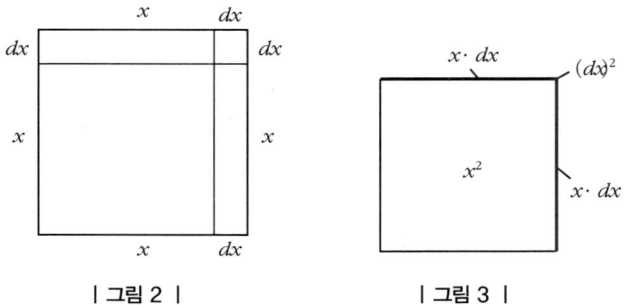

| 그림 2 | | 그림 3 |

유사한 예를 하나 더 검토해보자.

백만장자가 자기 비서에게 이렇게 말한다고 가정해보자. "다음 주에 내 수중에 들어오는 모든 돈의 작은 일부를 자네에게 주겠네." 또한 그 비서는 자기 아들에게 이렇게 말한다고 가정하자. "내가 받게 되는 돈의 작은 일부를 너에게 주겠다." 두 사람이 말한 '작은 일부'가 각각 $\frac{1}{100}$이라고 생각해보자. 다음 주에 백만장자의 수중에 1000파운드가 들어왔다면 그의 비서는 10파운드를 받게 될 것이고, 그 비서의 아들은 2실링[6]을 받게 될 것이다. 1,000파운드에 비하면 2파운드도 작은 금액이겠지만, 2실링은 두 번째 단계로 작은 금액이므로 그야말로 작은 금액일 것이다. 그런데 두 사람이 말한 '작은 부분'이 분수로 $\frac{1}{100}$이 아니라 $\frac{1}{1,000}$이라면 금액의 차이가 얼마가 될까? 이 경우에는 백만장자의 수중에 1,000파운드가 들어온다면 그의 비서는 단지 1파운드만을 받게 될 것이고, 그 비서의 아들이 받게 될 돈은 1파딩에도 못 미치게 될 것이다!

기지가 넘치는 수석사제 스위프트[7]는 다음과 같이 쓴 적이 있다.[8]

그래서 자연연구자들은 이렇게 말한다.

벼룩은 자기를 먹이로 삼는 더 작은 벼룩에 시달리고,

그 더 작은 벼룩은 자기를 물어뜯는 더욱 더 작은 벼룩에 시달리며,

이런 식으로 무한히 이어진다고.

---

6 _ (역주) shilling. 1971년까지 사용된 영국의 화폐단위. 1실링은 12펜스 또는 $\frac{1}{20}$ 파운드.

7 _ (역주) 조너선 스위프트. 1667~1745. 아일랜드의 시인, 소설가, 성직자. 아일랜드의 더블린에 있는 성패트릭 성당의 수석사제를 지냈다.

8 _ (원주) On Poetry: a Rhapsody (p. 20). 1733년에 인쇄됐다. 이 시는 흔히 잘못 인용되고 있으나 스위프트가 쓴 것이 맞다.

힘센 황소가 보통 크기의 벼룩, 즉 첫 번째 단계로 작은 벼룩에 시달리게 될까봐 걱정할 수는 있다. 그러나 벼룩의 벼룩은 두 번째 단계로 작은 벼룩이어서 무시해도 되므로 황소가 그것에 대해서는 아마 신경을 쓰지 않을 것이다. 벼룩의 벼룩은 그 전부로서도 황소에게 대수로운 존재가 아닐 것이다.

3장
상대적 증가에 대해

미적분을 공부하는 과정 전체에 걸쳐 우리는 증가하는 양과 그 증가율을 다루게 된다. 우리는 모든 양을 두 가지 부류로 나눈다. 그것은 상수(constant)와 변수(variable)다. 우리가 고정된 값으로 간주하고 상수라고 부르는 것들은 일반적으로 알파벳 앞부분에 나오는 a, b, c, d와 같은 문자로 표기한다. 반면에 우리가 증가할 수 있다고, 또는 '변동(varying)'(수학자들은 이렇게 말한다)할 수 있다고 간주하는 것들은 알파벳의 끝부분에 나오는 x, y, z, u, v, w와 같은 문자로 표기하며 때로는 t로도 표기한다.

더 나아가 우리는 보통 한 번에 두 개 이상의 변수를 동시에 다루면서 그 가운데 하나의 변수가 다른 변수에 의존하는 방식에 대해 생각하게 된다. 예를 들어 우리는 발사된 물체가 도달하는 높이가 그 높이에 도달하는 데 걸리는 시간에 어떤 식으로 의존하는가를 생각하게 된다. 또는 일정한 넓이를 가진 사각형을 검토해서 그 세로길이의 증가가 어떤 식으로 그에 대응하는 가로길이의 감소를 가져오는지를 알아보라는 요구를 받게 된다. 그런가 하면 사다리의 기울기에 어떤 변화가 있을 때 그 변화가 어떤 식으로 사다리의 높이를 변화시키는지를 생각해보기도 한다.

우리가 이처럼 서로 의존하는 두 개의 변수를 갖고 있다고 가정하자. 그러면 그러한 의존관계 때문에 어느 한 변수에 일어나는 변화는 다른 변수에 변화를 일으킬 것이다. 두 개의 변수 가운데 하나를 변수 x, 다른 하나를 변수 y라고 하자.

그리고 우리가 x를 변화시킨다고 가정해보자. 다시 말해 x에 dx라는 것을 더해주는 방식으로 우리가 x를 변화시키거나, x가 저절로 그렇게 변화한다고 상상해보자. 그러면 x는 $x+dx$가 된다. 이렇게 되면 x가 변화했으므로 y도 변화해 $y+dy$가 될 것이다. 여기서 dy는 어떤 경우에는 0보다 큰 양수일 것이고, 또 어떤 경우에는 0보다 작은 음수일 것이다. 그리고 그것은 dx와 크기가 같지 않을 것이다(물론 기적적으로 같게 되지 않는 한 그렇다는 말이다).

두 개의 예를 들어보자.

(1) x와 y가 각각 직삼각형(직각삼각형)의 밑변과 높이이며, 그 직삼각형의 빗변은 30°의 각도로 고정돼있다고 하자(그림 4). 이 삼각형이 커지되 그 두 개의 각은 처음과 똑같은 각도를 유지한다고 하면 밑변이 늘어

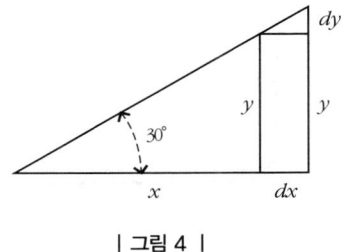

| 그림 4 |

나 $x+dx$가 될 때 높이는 $y+dy$가 된다. 여기서 x를 늘이면 y가 늘어나는 결과가 초래된다. 높이가 dy이고 밑변이 dx인 작은 삼각형은 원래의 삼각형과 닮은꼴이다. 그리고 비율 $\frac{dy}{dx}$가 비율 $\frac{y}{x}$와 같다는 것은 자명하다. 그리고 직각이 아닌 각의 각도가 30°임을 고려하면 다음과 같이 됨을 알 수 있다.

$$\frac{dy}{dx} = \frac{1}{1.73}$$

(2) 그림 5에서 x는 길이가 고정된 사다리의 아래쪽 끝 부분이 벽에서 떨어진 수평거리이고, y는 그 사다리의 위쪽 끝 부분이 도달하는 벽의 높이라고 하자. 그렇다면 y는 분명히 x에 의존한다. 사다리의 아래쪽 끝 부분인 A를 벽에서 조금 더 멀리로 잡아당기면 사다리의 위쪽 끝 부분인 B는 조금 더 낮은 위치로 내려오리라는 것을 우리는 쉽게 알 수 있다. 이것을 수학의 전문용어로 다시 진술해보자. 우리가 x를 $x+dx$로 늘리면 y는 $y-dy$가 될 것이다. 즉 x에 양의 증가분이 추가되면 그 결과로 나타나는 y의 증가분은 음이 될 것이다.

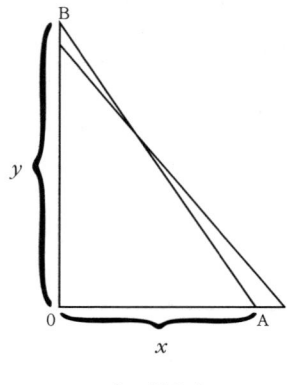

| 그림 5 |

그런데 그러한 변화는 얼마나 클까? 사다리의 길이가 그 아래쪽 끝 부분인 A가 벽에서 19인치만큼 떨어지면 그 위쪽 끝 부분인 B가 땅보다 15피트만큼 높은 곳의 벽에 닿게 될 정도라고 하자. 그렇다면 사다리의 아래쪽 끝 부분을 벽으로부터 1인치만큼 더 멀리로 끌어당긴다고 할 때 사다리의 위쪽 끝 부분은 얼마나 밑으로 내려오게 될까? 단위를 모두 인치로 통일시켜 써보자.[9] $x=19$인치일 때 $y=180$인치다. 그런데 우리가 dx라고 부르는 x의 증가분이 1인치라면 $x+dx=20$인치가 된다.

이때 y는 얼마나 감소할까? 감소한 뒤의 새로운 높이는 $y-dy$라고 쓸 수 있다. 유클리드의 I-47 정리[10]를 이용해 사다리의 새로운 높이를 계산해보면 dy가 얼마가 되는지를 알아낼 수 있다. 사다리의 길이는 다음과 같다.

$\sqrt{(180)^2+(19)^2}=181$인치

그렇다면 $y-dy$, 즉 새로운 높이는 분명히 다음과 같이 계산된다.

$(y-dy)^2=(181)^2-(20)^2=32761-400=32361$,

따라서 $y-dy=\sqrt{32361}=179.89$인치.

그런데 y는 180인치이므로 dy는 $180-179.89=0.11$인치.

따라서 우리가 dx를 1인치 증가로 놓는다면 그 결과로 dy는 0.11인치 감소가 됨을 알 수 있다.

그리고 dy 대 dx의 비율은 다음과 같이 쓸 수 있다.

---

9 _ (역주) 1피트는 12인치이고, 30.48cm다.
10 _ (역주) 유클리드(그리스어로는 에우클레이데스)가 쓴 《기하학 원론》 1권에서 47번째로 제시된 정리, 즉 '직사각형에서 빗변의 길이를 제곱한 값은 나머지 두 변의 길이를 각각 제곱해서 더한 값과 같다'는 정리를 말한다.

$$\frac{dy}{dx} = \frac{0.11}{1}$$

dy는 dx와 그 크기가 다를 것(사다리가 단 하나의 특정한 위치에 있는 경우만을 제외하고는)이라는 점도 쉽게 알 수 있다.

우리가 미분을 할 때에는 언제나 하나의 신기한 것을 추구하고, 추구하고, 또 추구하게 된다. 그런데 그것은 단지 하나의 비율일 뿐이다. 그것은 dx와 dy가 둘 다 무한히 작을 때 둘 사이의 관계가 어떠할지를 보여주는 비율이다.

이때 x와 y가 어떤 방식으로든 서로 관련돼있어 x가 변화하면 언제나 y도 변화할 경우에만 우리가 이런 $\frac{dy}{dx}$라는 비율을 구할 수 있다는 점에 주목해야 한다. 방금 본 두 개의 예 가운데 첫 번째 예에서는 삼각형의 밑변 x를 더 길게 늘이면 삼각형의 높이 y도 더 길게 늘어나게 되고, 두 번째 예에서는 사다리의 아래쪽 끝 부분이 벽에서 떨어진 거리 x를 더 늘리면 그에 대응해 사다리가 도달하는 높이 y가 처음에는 천천히, 그러나 x가 늘어날수록 점점 더 빠르게 낮아질 것이다. 이 두 경우에 x와 y의 관계는 완전히 확정적이어서 수학의 수식으로 각각 $\frac{y}{x} = \tan 30°$와 $x^2 + y^2 = l^2$(l이 사다리의 길이라고 할 때)이라고 표현할 수 있다. 그리고 각각의 경우에 우리가 알아낸 것의 의미가 $\frac{dy}{dx}$에 담겨 있다.

만약 x는 앞에서와 마찬가지로 사다리의 아래쪽 끝 부분이 벽에서 떨어진 거리이지만 y는 사다리가 도달하는 높이가 아니라 수평으로 잰 벽의 길이이거나, 벽에 들어있는 벽돌의 개수이거나, 벽이 설치된 뒤로 경과한 연수라면 x의 그 어떤 변화도 y에 변화를 초래하지 않을 것이 당연하다. 이런 경우에는 $\frac{dy}{dx}$가 아무런 의미도 갖지 못하며, 그것을 표현하는 수식을 구하는 것이 가능하지 않다. 우리가 dx, dy, dz 등의 미분기호를 사용할 때에는 언제나 x, y, z 등의 사이에 모종의 관계가 존재함을 전제하고 그러는 것이며, 그 관계를 우리는 x, y, z 등의 '함수(function)' 라고 부른다. 예를 들어 위에서 제시된 두 개의 수식, 즉 $\frac{y}{x}=\tan 30°$와 $x^2+y^2=l^2$은 x와 y의 함수다. 이 두 개의 수식은 x를 y의 수식으로 표현하거나 y를 x의 수식으로 표현하는 방식도 암묵적으로 내포하고 있다(즉 그러한 방식을 분명하게 드러내 보여주지는 않지만 속에 갖고 있다). 이런 이유에서 그 두 개의 수식과 같은 것을 우리는 x와 y의 암묵적 함수(implicit function, 음함수)라고 부르며, 그 두 개의 수식은 다음과 같이 바꿔 쓸 수 있다.

$y=x \cdot \tan 30°$ 또는 $x=\dfrac{y}{\tan 30°}$

$y=\sqrt{l^2-x^2}$ 또는 $x=\sqrt{l^2-y^2}$

이들 수식은 x의 값을 y의 수식으로, 그리고 y의 값을 x의 수식으로 명시적으로(즉 분명하게 드러내어) 말해주고 있으며, 이런 이유에서 각각 x와 y의 명시적 함수(explicit function, 양함수)라고 부른다. 예를 들어 $x^2+3=2y-7$은 x와 y의 암묵적 함수다. 이것은 $y=\dfrac{x^2+10}{2}$ (x의 명시적 함수) 또는 $x=\sqrt{2y-10}$ (y의 명시적 함수)으로 쓸 수도 있다. x, y, z 등의 명시적 함수는 간단히 말해 x, y, z 등이 변화할 때(어느 하나만 변화하든 몇 개가 동시에 변화하든) 그 값이 변화하는 어떤 것이다. 이 때문에 명시적 함수로 표현되는 변수는 그 값이 그 함수에 들어있는 다른 변수들의 값에 의존한다는 점에서 종속변수(dependent variable)라고 불리고, 그 다른 변수들은 그 값이 그 함수가 갖게 되는 값에 따라 결정되는 것이 아니므로 독립변수(independent variable)라고 불린다. 예컨대 $u=x^2\sin\theta$ 에서 x와 θ는 독립변수이고, u는 종속변수다.

x, y, z와 같은 몇 개의 변수들이 정확하게 어떤 관계에 있는지가 알려져 있지 않거나 수식으로 간편하게 그 관계를 표현하기가 어려운 경우도 종종 있다. 즉 그런 변수들 사이에 모종의 관계가 있어서 다른 변수들의 양에 영향을 미치지 않으면서 x나 y나 z만을 변화시킬 수는 없다는 사실만 알려져 있거나 그렇다고만 진술할 수 있는 경우가 있는 것이다. 이런 경우에는 x, y, z의 함수가 존재한다는 사실이 기호로 $F(x,y,z)$(암묵적 함수) 또는 $x=F(y,z)$, $y=F(x,z)$, $z=F(x,y)$(명시적 함수) 등의 표현으로 암시된다. 때로는 F 대신 f나 ϕ가 사용되기도 한다. 따라서 $y=F(x)$, $y=f(x)$, $y=\phi(x)$는 모두 같은 의미, 즉 아직은 구체적으로 진술되지 않은 어떤 방식으로 y의 값이 x의 값에 의존한다는 의미를 갖고 있다.

비율 $\frac{dy}{dx}$ 를 우리는 'x에 대한 y의 미분계수(differential coefficient)'라고 부른다. 이것은 방금 이야기한 매우 단순한 것을 근엄하게 학문적으로 부르는 이름이다. 그러나 우리는 이와 같은 근엄한 이름 때문에 두려워할 필요가 없다. 왜냐하면 그것이 가리키는 것 자체는 매우 쉬운 것이기 때문이다. 우리는 두려움을 갖기보다는 발음하기도 어려운 그러한 긴 이름을 내세우는 어리석음에 대해 그저 짧은 저주의 말이나 내뱉고,

---

11 _ (역주)수학에서 '대수'는 두 가지 의미로 사용된다. 그중 하나는 수 대신 문자를 사용해 사칙연산을 하거나, 방정식을 다루거나, 추상적 관계를 탐구하거나 하는 '대수(代數, algebra)'이고, 다른 하나는 로그(logarithm)의 번역어인 '대수(對數)'다. 우리말 발음만으로는 구분할 수 없는 이런 두 가지 뜻으로 '대수'라는 수학용어가 사용됨으로써 한자에 익숙하지 않은 우리나라 학생들에게 다소의 혼란이 빚어지게 된 것은 과거에 일본어 번역이 그대로 수입되어 관행화된 탓으로 추측된다. 이런 혼란을 피하기 위해 요즘에는 일반적으로 '대수'는 대수(代數)의 뜻으로만 사용하고 대수(對數)는 '로그'로 표기한다.

그렇게 해서 마음을 가볍게 만든 다음에 단순하고 쉬운 것 그 자체, 즉 $\frac{dy}{dx}$라는 비율을 살펴보는 일로 넘어가자.

보통의 대수[11]을 학교에서 배울 때 우리는 언제나 x와 y로 부르는, 알려지지 않은 어떤 양(미지수)의 값을 구하곤 했다. 때로는 미지수 2개의 값을 동시에 구해야 했다. 지금부터 당신은 새로운 방식으로 그러한 일을 하는 법을 배워야 한다. 이제는 당신이 사냥해야 하는 여우가 x도 y도 아니다. 그 대신 $\frac{dy}{dx}$라고 불리는 신기한 여우새끼를 사냥해야 한다. $\frac{dy}{dx}$의 값을 찾아내는 과정은 '미분하기'라고 불린다. 그러나 당신이 찾아야 하는 것은 dx와 dy가 둘 다 무한히 작을 때 이 비율이 갖게 되는 값임을 잊지 말라. 미분계수의 진정한 값은 dx와 dy가 둘 다 무한히 미세하게 작다고 간주되는 극한의 경우에 미분계수가 접근해가는 값이다.

그러면 이제부터 $\frac{dy}{dx}$를 찾는 법을 배우자.

| 3장에 대한 주석 |

미분 기호를 읽는 법

dx를 d 곱하기 x라고 생각하는 초등학생이나 중학생 수준의 오류에 빠져서 득이 될 것은 전혀 없다. 왜냐하면 d는 곱의 인수가 아니기 때문이다. d는 그 뒤에 나오는 게 무엇이든 그것의 작은 요소 또는 그것의 작은 조각을 의미하는 것이다. dx는 '디 엑스' 라고 읽는다.

이런 문제에 대해 지도해줄 사람이 없는 독자를 위해 간단히 말해둔다면, 미분계수는 다음과 같이 읽는다.

미분계수 $\frac{dy}{dx}$는 '디 와이 바이(by) 디 엑스' 또는 '디 와이 오버(over) 디 엑스' 라고 읽는다. 따라서 $\frac{du}{dt}$는 '디 유 바이 디 티' 라고 읽으면 된다.

이 책을 읽다보면 이차 미분계수도 만나게 될 것이다. 이차 미분계수는 $\frac{d^2y}{dx^2}$와 같이 쓰고, '디 투 와이 오버 디 엑스 스퀘어드(squared, 제곱)' 라고 읽는다. 이것의 의미는 y를 x에 대해 미분하는 연산을 연속으로 두 번 했다(또는 해야 한다)는 것이다.

어느 함수가 미분됐음을 알리는 또 하나의 방법은 그 함수의 기호에 액센트 표시를 하는 것이다. 따라서 y가 x의 특정되지 않은 함수(23쪽을 보라)라고 할 때 $y=F(x)$의 미분을 $\frac{d(F(x))}{dx}$ 라고 쓰는 대신에 $F'(x)$라고 써도 된다. 이와 비슷하게 $F''(x)$는 원래의 함수 $F(x)$가 x에 대해 연속해서 두 번 미분됐다는 뜻이다.

4장
가장 단순한 경우의 예

그러면 가장 기본적인 원리에 근거해 몇 가지 단순한 대수식을 우리가 어떻게 미분할 수 있는지를 살펴보자.

예 1

$y=x^2$이라는 단순한 수식을 가지고 시작해보자. 먼저 미적분과 관련해 가장 기초적인 개념은 '증가'임을 상기하자. 수학자들은 이것을 '변동'이라고 부른다. y와 x^2이 서로 같다면 x가 증가할 때 x^2도 증가할 것이 분명하고, x^2이 증가하면 y도 증가할 것이다. 우리가 찾아내야 하는 것은 y의 증가와 x의 증가 사이의 비율이다. 다른 말로 표현하면, 우리의 과제는 dy와 dx 사이의 비율을 찾아내는 것, 또는 더 간단하게 말해 $\frac{dy}{dx}$의 값을 구하는 것이다.

x가 조금 더 커진다고 한다면 그것은 $x+dx$가 된다. 마찬가지로 y가 조금 더 커진다고 한다면 그것은 $y+dy$가 된다. 그렇다면 커진 y는 커진 x의 제곱과 같다는 것이 여전히 참일 게 분명하다. 이것을 수식으로 쓰면 다음과 같다.

$y+dy=(x+dx)^2$

제곱을 수행하면 우리는 다음과 같은 수식을 얻는다.

$y+dy=x^2+2x \cdot dx+(dx)^2$

여기서 $(dx)^2$은 무슨 의미일까? dx는 x의 조각, 보다 정확하게 말하면 x의 작은 조각을 의미한다는 것을 상기하라. 그렇다면 $(dx)^2$은 x의 작은 조각의 작은 조각을 의미할 것이다. 다시 말해 $(dx)^2$은 앞(12~13쪽)에서 설명했듯이 두 번째 단계로 작은 양이다. 따라서 이것은 다른 항들에 비해 고려할 만한 가치가 거의 없을 정도로 사소한 것으로 보고 버려도 된다. 이것을 제거하면 다음과 같이 된다.

$y+dy=x^2+2x \cdot dx$

이 수식의 양변에서 $y=x^2$을 빼면 다음의 수식만 남는다.

$dy=2x \cdot dx$

양변을 dx로 나누면 다음과 같이 된다.

$\dfrac{dy}{dx}=2x$

바로 이것[12]이 우리가 찾고자 했던 것이다. 지금 우리가 살펴보고 있

---

[12] _ (원주) 주의: 이 비율 $\dfrac{dy}{dx}$는 y를 x에 대해 미분한 결과다. 미분한다는 것은 미분계수를 구한다는 의미다. 우리에게 x의 어떤 다른 함수, 예컨대 $u=7x^2+3$이라는 함수가 주어졌다고 해보자. 이 함수를 x에 대해 미분하라는 지시를 받았다면 우리는 $\dfrac{du}{dx}$를 구해야 한다. 이는 $\dfrac{d(7x^2+3)}{dx}$를 구해야 한다는 것과 같은 말이다. 그런가 하면 시간이 독립변수(23쪽을 보라)인 경우의 문제가 우리에게 주어질 수도 있다. $y=b+\dfrac{1}{2}at^2$이라는 수식을 예로 들 수 있겠다. 이것을 미분하라는 지시를 받았다면 그 지시는 t에 대한 y의 미분계수를 구하라는 의미다. 그렇다면 우리가 해야 할 일은 $\dfrac{dy}{dt}$를 구하는 것, 즉 $\dfrac{d\left(b+\dfrac{1}{2}at^2\right)}{dt}$를 구하는 것이 된다.

는 예에서 x의 증가에 대한 y의 증가는 $2x$의 비율을 갖고 있음이 밝혀진 것이다.

숫자로 보면 다음과 같다.

$x=100$이고, 따라서 $y=10,000$이라고 하자. 그런 다음에 x가 증가해 101이 된다고(즉 $dx=1$이라고) 하자. 그러면 증가한 y는 $101 \times 101 = 10,201$이 될 것이다. 그러나 두 번째 단계로 작은 양은 무시해도 된다는 데 우리가 동의한다면 1은 10,000에 비해 무시할 수 있는 양으로 보고 제거할 수 있다. 그러므로 우리는 끝수를 제거하고 10,200을 증가한 y로 볼 수 있다. 즉 y는 10,000에서 10,200으로 증가한 것이다. 그렇다면 y의 증가분 dy는 200이다.

$$\frac{dy}{dx} = \frac{200}{1} = 200$$

앞의 구절에서 우리는 대수적 연산으로 $\frac{dy}{dx}=2x$라는 결과를 얻었다. $x=100$이면 $2x=200$이니 그 결과는 방금 숫자로 설명한 내용과 부합한다.

그런데 끝수 1을 통째로 무시해버리지 않았느냐고 당신이 항변할지도 모르겠다.

그렇다면 dx를 더 작은 조각으로 만들고, 그것을 가지고 다시 살펴보자.

$dx=\frac{1}{10}$이라고 놓아보자. 그러면 $x+dx=100.1$이 된다. 그리고 그 제곱은 다음과 같다.

$(x+dx)^2 = 100.1 \times 100.1 = 10,020.01$

여기서 끝에 씌어진 숫자 1은 10,000에 비하면 100만 분의 1에 지나지 않으니 얼마든지 무시해도 된다. 따라서 우리는 소수점보다 뒤에 나오는 숫자 가운데 맨 끝에 있는 1을 제거하고 10,020을 위 계산의 결과로 채택할 수 있다. 이렇게 하면 $dy=20$이 되고, 따라서 $\frac{dy}{dx}=\frac{20}{0.1}=200$이 되며, 이것은 $2x$와 같다.

예 2

위와 같은 방식으로 이번에는 $y=x^3$을 미분해보자.

x가 $x+dx$로 증가하는 동안에 y가 $y+dy$로 증가한다고 하자. 그러면 우리는 다음 수식을 얻게 된다.

$y+dy=(x+dx)^3$

세제곱을 수행하면 다음과 같이 된다.

$y+dy=x^3+3x^2 \cdot dx+3x(dx)^2+(dx)^3$

그런데 우리는 두 번째 단계와 세 번째 단계로 작은 양은 무시할 수 있음을 알고 있다. 따라서 dy와 dx를 무한히 작은 양으로 만든다면 $(dx)^2$과 $(dx)^3$은 상대적으로 더욱 더 작은 양이 될 것이다. 이 두 가지를 무시하면 다음과 같은 수식만 남는다.

$y+dy=x^3+3x^2 \cdot dx$

$y=x^3$이므로 이것을 양변에서 빼면

$dy=3x^2 \cdot dx$,

즉 $\frac{dy}{dx}=3x^2$이 된다.

예 3

$y=x^4$을 미분해보자. 앞에서와 마찬가지로 y와 x가 조금씩 증가한다고 가정하는 것으로 시작하자.

$y+dy=(x+dx)^4$

네제곱을 수행하면 다음 수식을 얻게 된다.

$y+dy=x^4+4x^3 \cdot dx+6x^2 \cdot (dx)^2+4x \cdot (dx)^3+(dx)^4$

여기서 dx의 거듭제곱 지수가 2 이상인 항은 모두 상대적으로 작은 양으로 보고 제거한다. 그러면 우리는 다음 수식을 얻게 된다.

$y+dy=x^4+4x^3 \cdot dx$

양변에서 애초에 주어졌던 $y=x^4$을 빼면

$dy=4x^3 \cdot dx$,

즉 $\frac{dy}{dx}=4x^3$이 된다.

지금까지 소개한 세 개의 예는 아주 쉽다. 그 결과를 한데 모아보고 거기서 어떤 일반적인 규칙을 끌어낼 수 있는지를 살펴보자. 그 결과를 두 열로 늘어놓자. 한 열에는 y의 값을 늘어놓고, 다른 한 열에는 그에 대응하는 $\frac{dy}{dx}$의 값으로 구해진 것을 늘어놓자. 그러면 다음과 같이 된다.

y	$\frac{dy}{dx}$
x^2	$2x$
x^3	$3x^2$
x^4	$4x^3$

이 표를 들여다보면 곧바로 눈에 띄는 점이 있다. 미분을 하면 그 효과로 x의 거듭제곱 지수가 1만큼 줄어들고(예컨대 맨 밑의 경우에 x^4이 x^3으로 바뀐 것과 같이), 이와 동시에 어떤 숫자(미분하기 전의 거듭제곱 지수와 사실상 같은 숫자)가 곱해지게 되는 것으로 보인다. 이런 점을 보

게 됐으니 이제 당신은 위 표에 정리된 것들 말고 다른 것들은 어떻게 되는지에 대해서도 쉽게 추측해볼 수 있다. 예컨대 x^5을 미분하면 그 결과가 $5x^4$이 되리라고, 그리고 x^6을 미분하면 그 결과가 $6x^5$이 되리라고 당신은 예상할 수 있을 것이다. 만약 이렇게 예상하기를 주저하게 되는 독자가 있다면 앞의 방식으로 x^5이나 x^6을 한번 미분해보고, 당신의 예상이 옳았는지를 확인해보라.

x^5을 미분해보도록 하자. 이 경우는 다음과 같이 된다.

$$y+dy=(x+dx)^5$$
$$=x^5+5x^4 \cdot dx+10x^3(dx)^2+10x^2(dx)^3+5x(dx)^4+(dx)^5$$

거듭제곱 지수가 2 이상인 작은 양을 포함하고 있는 항을 모두 무시하면 다음과 같은 수식만 남는다.

$y+dy=x^5+5x^4 \cdot dx$

$y=x^5$을 양변에서 빼면 다음과 같이 된다.

$dy=5x^4 \cdot dx$

이로부터 우리는 $\frac{dy}{dx}=5x^4$을 얻을 수 있다. 이것도 우리가 예상했던 것과 정확하게 똑같다.

우리가 관찰한 것을 논리적으로 확장시켜보자. 작은 양의 거듭제곱 지수가 2 이상(일반화해 n이라고 하자)인 수식을 다루고자 한다면 위와 같은 방식으로 하면 된다.

$y=x^n$이라고 하자.

그러면 우리는 다음과 같이 되리라고 예상할 수 있다.

$$\frac{dy}{dx} = nx^{n-1}$$

예를 들어 $n=8$이라고 하면 $y=x^8$이 되고, 이것을 미분하면 $\frac{dy}{dx} = 8x^7$을 얻게 될 것이다.

x^n을 미분하면 nx^{n-1}이라는 결과를 얻게 된다는 규칙은 사실 n이 양의 정수인 모든 경우에 성립한다(이는 이항정리(二項定理, binomial theorem)를 이용해 $(x+dx)^n$을 전개해보기만 하면 곧바로 알 수 있다). 그런데 n이 음수이거나 분수인 값을 갖는 경우에도 이 규칙이 성립하는가 하는 문제에 대해 답하려면 더 많은 검토가 필요하다.

거듭제곱 지수가 음수인 경우

$y=x^{-2}$이라고 하고 앞에서 했던 대로 해보자.

$$y+dy = (x+dx)^{-2}$$
$$= x^{-2}\left(1+\frac{dx}{x}\right)^{-2}$$

이항정리(159쪽을 보라)를 이용해 이것을 전개하면 다음과 같이 된다.

$$= x^{-2}\left[1 - \frac{2dx}{x} + \frac{2(2+1)}{1\times 2}\left(\frac{dx}{x}\right)^2 - etc.\right]$$
$$= x^{-2} - 2x^{-3}\cdot dx + 3x^{-4}(dx)^2 - 4x^{-5}(dx)^3 + etc.$$

그러므로 두 번째 단계 이상의 작은 양들을 무시하면 다음 수식을 얻게 된다.

$$y+dy = x^{-2} - 2x^{-3}\cdot dx$$

양변에서 애초의 $y=x^{-2}$을 빼면 다음 수식이 남는다.

$$dy = -2x^{-3}\cdot dx$$

따라서 $\frac{dy}{dx} = -2x^{-3}$

그리고 이것은 앞에서 도출한 규칙과 부합한다.

거듭제곱 지수가 분수인 경우

$y = x^{\frac{1}{2}}$ 이라고 하고, 앞에서 했던 대로 하면 다음과 같이 된다.

$$y + dy = (x + dx)^{\frac{1}{2}} = x^{\frac{1}{2}} \left(1 + \frac{dx}{x}\right)^{\frac{1}{2}}$$

$$= \sqrt{x} + \frac{1}{2} \frac{dx}{\sqrt{x}} - \frac{1}{8} \frac{(dx)^2}{x\sqrt{x}} + (dx\text{의 거듭제곱 지수가 3 이상인 항들})$$

애초의 $y = x^{\frac{1}{2}}$ 을 빼고 거듭제곱 지수가 2 이상인 항들을 무시하면 다음과 같이 된다.

$$dy = \frac{1}{2} \frac{dx}{\sqrt{x}} = \frac{1}{2} x^{-\frac{1}{2}} \cdot dx$$

따라서 $\frac{dy}{dx} = \frac{1}{2} x^{-\frac{1}{2}}$.

이것도 일반적인 규칙과 부합한다.

<u>요약</u> 우리가 어디까지 왔는지를 확인하고 넘어가자. 우리는 이런 법칙에 도달했다. "x^n을 미분하려면 거듭제곱 지수와 같은 수를 곱해주고 거듭제곱 지수에서는 1을 빼라." 이렇게 하면 우리는 nx^{n-1}이라는 미분의 결과를 얻게 된다.

연습문제 I

해답은 314쪽을 보라.

다음 수식을 미분하라.

(1) $y = x^{13}$

(2) $y = x^{-\frac{3}{2}}$

(3) $y = x^{2a}$

(4) $u = t^{2.4}$

(5) $z = \sqrt[3]{u}$

(6) $y = \sqrt[3]{x^{-5}}$

(7) $u = \sqrt[5]{\dfrac{1}{x^8}}$

(8) $y = 2x^a$

(9) $y = \sqrt[q]{x^3}$

(10) $y = \sqrt[n]{\dfrac{1}{x^m}}$

이제 당신은 x를 거듭제곱한 것을 미분하는 법을 배워 알게 됐다. 얼마나 쉬운가!

5장
그 다음 단계: 상수를 어떻게 다룰 것인가

앞에서 우리는 방정식을 다루면서 x를 증가하는 것으로 간주했고, 그때 x가 증가한 결과로 y도 그 값이 변동해 증가했다. 우리는 보통 x를 우리가 변동시킬 수 있는 양으로 생각한다. 그리고 x의 변동을 일종의 원인으로 봄으로써 그에 따라 일어나는 y의 변동을 일종의 결과로 간주한다. 다시 말해 우리는 y의 값이 x의 값에 의존한다고 본다. x와 y는 둘 다 변수다. 하지만 x는 작용을 가하는 변수인 데 비해 y는 '종속변수'라는 점이 다르다. 앞의 1~4장에서 우리는 y에 종속적으로 일어나는 변동이 x에 독립적으로 일어나는 변동과 어떤 비율의 관계를 갖는지에 대한 규칙을 찾고자 했다.

그 다음 단계는 상수, 즉 x나 y의 값이 변화할 때 변화하지 않는 양의 존재가 미분의 과정에 어떤 영향을 미치는지를 알아보는 것이다.

더해진 상수

더해진 상수의 단순한 예 몇 가지를 살펴보는 것으로 시작하자. 우선 다음과 같은 수식이 주어졌다고 하자.

$y = x^3 + 5$

앞에서와 마찬가지로 x가 $x+dx$로, y가 $y+dy$로 각각 증가한다고 가정하자. 그러면 다음과 같이 된다.

$y + dy = (x+dx)^3 + 5$
$\quad\quad\quad = x^3 + 3x^2 \cdot dx + 3x(dx)^2 + (dx)^3 + 5$

두 번째 단계 이후의 작은 양을 무시하면 이 수식은 다음과 같이 바뀐다.

$y + dy = x^3 + 3x^2 \cdot dx$

애초의 $y = x^3 + 5$를 빼면 다음과 같은 수식만 남는다.

$dy = 3x^2 \cdot dx$

따라서 $\frac{dy}{dx} = 3x^2$

이 결과를 보면 5라는 수는 완전히 사라졌다. 그 수는 x의 증가에 아무런 기여도 하지 않으며, 따라서 미분계수에 나타나지 않는다. 5 대신 7이나 700, 또는 그 밖의 다른 어떤 수가 더해져 있었다고 해도 그것은 사라져버렸을 것이다. 어떤 상수를 나타내기 위해 a나 b나 c 등의 문자를 사용한다고 해도 우리가 미분을 하면 그 문자가 사라져버릴 것이다.

더해진 상수가 -5나 $-b$와 같은 음수였다고 해도 마찬가지로 사라져버렸을 것이다.

곱해진 상수

간단한 실험으로 다음과 같은 예를 살펴보자.

$y = 7x^2$이라는 수식이 주어졌다고 하자. 우리가 앞에서 했던 대로 하면 다음과 같은 수식을 얻게 된다.

$y + dy = 7(x+dx)^2$

$$=7\{x^2+2x \cdot dx+(dx)^2\}$$
$$=7x^2+14x \cdot dx+7(dx)^2$$

여기서 애초의 $y=7x^2$을 빼고 마지막 항을 무시하면 다음과 같이 된다.

$$dy=14x \cdot dx$$
$$\frac{dy}{dx}=14x$$

이제 $y=7x^2$과 $\frac{dy}{dx}=14x$라는 두 개의 식을 각각 그래프로 그려서 이 예를 시각적으로 설명해보자. 그래프는 x에 0, 1, 2, 3 등의 연속적인 값들을 대입해서 그 각각에 대응하는 y와 $\frac{dy}{dx}$의 값을 구하는 것을 통해 그릴 수 있다.

이렇게 구한 값들을 다음과 같이 표로 정리해보자.

x	0	1	2	3	4	5	−1	−2	−3
y	0	7	28	63	112	175	7	28	63
$\frac{dy}{dx}$	0	14	28	42	56	70	−14	−28	−42

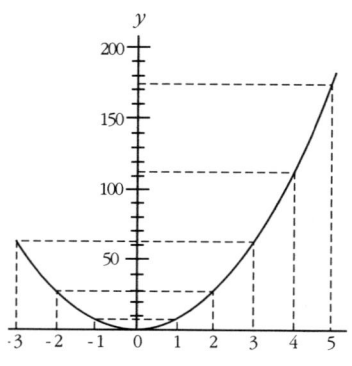

| 그림 6 $y=7x^2$의 그래프 |

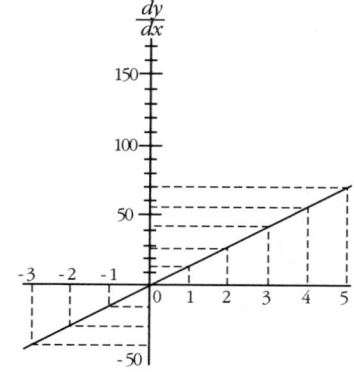

| 그림 6a $\frac{dy}{dx}=14x$의 그래프 |

이용하기 편리하게 눈금이 그어진 모눈종이에 위 표의 값들을 표시하면 우리는 그림 6과 그림 6a에 그려진 것과 같은 두 개의 곡선을 얻게 된다.

이 두 개의 그림을 주의 깊게 비교해 살펴보고, 우리가 도출한 두 개의 곡선 가운데 그림 6a에 그려진 곡선의 세로좌표 높이가 그에 대응하는 x의 값에서 애초의 곡선이 갖는 기울기[13]에 비례함을 증명해보자. 원점보다 왼쪽에서는 애초의 곡선이 음의 기울기를 가지며(즉 왼쪽에서 오른쪽을 향해 하향하며), 그에 대응하는 도출된 곡선의 세로좌표도 음의 값을 갖는다.

이제 앞으로 돌아가 27~28쪽을 보면, 우리가 단지 x^2만을 미분하면 $2x$를 얻게 됨을 알 수 있다. 따라서 $7x^2$의 미분계수는 x^2의 미분계수에 비해 정확하게 7배 크기가 된다. $8x^2$을 가지고 이야기하면 그 미분계수는 x^2의 미분계수에 비해 8배 크기가 될 것이다. 따라서 $y=ax^2$을 미분하면 다음과 같이 된다.

$$\frac{dy}{dx}=a\times 2x$$

우리가 만약 $y=ax^n$이라는 수식을 미분한다면 $\frac{dy}{dx}=a\times nx^{n-1}$을 얻게 될 것이다. 따라서 어떤 수식에 상수가 단순히 곱해진 항이 있다면 그 수식을 미분했을 때 그 상수가 단순히 곱해진 상태로 다시 그대로 나타난다. 그리고 곱하기에 대해 옳은 것은 나누기에 대해서도 똑같이 옳다. 왜냐하면 위의 예에서 우리가 상수를 7 대신 $\frac{1}{7}$로 놓았다면 미분을 한 뒤의 결과에 $\frac{1}{7}$이 그대로 다시 나타날 것이기 때문이다.

---

13 _ (원주) 곡선의 기울기에 대해서는 90쪽을 보라.

몇 가지 추가적인 예

아래에 완전한 풀이와 함께 제시되는 추가적인 예들은 일반적인 대수식에 적용되는 미분의 과정에 관한 한 당신이 그것을 완전히 터득하게 해주고, 이 장의 끝 부분에 나오는 연습문제를 당신이 혼자서 풀 수 있게 해줄 것이다.

(1) $y = \dfrac{x^5}{7} - \dfrac{3}{5}$ 을 미분하라.

$\dfrac{3}{5}$ 은 더해진 상수이므로 사라진다(37쪽을 보라).

따라서 우리는 곧바로 다음과 같이 쓸 수 있다.

$$\dfrac{dy}{dx} = \dfrac{1}{7} \times 5 \times x^{5-1}$$

즉 $\dfrac{dy}{dx} = \dfrac{5}{7} x^4$

(2) $y = a\sqrt{x} - \dfrac{1}{2}\sqrt{a}$ 를 미분하라.

$\dfrac{1}{2}\sqrt{a}$ 항은 더해진 상수이므로 사라진다. 그리고 $a\sqrt{x}$ 를 지수의 형태로 바꿔 쓰면 $ax^{\frac{1}{2}}$ 이 되므로 우리는 다음과 같이 미분할 수 있다.

$$\dfrac{dy}{dx} = a \times \dfrac{1}{2} \times x^{\frac{1}{2}-1} = \dfrac{a}{2} \times x^{-\frac{1}{2}}$$

즉 $\dfrac{dy}{dx} = \dfrac{a}{2\sqrt{x}}$

(3) $ay + bx = by - ax + (x+y)\sqrt{a^2 - b^2}$ 이라고 할 때 x에 대한 y의 미분계수를 구하라.

일반적으로 이런 종류의 수식은 우리가 지금까지 습득한 지식보다 조금 더 많은 지식을 필요로 한다. 그러니 수식을 보다 단순한 형태로 바꿀 수 있는지를 알아볼 필요가 있고, 이렇게 하는 것은 언제나 가치가 있는 일이다.

먼저 주어진 수식을 '$y=(x$만을 포함한 어떤 수식$)$'의 형태로 바꿔보자는 생각을 해야 한다.

위 수식은 다음과 같이 바꿔 쓸 수 있다.

$$(a-b)y+(a+b)x=(x+y)\sqrt{a^2-b^2}$$

양변을 제곱하면

$$(a-b)^2y^2+(a+b)^2x^2+2(a+b)(a-b)xy=(x^2+y^2+2xy)(a^2-b^2)$$이 된다.

이것은 다음과 같이 단순화할 수 있다.

$$(a-b)^2 y^2+(a+b)^2 x^2=x^2(a^2-b^2)+y^2(a^2-b^2)$$

또는 $[(a-b)^2-(a^2-b^2)]y^2=[(a^2-b^2)-(a^2+b^2)]x^2$

즉 $2b(b-a)y^2=-2b(b+a)x^2$

따라서 $y=\sqrt{\dfrac{a+b}{a-b}}\,x$, 즉 $\dfrac{dy}{dx}=\sqrt{\dfrac{a+b}{a-b}}$

(4) 반지름이 r, 높이가 h인 원기둥의 부피는 $V=\pi r^2 h$라는 공식으로 주어진다. $r=5.5$인치, $h=20$인치일 때 반지름에 대한 부피의 변동률을 구하라. $r=h$라고 할 때 원기둥이 얼마나 커야 반지름이 1인치 변동할 때 그로 인해 부피가 400세제곱인치만큼 변동하게 되는가.

r에 대한 V의 변동률은 다음과 같다.

$$\frac{dV}{dr} = 2\pi rh$$

$r=5.5$인치, $h=20$인치라면 이 변동률은 690.8이 된다. 이는 곧 반지름이 1인치 변동하면 그로 인해 부피가 690.8세제곱인치만큼 변동하게 된다는 뜻이다. 이 결과는 $r=5$일 때와 $r=6$일 때 원기둥의 부피가 각각 1,570세제곱인치와 2,260.8세제곱인치가 되고 따라서 그 차이가 $2,260.8-1,570=690.8$이 된다는 사실로 쉽게 검증된다.

또한 $r=h$라면

$$\frac{dV}{dr} = 2\pi r^2 = 400 \text{일 때}$$

$$r = h = \sqrt{\frac{400}{2\pi}} = 7.98 \text{인치가 된다.}$$

(5) 페리의 복사고온계[14]가 가리키는 눈금 값 θ는 관찰대상 물체의 섭씨 온도 t와 다음과 같은 관계를 갖고 있다.

$$\frac{\theta}{\theta_1} = \left(\frac{t}{t_1}\right)^4$$

여기서 θ_1은 관찰대상 물체의 알려진 온도 t_1에 대응하는 복사고온계의 눈금 값이다.

관찰대상 물체의 온도가 1,000℃일 때 이 복사고온계가 가리키는 눈금 값이 25였다고 한다면 관찰대상 물체의 온도가 800℃, 1,000℃, 1,200℃일 때 이 복사고온계가 보여주게 되는 감도를 비교하라.

---

14 _ (역주)Féry's Radiation Pyrometer. 물체가 온도에 따라 표면에서 내는 복사에너지의 세기에 의해 물체의 온도를 측정하는 계기.

여기서 감도란 관찰대상 물체의 온도에 대한 이 복사고온계가 가리키는 눈금 값의 변동률, 즉 $\dfrac{d\theta}{dt}$ 를 말한다.

위 공식은 다음과 같이 바꿔 쓸 수 있다.

$$\theta = \dfrac{\theta_1}{t_1^4} t^4 = \dfrac{25 t^4}{1,000^4}$$

따라서

$$\dfrac{d\theta}{dt} = \dfrac{100 t^3}{1000^4} = \dfrac{t^3}{10,000,000,000}$$

이 수식에 $t=800, 1,000, 1,200$를 대입하면 $\dfrac{d\theta}{dt}$ 는 각각 0.0512, 0.1, 0.1728이 된다.

따라서 이 복사고온계의 감도는 관찰대상 물체의 온도가 800℃에서 1,000℃로 올라가면 거의 두 배가 되고, 이어 관찰대상 물체의 온도가 1,200℃로 올라가면 다시 약 4분의 3배만큼 더 커지게 된다.

연습문제 II

해답은 314~315쪽을 보라.

다음 수식을 미분하라.

(1) $y = ax^3 + 6$

(2) $y = 13x^{\frac{3}{2}} - c$

(3) $y = 12x^{\frac{1}{2}} + c^{\frac{1}{2}}$

(4) $y = c^{\frac{1}{2}} x^{\frac{1}{2}}$

(5) $u = \dfrac{az^n - 1}{c}$

(6) $y = 1.18t^2 + 22.4$

당신 스스로 다른 예를 몇 가지 만들고 그것들을 미분해보라.

(7) 온도 $t\,℃$와 $0\,℃$에서 철봉의 길이가 각각 l_t와 l_0라면 $l_t = l_0(1 + 0.000012t)$라고 한다. 온도가 $1\,℃$ 변화할 때 철봉의 길이는 얼마나 변화하는가?

(8) c는 백열전등의 촉광, V는 전압이라고 한다면 $c = aV^b$(a와 b는 상수) 임이 발견됐다.

전압에 대한 백열전등의 촉광의 변화율을 구하라. 또 $a = 0.5 \times 10^{-10}$, $b = 6$인 백열전등의 경우에 전압이 80볼트, 100볼트, 120볼트일 때 볼트당 촉광의 변화가 얼마나 되는지 계산하라.

(9) 지름이 D, 길이가 L, 비중이 σ인 줄을 T의 힘으로 잡아 늘이면 그 줄의 진동수 n은 다음 수식으로 주어진다.

$$n = \dfrac{1}{DL}\sqrt{\dfrac{gT}{\pi\sigma}}$$

D, L, σ, T가 각각 홀로 변동할 때의 진동수 변화율을 구하라.

(10) 어떤 관이 파괴되지 않으면서 버텨낼 수 있는 최대의 외부압력 P는

다음 수식으로 주어진다.

$$P = \left(\frac{2E}{1-\sigma^2}\right)\frac{t^3}{D^3}$$

여기서 E와 σ는 상수, t는 관의 두께, D는 관의 지름이다. (이 공식은 D에 비해 $4t$는 작은 양이라고 가정하고 있다.)

관의 두께가 조금씩 변화할 때 P가 보여주는 변화율과 이와 별도로 지름이 조금씩 변화할 때 P가 보여주는 변화율의 비율을 구하라.

(11) 반지름의 변화에 대한 다음 각각의 변화율을 기본원리에 입각해 구하라.

(a) 반지름이 r인 원의 둘레.

(b) 반지름이 r인 원의 넓이.

(c) 빗면의 길이가 l인 원뿔의 옆넓이.

(d) 반지름이 r, 높이가 h인 원뿔의 부피.

(e) 반지름이 r인 구의 겉면적.

(f) 반지름이 r인 구의 부피.

(12) 온도가 T일 때 철봉의 길이 L은 $L = l_t[1+0.000012(T-t)]$로 주어지며, 이때 l_t는 온도가 t일 때 철봉의 길이를 나타낸다. 이 철봉을 가지고 바퀴에 덧씌울 수 있는 철테를 만들었다. 온도 T의 변화에 대한 이 철테의 지름 D의 변화율을 구하라.

6장
함수의 합, 차, 곱, 몫

앞에서 우리는 x^2+c 또는 ax^4과 같은 단순한 대수함수를 미분하는 법을 배웠다. 이제는 두 개 이상의 함수를 더한 것을 다루는 법을 검토해보겠다.

다음과 같은 수식을 예로 들어보자.

$$y=(x^2+c)+(ax^4+b)$$

이것의 $\frac{dy}{dx}$는 어떻게 될까? 이런 새로운 일은 어떻게 해야 하나?

이 질문에 대한 답은 아주 간단하다. 하나씩 따로 미분하기만 하면 된다. 따라서 다음과 같이 된다.

$$\frac{dy}{dx}=2x+4ax^3 \text{ (답)}$$

당신이 만약 이것이 과연 옳은 답일까 하는 의문을 조금이라도 갖게 된다면 보다 일반적인 예를 가지고 기본원리에 입각해 미분을 해보라. 그 방법은 다음과 같다.

x의 어떤 함수든 그것을 u라고 하고, x의 또 다른 함수를 그것이 무

엇이든 v라고 하자. 그리고 $y=u+v$라고 하자. 그러면 x가 $x+dx$로 증가할 때 y는 $y+dy$로 증가할 것이고, 이와 동시에 u는 $u+du$로, v는 $v+dv$로 각각 증가할 것이다.

따라서 우리는 다음과 같은 수식을 얻게 된다.

$y+dy=u+du+v+dv$

여기서 애초의 $y=u+v$를 빼면 다음 수식이 남는다.

$dy=du+dv$

양변을 dx로 나누면 다음과 같이 된다.

$$\frac{dy}{dx} = \frac{du}{dx} + \frac{dv}{dx}$$

이 수식은 위에서 우리가 미분을 한 과정이 타당했음을 보여준다. 각각의 함수를 따로따로 미분하고 그 결과들을 더하면 되는 것이다. 우리가 위에서 거론한 예로 돌아가 두 함수의 값을 방금 도출한 수식에 집어넣어보자.

앞(26쪽)에서 설명한 기호를 이용해 표현하면 우리는 다음과 같은 수식을 얻게 된다.

$$\frac{dy}{dx} = \frac{d(x^2+c)}{dx} + \frac{d(ax^4+b)}{dx} = 2x+4ax^3$$

이것은 위에서 구한 답과 정확하게 똑같다.

x의 함수가 세 개 있고 우리가 그것들을 각각 u, v, w라고 부른다고 할 때 y는 다음과 같다고 하자.

$y=u+v+w$

그러면 다음과 같이 된다.

$$\frac{dy}{dx} = \frac{du}{dx} + \frac{dv}{dx} + \frac{dw}{dx}$$

이로부터 함수의 차를 미분하는 방법도 곧바로 알 수 있다. 왜냐하면 v 자체가 음의 부호를 갖고 있다면 그 미분계수도 역시 음의 부호를 갖게 될 것이기 때문이다. 따라서 $y=u-v$를 미분하면 다음과 같이 된다.

$$\frac{dy}{dx} = \frac{du}{dx} - \frac{dv}{dx}$$

그러나 함수의 곱을 다뤄야 할 입장이라면 문제가 그렇게 간단하지 않다.

다음과 같은 수식을 미분해보라는 요구를 받았다고 가정해보자.

$y=(x^2+c) \times (ax^4+b)$

어떻게 해야 할까? 미분을 한 결과가 $2x \times 4ax^3$이 아닐 것은 분명하다. 왜냐하면 여기에는 $c \times ax^4$과 $x^2 \times b$가 고려된 흔적이 없음을 쉽게 알 수 있기 때문이다.

위 수식을 미분할 수 있게 해주는 방법으로는 두 가지가 있다.

첫 번째 방법은 먼저 곱셈을 하고, 그런 다음에 미분을 하는 것이다.

이 방법에 따라 x^2+c와 ax^4+b를 곱하면 다음과 같이 된다.

$ax^6+acx^4+bx^2+bc$

이제 이것을 미분하면 우리는 다음 수식을 얻는다.

$\frac{dy}{dx} = 6ax^5+4acx^3+2bx$

두 번째 방법은 기본원리로 돌아가 다음과 같은 방정식을 이용하는 것이다.

$y=u \times v$

단 여기서 u는 x의 한 함수이고, v는 x의 뭔가 다른 함수다. 이때 x

가 $x+dx$로 증가하고 y가 $y+dy$로 증가할 때 u는 $u+du$가 되고 v는 $v+dv$가 된다고 하면 우리는 다음과 같이 쓸 수 있다.

$$y+dy=(u+du)\times(v+dv)$$
$$=u\cdot v+u\cdot dv+v\cdot du+du\cdot dv$$

그런데 $du\cdot dv$는 두 번째 단계로 작은 양이고, 따라서 극한에서는 제거해도 된다. 그렇게 하면 다음 수식이 남는다.

$$y+dy=u\cdot v+u\cdot dv+v\cdot du$$

여기서 애초의 $y=u\cdot v$를 빼면 다음과 같이 된다.

$$dy=u\cdot dv+v\cdot du$$

양변을 dx로 나누면 우리는 다음과 같은 결과를 얻는다.

$$\frac{dy}{dx}=u\frac{dv}{dx}+v\frac{du}{dx}$$

이것은 우리에게 다음과 같은 지침을 준다. "두 함수의 곱을 미분하려면 각각의 함수를 다른 함수의 미분계수와 곱한 다음에 그렇게 해서 얻은 두 개의 곱을 더하라."

이 과정은 결국 다음과 같은 것이라는 데 주목해야 한다. 즉 v를 미분할 때에는 u를 상수로 취급하고 u를 미분할 때에는 v를 상수로 취급하면, 수식 전체의 미분계수 $\frac{dy}{dx}$는 그렇게 해서 얻은 두 개의 미분 결과를 더한 것이 된다.

이제는 우리가 규칙을 찾아냈으니 위에서 검토했던 구체적인 예에 적용해보자.

다음과 같은 곱을 미분하고 싶다고 하자.

$$(x^2+c)\times(ax^4+b)$$

우선 $(x^2+c)=u$, $(ax^4+b)=v$로 놓자.

그러면 우리가 방금 수립한 일반적인 규칙에 따라 다음과 같이 쓸 수 있다.

$$\frac{dy}{dx} = (x^2+c)\frac{d(ax^4+b)}{dx} + (ax^4+b)\frac{d(x^2+c)}{dx}$$

$$= (x^2+c)4ax^3 + (ax^4+b)2x$$

$$= 4ax^5 + 4acx^3 + 2ax^5 + 2bx$$

$$= 6ax^5 + 4acx^3 + 2bx$$

이것은 앞에서 도출한 결과와 정확하게 똑같다.

마지막으로 몫을 미분해보겠다.

$y = \frac{bx^5+c}{x^2+a}$ 라는 수식을 예로 들어 생각해보자. 이 경우에 먼저 나누기 계산을 해보려고 하는 것이 아무런 소용이 없다. 왜냐하면 bx^5+c는 x^2+a로 나눠지지 않기 때문이다. 둘 사이에는 공통인수가 없다. 따라서 이 경우에는 기본원리로 돌아가 어떤 규칙을 찾아내는 것 말고는 다른 도리가 없다. 우선 다음과 같이 써보자.

$$y = \frac{u}{v}$$

여기서 u와 v는 독립변수 x의 상이한 두 함수다. x가 $x+dx$가 되고 y가 $y+dy$가 될 때 u는 $u+du$가 되고 v는 $v+dv$가 된다고 하자. 그러면 다음과 같이 된다.

$$y + dy = \frac{u+du}{v+dv}$$

이 나누기 연산을 대수적으로 수행하면 다음과 같다.

$$\begin{array}{r|l|l}v+dv & u+du & \dfrac{u}{v}+\dfrac{du}{v}-\dfrac{u\cdot dv}{v^2}\\\hline & u+\dfrac{u\cdot dv}{v} & \\\hline & du-\dfrac{u\cdot dv}{v} & \\ & du+\dfrac{du\cdot dv}{v} & \\\hline & -\dfrac{u\cdot dv}{v}-\dfrac{du\cdot dv}{v} & \\ & -\dfrac{u\cdot dv}{v}-\dfrac{u\cdot dv\cdot dv}{v^2} & \\\hline & -\dfrac{du\cdot dv}{v}+\dfrac{u\cdot dv\cdot dv}{v^2} & \end{array}$$

나머지로 남은 두 개의 항은 두 번째 단계로 작은 양이므로 무시해도 된다. 또한 나누기 연산을 더 진행하면 그때의 나머지는 더욱 더 작은 양이 될 것이므로 나누기 연산을 여기서 중단해도 된다.

그렇다면 우리는 다음 결과를 얻는다.

$$y+dy=\frac{u}{v}+\frac{du}{v}-\frac{u\cdot dv}{v^2}$$

그리고 이것은 다음과 같이 바꿔 쓸 수 있다.

$$=\frac{u}{v}+\frac{v\cdot du-u\cdot dv}{v^2}$$

애초의 $y=\dfrac{u}{v}$ 를 빼면 다음 수식이 남는다.

$$dy=\frac{v\cdot du-u\cdot dv}{v^2}$$

이로부터 우리는 다음 수식을 얻게 된다.

$$\frac{dy}{dx} = \frac{v\dfrac{du}{dx} - u\dfrac{dv}{dx}}{v^2}$$

이것은 두 함수의 몫을 미분하는 법에 대해 다음과 같은 지침을 우리에게 준다. "분모함수에 분자함수의 미분계수를 곱하고 분자함수에 분모함수의 미분계수를 곱한 다음에 앞의 곱에서 뒤의 곱을 빼라. 그리고 마지막으로 그 전체를 분모함수의 제곱으로 나누어라."

앞에서 예로 든 $\dfrac{bx^5+c}{x^2+a}$ 로 돌아가자.

$bx^5+c=u$, $x^2+a=v$로 놓으면 다음과 같이 된다.

$$\frac{dy}{dx} = \frac{(x^2+a)\dfrac{d(bx^5+c)}{dx} - (bx^5+c)\dfrac{d(x^2+a)}{dx}}{(x^2+a)^2}$$

$$= \frac{(x^2+a)(5bx^4) - (bx^5+c)(2x)}{(x^2+a)^2}$$

$$= \frac{3bx^6 + 5abx^4 - 2cx}{(x^2+a)^2} \text{ (답)}$$

나누기를 한 결과를 정돈하는 일이 지루한 경우가 많지만, 그렇게 하는 데 어려운 것은 전혀 없다.

완전한 풀이가 된 예를 아래에 몇 가지 더 제시한다.

(1) $y = \dfrac{a}{b^2}x^3 - \dfrac{a^2}{b}x + \dfrac{a^2}{b^2}$ 을 미분하라.

$\dfrac{a^2}{b^2}$ 은 상수이므로 사라진다고 보면 우리는 다음과 같이 미분할 수 있다.

$$\frac{dy}{dx} = \frac{a}{b^2} \times 3 \times x^{3-1} - \frac{a^2}{b} \times 1 \times x^{1-1}$$

그런데 $x^{1-1} = x^0 = 1$이므로 우리는 다음과 같은 수식을 얻게 된다.

$$\frac{dy}{dx} = \frac{3a}{b^2}x^2 - \frac{a^2}{b}$$

(2) $y = 2a\sqrt{bx^3} - \dfrac{3b\sqrt[3]{a}}{x} - 2\sqrt{ab}$ 를 미분하라.

x를 지수의 형식으로 쓰면 다음과 같이 된다.

$$y = 2a\sqrt{b}\,x^{\frac{3}{2}} - 3b\sqrt[3]{a}\,x^{-1} - 2\sqrt{ab}$$

이제 미분을 하자.

$$\frac{dy}{dx} = 2a\sqrt{b} \times \frac{3}{2} \times x^{\frac{3}{2}-1} - 3b\sqrt[3]{a} \times (-1) \times x^{-1-1}$$

따라서 $\dfrac{dy}{dx} = 3a\sqrt{bx} + \dfrac{3b\sqrt[3]{a}}{x^2}$

(3) $z = 1.8\sqrt[3]{\dfrac{1}{\theta^2}} - \dfrac{4.4}{\sqrt[5]{\theta}} - 27°$ 를 미분하라.

이것은 다음과 같이 바꿔 쓸 수 있다.

$$z = 1.8\,\theta^{-\frac{2}{3}} - 4.4\,\theta^{-\frac{1}{5}} - 27°$$

$27°$는 사라지므로 미분을 하면 다음과 같이 된다.

$$\frac{dz}{d\theta} = 1.8 \times -\frac{2}{3} \times \theta^{-\frac{2}{3}-1} - 4.4 \times \left(-\frac{1}{5}\right)\theta^{-\frac{1}{5}-1}$$

따라서 $\dfrac{dz}{d\theta} = -1.2\,\theta^{-\frac{5}{3}} + 0.88\,\theta^{-\frac{6}{5}}$

즉 $\dfrac{dz}{d\theta} = \dfrac{0.88}{\sqrt[5]{\theta^6}} - \dfrac{1.2}{\sqrt[3]{\theta^5}}$

(4) $v = (3t^2 - 1.2t + 1)^3$을 미분하라.

이것을 직접 미분하는 방법은 나중에 설명될 것이다(80~81쪽을 보라). 그렇지만 지금도 우리는 아무런 어려움 없이 이것을 미분할 수 있다. 세제곱을 전개하면 다음과 같이 된다.

$$v = 27t^6 - 32.4t^5 + 39.96t^4 - 23.328t^3 - 13.32t^2 - 3.6t + 1$$

그러므로
$$\frac{dv}{dt} = 162t^5 - 162t^4 + 159.84t^3 - 69.984t^2 + 26.64t - 3.6$$

(5) $y = (2x-3)(x+1)^2$을 미분하라.

$$\frac{dy}{dx} = (2x-3)\frac{d[(x+1)(x+1)]}{dx} + (x+1)^2\frac{d(2x-3)}{dx}$$

$$= (2x-3)[(x+1)\frac{d(x+1)}{dx} + (x+1)\frac{d(x+1)}{dx}] + (x+1)^2\frac{d(2x-3)}{dx}$$

$$= 2(x+1)[(2x-3) + (x+1)]$$

$$= 2(x+1)(3x-2)$$

또는 보다 간단하게 곱셈을 다 하고 나서 미분을 해도 된다.

(6) $y = 0.5x^3(x-3)$을 미분하라.

$$\frac{dy}{dx} = 0.5[x^3\frac{d(x-3)}{dx} + (x-3)\frac{d(x^3)}{dx}]$$

$$= 0.5[x^3 + (x-3) \times 3x^2]$$

$$= 2x^3 - 4.5x^2$$

이것에 대해서도 바로 앞의 예에서 덧붙인 말을 그대로 할 수 있다.

(7) $w = (\theta + \frac{1}{\theta})(\sqrt{\theta} + \frac{1}{\sqrt{\theta}})$을 미분하라.

이것은 다음과 같이 바꿔 쓸 수 있다.
$$w = (\theta + \theta^{-1})(\theta^{\frac{1}{2}} + \theta^{-\frac{1}{2}})$$

이것을 미분하면 다음과 같이 된다.

$$\frac{dw}{d\theta} = (\theta+\theta^{-1})\frac{d(\theta^{\frac{1}{2}}+\theta^{-\frac{1}{2}})}{d\theta} + (\theta^{\frac{1}{2}}+\theta^{-\frac{1}{2}})\frac{d(\theta+\theta^{-1})}{d\theta}$$

$$= (\theta+\theta^{-1})(\frac{1}{2}\theta^{-\frac{1}{2}} - \frac{1}{2}\theta^{-\frac{3}{2}}) + (\theta^{\frac{1}{2}}+\theta^{-\frac{1}{2}})(1-\theta^{-2})$$

$$= \frac{1}{2}(\theta^{\frac{1}{2}}+\theta^{-\frac{3}{2}}-\theta^{-\frac{1}{2}}-\theta^{-\frac{5}{2}}) + (\theta^{\frac{1}{2}}+\theta^{-\frac{1}{2}}-\theta^{-\frac{3}{2}}-\theta^{-\frac{5}{2}})$$

$$= \frac{3}{2}\left(\sqrt{\theta} - \frac{1}{\sqrt{\theta^5}}\right) + \frac{1}{2}\left(\frac{1}{\sqrt{\theta}} - \frac{1}{\sqrt{\theta^3}}\right)$$

이 결과도 두 개의 인수를 곱하는 연산을 먼저 한 다음에 미분을 하면 더 간단히 얻을 수 있을 것이다. 그러나 이렇게 하는 것이 항상 가능한 것은 아니다. 예를 들어 194쪽의 예 (8)을 보라. 그 예에서는 반드시 곱의 미분에 관한 규칙을 이용해야 한다.

(8) $y = \dfrac{a}{1+a\sqrt{x}+a^2x}$ 를 미분하라.

$$\frac{dy}{dx} = \frac{(1+ax^{\frac{1}{2}}+a^2x)\times 0 - a\dfrac{d(1+ax^{\frac{1}{2}}+a^2x)}{dx}}{(1+a\sqrt{x}+a^2x)^2}$$

$$= -\frac{a\left(\dfrac{1}{2}ax^{-\frac{1}{2}}+a^2\right)}{(1+ax^{\frac{1}{2}}+a^2x)^2}$$

(9) $y = \dfrac{x^2}{x^2+1}$ 을 미분하라.

$$\frac{dy}{dx} = \frac{(x^2+1)2x - x^2 \times 2x}{(x^2+1)^2}$$

$$= \frac{2x}{(x^2+1)^2}$$

(10) $y = \dfrac{a+\sqrt{x}}{a-\sqrt{x}}$ 를 미분하라.

지수의 형태로 바꿔 쓰면 $y = \dfrac{a+x^{\frac{1}{2}}}{a-x^{\frac{1}{2}}}$

$$\dfrac{dy}{dx} = \dfrac{(a-x^{\frac{1}{2}})\left(\dfrac{1}{2}x^{-\frac{1}{2}}\right)-(a+x^{\frac{1}{2}})\left(-\dfrac{1}{2}x^{-\frac{1}{2}}\right)}{(a-x^{\frac{1}{2}})^2}$$

$$= \dfrac{a-x^{\frac{1}{2}}+a+x^{\frac{1}{2}}}{2(a-x^{\frac{1}{2}})^2 x^{\frac{1}{2}}}$$

따라서 $\dfrac{dy}{dx} = \dfrac{a}{(a-\sqrt{x})^2 \sqrt{x}}$

(11) $\theta = \dfrac{1-a\sqrt[3]{t^2}}{1+a\sqrt[2]{t^3}}$ 을 미분하라.

지수의 형태로 바꿔 쓰면 $\theta = \dfrac{1-at^{\frac{2}{3}}}{1+at^{\frac{3}{2}}}$

$$\dfrac{d\theta}{dt} = \dfrac{(1+at^{\frac{3}{2}})(-\dfrac{2}{3}at^{-\frac{1}{3}})-(1-at^{\frac{2}{3}}) \times \dfrac{3}{2}at^{\frac{1}{2}}}{(1+at^{\frac{3}{2}})^2}$$

$$= \dfrac{5a^2\sqrt[6]{t^7}-\dfrac{4a}{\sqrt[3]{t}}-9a^2\sqrt{t}}{6(1+a\sqrt[2]{3})^2}$$

(12) 저수지의 횡단면은 정사각형이고, 그 옆면은 45°의 각도로 기울어져 있다. 밑바닥 정사각형의 각 변은 200피트다. 물의 깊이가 1피트[15] 변화할 때 이 저수지로 유입되거나 유출되는 물의 양이 얼마나 되는지를

---

15 _ (역주)영어에서 '피트(feet)'는 '푸트(foot)'의 복수형이므로 영어의 표기와 발음을 그대로 가져와 '1푸트, 2피트, 3피트…'라고 쓰거나 읽거나 단수형인 '푸트'로 통일해 '1푸트, 2푸트, 3푸트…'라고 쓰고 읽는 것이 옳다고 생각되지만, 어찌된 일인지 우리나라에서는 그

나타내는 수식을 구하라. 그런 다음에는 물의 깊이가 24시간 만에 14피트에서 10피트로 낮아진다고 할 때 1시간당 유출되는 물의 양이 갤런[16]으로 얼마나 되는지를 구하라.

높이가 H이고 밑면과 윗면의 넓이가 각각 A와 a인 각뿔대의 부피는 $V=\frac{H}{3}(A+a+\sqrt{Aa})$다. 옆면의 기울기가 $45°$라고 하니 깊이가 h라면 정사각형인 수면의 각 변 길이는 $200+2h$ 피트임을 쉽게 알 수 있다. 따라서 물의 부피는 다음과 같다.

$$\frac{h}{3}[200^2+(200+2h)^2+200(200+2h)]=40{,}000h+400h^2+\frac{4h^3}{3}$$

그리고 물의 깊이가 1피트 변화할 때 그 부피가 변화하는 양은 다음과 같다.

$$\frac{dV}{dh}=40{,}000+800h+4h^2(\text{세제곱피트})$$

물의 깊이가 14피트에서 10피트로 낮아지는 동안 그 깊이의 평균은 12피트다. $h=12$라고 하면 $\frac{dV}{dh}$는 50,176세제곱피트가 된다. 따라서 24시간 만에 물의 깊이가 4피트 변화하는 경우에 시간당 물의 변화량은 다음과 같다.

$$\frac{4\times 50{,}176\times 6.25}{24}=52{,}267(\text{갤런})$$

(13) 기온이 $t°C$일 때 대기 중 포화증기의 절대기압 P는 t가 80을 넘는 한 $P=\left(\frac{40+t}{140}\right)^5$임이 뒬롱[17]에 의해 밝혀졌다. 기온이 $100°C$일 때 이 절

동안 '푸트'가 아닌 '피트'로 통일되어 '1푸트'도 '1피트'로 쓰고 읽는 것이 보편화됐으므로 이 책에서도 어색하긴 하지만 그러한 관례에 따라 '1 foot'를 '1피트'로 옮긴다.

16 _ (역주)gallon. 여기서 말하는 갤런은 '영국 갤런'이다. 영국 갤런으로 1갤런은 4,546㎤ 또는 4.54609리터와 같다. '미국 갤런'은 이와 다르다.

17 _ (역주)Pierre Louis Dulong. 1785~1838. 프랑스의 화학자, 물리학자.

대기압의 변동률을 구하라.

분자를 이항정리(159쪽을 보라)에 의해 전개하면 다음과 같이 된다.
$$P = \frac{1}{140^5}(40^5 + 5 \times 40^4 t + 10 \times 40^3 t^2 + 10 \times 40^2 t^3 + 5 \times 40 t^4 + t^5)$$

따라서
$$\frac{dP}{dt} = \frac{1}{537,824 \times 10^5}(5 \times 40^4 + 20 \times 40^3 t + 30 \times 40^2 t^2 + 20 \times 40 t^3 + 5 t^4)$$

$t=100$일 때에는 이것이 0.036이 된다. 즉 기온변화 1℃당 0.036기압 (atm)만큼 포화증기의 절대기압이 변화한다.

연습문제 III

해답은 p. 315쪽을 보라.

(1) 다음을 미분하라.

　(a) $u = 1 + x + \dfrac{x^2}{1 \times 2} + \dfrac{x^3}{1 \times 2 \times 3} + \cdots$

　(b) $y = ax^2 + bx + c$

　(c) $y = (x+a)^2$

　(d) $y = (x+a)^3$

(2) $w = at - \dfrac{1}{2}bt^2$ 일 때 $\dfrac{dw}{dt}$ 를 구하라.

(3) $y = (x+\sqrt{-1}) \times (x-\sqrt{-1})$ 의 미분계수를 구하라.

(4) $y = (197x - 34x^2) \times (7 + 22x - 83x^3)$ 을 미분하라.

(5) $x = (y+3) \times (y+5)$ 일 때 $\dfrac{dx}{dy}$ 를 구하라.

(6) $y = 1.3709x \times (112.6 + 45.202x^2)$ 을 미분하라.

다음의 미분계수를 구하라.

(7) $y = \dfrac{2x+3}{3x+2}$ 　　(8) $y = \dfrac{1 + x + 2x^2 + 3x^3}{1 + x + 2x^2}$

(9) $y = \dfrac{ax+b}{cx+d}$ 　　(10) $y = \dfrac{x^n + a}{x^{-n} + b}$

(11) 백열전등에 들어있는 필라멘트의 온도 t 는 그 백열전등을 흐르는 전류와 다음과 같은 수식으로 표현되는 관계를 갖는다.

$C = a + bt + ct^2$

필라멘트의 온도가 변동할 때 그에 대응하는 전류의 변동을 나타내는 수식을 구하라.

(12) 다음 공식들은 온도가 t℃일 때 전선의 전기저항 R와 온도가 0℃일 때 전선의 전기저항 R_0 사이의 관계를 나타내기 위한 수식으로 제안된 것이다. a, b, c는 상수다.

$R = R_0(1 + at + bt^2)$

$R = R_0(1 + at + b\sqrt{t})$

$R = R_0(1 + at + bt^2)^{-1}$

이들 공식 각각에 의해 전선의 상태가 주어졌다고 할 때 온도에 대한 전기저항의 변동률을 구하라.

(13) 어떤 유형의 표준전지가 갖고 있는 기전력 E는 다음 수식으로 표현되는 관계에 따라 온도 t에 대해 변동한다는 사실이 발견됐다.

$E = 1.4340[1 - 0.000814(t-15) + 0.000007(t-15)^2]$ (볼트)

온도가 15℃, 20℃, 25℃일 경우에 온도가 1℃ 변화할 때 기전력이 얼마나 변화하는지를 구하라.

(14) 세기가 i인 전류가 흐르는 길이 l의 전기아크를 유지하는 데 필요한 기전력은 다음과 같은 수식으로 표현된다는 사실이 에어턴[18]에 의해 발견됐다.

$E = a + bl + \dfrac{c + kl}{i}$

단 여기서 a, b, c, k는 상수다.

(a) 전기아크의 길이에 대한 기전력의 변동률과 (b) 전류의 세기에 대한 기전력의 변동률을 나타내는 수식을 구하라.

---

18 _ (역주) Hertha Marks Ayrton. 1854~1923. 영국의 전기공학자. 마찬가지로 전기공학자였던 윌리엄 에드워드 에어턴(William Edward Ayrton, 1847~1908)의 부인이었다.

7장
축차미분

함수(23쪽을 보라)를 미분하는 연산을 여러 차례 거듭하는 것의 효과를 살펴보자. 구체적인 예를 가지고 시작해보겠다.

$y=x^5$이라고 하자.

1차 미분 : $5x^4$
2차 미분 : $5\times 4x^3$ $=20x^3$
3차 미분 : $5\times 4\times 3x^2$ $=60x^2$
4차 미분 : $5\times 4\times 3\times 2x$ $=120x$
5차 미분 : $5\times 4\times 3\times 2\times 1$ $=120$
6차 미분 : $=0$

여기서 우리가 매우 편리하게 이용할 수 있는 기호가 하나 있다. 그것은 다른 사람들이 쓴 책에서도 볼 수 있지만 우리도 이미 알고 있는 것이다(24쪽을 보라). 그것은 x의 어떤 함수에 대해서든 그것을 가리킬 때 사용하는 $f(x)$라는 일반적인 기호다. 여기서 $f(\ )$는 '~의 함수'라고 읽으며, 이렇게 읽을 때 우리는 그것이 구체적으로 어떤 함수인지는 말하지 않는다. 따라서 $y=f(x)$라는 진술은 단지 y가 x의 함수라는 것만 우리에게 알려준다. 그 함수는 x^2일 수도 있고, ax^n일 수도 있고, $\cos x$일 수도 있으며, x의 다른 어떤 복잡한 함수일 수도 있다.

이에 대응해 미분계수를 가리킬 때 사용되는 기호는 $f'(x)$다. 이것은 $\frac{dy}{dx}$보다 쓰기가 더 간편하다. $f'(x)$는 x의 도함수(derived function)라고 불린다.

우리가 이것을 또 다시 미분하면 '2차 도함수', 즉 2차 미분계수를 얻게 되고, 이 2차 도함수는 $f''(x)$라고 표기한다. 이런 식으로 거듭해서 이어진다.

이제는 일반화를 해보자.

$y=f(x)=x^n$이라고 하면 다음과 같이 이어진다.

1차 미분 : $f'(x)=nx^{n-1}$
2차 미분 : $f''(x)=n(n-1)x^{n-2}$
3차 미분 : $f'''(x)=n(n-1)(n-2)x^{n-3}$
4차 미분 : $f''''(x)=n(n-1)(n-2)(n-3)x^{n-4}$ 등.

그러나 축차미분을 표시하는 데 위와 같은 방법만 있는 것은 아니다. 애초의 함수가 $y=f(x)$라면 그 축차미분을 다음과 같이 표시해도 된다.

한 번 미분하면 $\frac{dy}{dx}=f'(x)$

두 번 미분하면 $\frac{d\left(\frac{dy}{dx}\right)}{dx}=f''(x)$

그런데 $\dfrac{d\left(\dfrac{dy}{dx}\right)}{dx}$는 보다 간편하게는 $\dfrac{d^2y}{(dx)^2}$이라고 쓰기도 하고, 더 일반적으로 $\dfrac{d^2y}{dx^2}$으로 쓴다. 이와 마찬가지로 3차 미분의 결과는 $\dfrac{d^3y}{dx^3}=f'''(x)$라고 쓰면 된다.

예

그러면 이제 $y=f(x)=7x^4+3.5x^3-\dfrac{1}{2}x^2+x-2$를 축차미분해보자.

$\dfrac{dy}{dx}=f'(x)=28x^3+10.5x^2-x+1$

$\dfrac{d^2y}{dx^2}=f''(x)=84x^2+21x-1$

$\dfrac{d^3y}{dx^3}=f'''(x)=168x+21$

$\dfrac{d^4y}{dx^4}=f''''(x)=168$

$\dfrac{d^5y}{dx^5}=f'''''(x)=0$

$y=\phi(x)=3x(x^2-4)$도 비슷한 방법으로 축차미분할 수 있다.

$\phi'(x)=\dfrac{dy}{dx}=3[x\times 2x+(x^2-4)\times 1]=3(3x^2-4)$

$\phi''(x)=\dfrac{d^2y}{dx^2}=3\times 6x=18x$

$\phi'''(x)=\dfrac{d^3y}{dx^3}=18$

$\phi''''(x)=\dfrac{d^4y}{dx^4}=0$

연습문제 IV

해답은 316~317쪽을 보라.

다음의 각 수식에 대한 $\dfrac{dy}{dx}$와 $\dfrac{d^2y}{dx^2}$을 구하라.

(1) $y = 17x + 12x^2$

(2) $y = \dfrac{x^2 + a}{x + a}$

(3) $y = 1 + \dfrac{x}{1} + \dfrac{x^2}{1 \times 2} + \dfrac{x^3}{1 \times 2 \times 3} + \dfrac{x^4}{1 \times 2 \times 3 \times 4}$

(4) 연습문제 Ⅲ의 1~7번 문제(59쪽)와 그 장의 1~7번 예(52~55쪽)에서 제시된 수식들의 2차 도함수와 3차 도함수를 구하라.

8장
시간이 변화할 때

미적분 과목에서 중요하게 다뤄지는 문제 중에는 시간이 독립변수인 문제가 적지 않다. 이런 문제를 풀 때에는 시간이 변화할 때 어떤 다른 양의 값이 어떻게 되는지를 생각해야 한다. 어떤 양들은 시간이 흐름에 따라 점점 더 커지고, 다른 어떤 양들은 시간이 흐름에 따라 점점 더 작아진다. 기차가 출발한 지점에서부터 도착한 지점까지의 거리는 시간이 흐름에 따라 계속 더 길어진다. 나무는 세월이 흐름에 따라 점점 더 키가 자란다. 키가 한 달 만에 12인치에서 14인치로 자란 나무와 키가 일 년 만에 12피트에서 14피트로 자란 나무 가운데 어느 것이 더 빨리 자란 것일까?

이 장에서 우리는 '율(率, rate)'이라는 낱말을 많이 사용하게 될 것이다. 이것은 구빈세(poor-rate)나 수도요금(water-rate)이라는 말에 들어가는 'rate'와는 전혀 다른 것이다(이런 경우에도 그 낱말이 예컨대 1파운드당 몇 펜스와 같은 어떤 '비율(proportion 또는 ratio)'을 암시하기는 한다). 또한 출생률(birth-rate)과 사망률(death-rate)도 인구 1천 명당 출생자 수와 사망자 수를 가리키는 말이긴 하지만 우리가 말하는 율(rate)

과는 무관하다. 어떤 자동차가 우리 곁을 스치듯 휙 하고 쏜살같이 지나가면 우리는 "무섭게 달리는군(What a terrific rate)!"하고 말한다. 낭비벽을 갖고 있는 사람이 자기 돈을 여기저기 뿌려대면 우리는 "저 젊은 친구는 무척 사치스럽게 사는군(That young man is living at a prodigious rate)!"하고 말한다. 이럴 때 우리가 하는 말 속의 'rate'는 무슨 의미일까? 두 경우 모두에 우리는 실제로 일어나고 있는 일과 그 일이 일어나는 데 걸리는 시간의 길이를 머릿속에서 비교하고 있는 것이다. 자동차가 우리 곁을 초당 10야드의 속도로 빠르게 지나갔다고 하자. 우리가 머릿속으로 간단한 산수를 조금만 해도 그것은(그런 속도로 자동차가 계속 달린다고 한다면) 분당 600야드의 속도이고, 시간당으로는 20마일이 넘는 속도와 같다는 것을 알 수 있다.[19]

그런데 초당 10야드의 속도가 분당 600야드의 속도와 같다는 말이 옳다면 그건 어떤 의미에서 옳다는 것일까? 10야드가 600야드와 같은 것도 아니고, 1초가 1분과 같은 것도 아니다. 우리가 이 두 개의 속도(rate)가 같다는 말을 할 때 그 말의 뜻은 이런 것이다. 즉 지나간 거리와 그 거리를 지나가는 데 걸린 시간 사이의 비율이 두 경우에 똑같다는 것이다.

또 하나의 예를 들어보자. 갖고 있는 돈이 몇 파운드에 불과한 사람도 연간 몇 백만 파운드의 속도로 돈을 쓸 수 있다. 그가 그런 속도로 돈을 쓰기를 단지 몇 분간만이라도 지속할 수 있다면 그렇다는 말이다. 당신이 상점에서 몇 가지 물건을 사고 그 대금으로 계산대에서 1실링을 낸다고 하자. 그리고 그렇게 돈을 내는 데 걸리는 시간이 정확하게 1초라고

---

[19] _ (역주)1야드=3피트=약 91.4센티미터. 1마일=약 1,609미터.

하자. 그러면 그 짧은 시간 동안에 당신은 초당 1실링의 속도로 돈을 지출하는 것이다. 그런데 이것은 분당 3파운드, 시간당 180파운드, 하루당 4,320파운드, 연간 1,576,800파운드와 같은 속도다! 당신이 호주머니 속에 10파운드를 갖고 있다면 $5\frac{1}{4}$ 분 동안만큼은 연간 100만 파운드의 속도로 돈을 쓸 수 있는 것이다.

샌디는 런던에 갔을 때 5분 만에 "6펜스나 썼다"고 한다.[20] 만약 그가 그런 속도로 하루 종일, 정확하게 말하면 낮에 12시간 동안 돈을 썼다면 시간당 6실링, 하루당 3파운드 12실링, 그리고 일요일을 제외하고 주당 21파운드 12실링의 돈을 썼을 것이다.

그러면 이제는 위와 같은 생각을 미분기호로 표현해보자.

이 경우에는 돈을 y로 놓고 시간을 t로 놓으면 된다.

당신이 dt라고 부를 수 있는 짧은 시간 동안에 dy라는 금액의 돈을 쓰고 있다면 당신의 돈 쓰는 속도는 $\frac{dy}{dt}$일 것이다. 아니, 어쩌면 음의 부호를 붙여 $-\frac{dy}{dt}$라고 쓰는 것이 나을지도 모르겠다. 왜냐하면 이 경우에 dy는 증가분이 아니라 감소분이기 때문이다. 그런데 돈은 미적분을 적용하기에 좋은 예가 아니다. 왜냐하면 돈은 연속적인 흐름으로 들어오거나 나가는 것이 아니라 건너뛰기를 하듯이 불연속적으로 들어오거나 나가는 것이 보통이기 때문이다. 당신이 1년에 200파운드를 벌 수 있겠지만, 그 돈이 하루도 빼지 않고 매일같이 가느다란 흐름처럼 연속적으로 들어오는 것은 아니다. 그 돈은 단지 한 주에 한 번씩이나 한 달에 한 번씩이나 한 분기에 한 번씩 뭉치로 들어오고, 당신의 지출도 불연속적으

---

20 _ (역주)이것은 영국의 시사풍자만화 주간지인 〈펀치(Punch)〉에 실린 만화에서 스코틀랜드의 시골사람이 물가가 비싼 런던에 가보고 한 말이다.

로 이루어진다.

율(rate)이라는 개념을 이해하는 데 보다 적절한 예시가 되는 것은 물체가 움직이는 속도다. 런던(유스턴 역)에서 리버풀까지의 거리는 200마일이다. 오전 7시에 런던에서 출발한 기차가 오전 11시에 리버풀에 도착했다고 하자. 이 경우에 기차는 4시간 만에 200마일을 달렸으므로 그 평균 속도는 시간당 50마일이 된다는 것을 당신은 알 것이다. 왜냐하면 $\frac{200}{4} = \frac{50}{1}$이기 때문이다. 이때 당신은 기차가 지나간 거리와 그 거리를 지나가는 데 걸린 시간을 머릿속에서 비교한 것이다. 즉 당신은 거리를 시간으로 나누었다. y가 지나간 거리 전체, t가 걸린 시간 전체를 가리킨다면 평균 속도는 $\frac{y}{t}$임이 분명하다. 그런데 사실 기차는 달리는 구간 전체에 걸쳐 속도가 일정하지 않다. 처음에 출발한 직후와 도착지점에 가까워져서 속도를 낮추는 동안에는 기차의 속도가 낮았을 것이다. 비스듬한 언덕을 내려갈 때와 같은 어떤 부분에서는 기차의 속도가 아마도 시간당 60마일도 넘었을 것이다. 어느 부분에서든 특정한 시간의 요소 dt 동안에 그에 대응하는 공간의 요소 dy만큼 기차는 달렸을 것이고, 그 부분에서 기차의 속도는 $v = \frac{dy}{dt}$였을 것이다. 그렇다면 하나의 양(방금 살펴본 우리의 예에서는 거리)이 다른 양(우리의 예에서는 시간)과 관련해 변화하는 율(rate)은 뒤의 양에 대한 앞의 양의 미분계수로써 적절하게 표현된다. 과학의 용어로 사용되는 속도(velocity)라는 말은 주어진 방향이 어느 쪽이든 그 방향으로 매우 짧은 거리를 지나가는 동안의 거리 대 시간의 비율을 가리킨다. 따라서 이것은 다음과 같이 쓸 수 있다.

$$v = \frac{dy}{dt}$$

그런데 속도 v가 균일하지 않다면 증가하고 있거나 감소하고 있어야 한다. 속도가 증가하는 율은 가속도(acceleration)라고 불린다. 어느 특정한 순간에 시간의 요소 dt 동안에 움직이는 물체의 속도가 dv만큼 증가했다면 그 순간의 가속도는 다음과 같이 쓸 수 있다.

$$a = \frac{dv}{dt}$$

그런데 dv 자체가 $d\left(\frac{dy}{dt}\right)$이므로 다음과 같이 바꿔 쓸 수 있다.

$$a = \frac{d\left(\frac{dy}{dt}\right)}{dt}$$

그리고 이것은 통상 $a = \frac{d^2 y}{dt^2}$ 라고 쓴다.

즉 가속도는 시간에 대한 거리의 2차 미분에 해당한다. 가속도는 단위시간 동안에 일어나는 속도의 변화로 표현된다. 예를 들어 '초당 피트'의 '초당 변화'는 가속도이며, 이것은 '피트÷초^2'으로 기호화할 수 있다.

기차가 막 움직이기 시작했을 때에는 그 속도 v가 작은 수일 것이다. 그러나 엔진이 힘을 발휘하면서 기차의 속도는 빠르게 증가할 것이다. 즉 기차가 점점 더 빠르게 달리게 되어 가속도가 붙게 된다. 따라서 그때의 $\frac{d^2 y}{dt^2}$ 는 큰 수일 것이다. 그러나 기차가 최고속도에 이르면 더 이상 가속되지 않게 되고, 그때에는 $\frac{d^2 y}{dt^2}$ 가 0으로 떨어질 것이다. 그런데 기차가 도착지점에 가까워지면 그 속도가 감소하기 시작하며, 기관사가 브레이크를 작동하는 경우에는 사실 매우 빠르게 그 속도가 감소할 수도 있다. 이런 감속 또는 속도 늦추기가 이루어지는 동안에는 $\frac{dv}{dt}$, 즉 $\frac{d^2 y}{dt^2}$ 의 값이 음수일 것이다.

질량이 m인 물체를 가속시키기 위해서는 힘을 계속 가해주어야 한다.

가속시키는 데 필요한 힘은 질량에 비례하고, 가속도에도 비례한다. 따라서 우리는 힘 f를 다음과 같은 수식으로 표현할 수 있다.

$$f = ma$$

$$f = m\frac{dv}{dt}$$

즉 $f = m\dfrac{d^2y}{dt^2}$

물체의 질량과 그 물체가 움직이는 속도의 곱을 운동량(momentum)이라고 한다. 이것을 기호로 표시하면 mv가 된다. 이 운동량을 시간에 대해 미분하면 $\dfrac{d(mv)}{dt}$를 얻게 되는데, 이것은 운동량의 변화율이다. m이 고정된 양이므로 $\dfrac{d(mv)}{dt}$는 $m\dfrac{dv}{dt}$로 바꿔 쓸 수 있는데, 위에서 보았듯이 이것은 힘 f와 같다. 다시 말해 힘은 질량 곱하기 가속도라고 볼 수도 있고, 운동량의 변화율이라고 볼 수도 있다.

어떤 것을 움직이기(반대방향으로 작용하는 똑같은 크기의 힘에 대항해) 위해 어떤 힘을 가하면 그 힘은 일을 하게 된다. 그리고 그렇게 한 일의 양은 힘의 작용점이 그 힘이 작용하는 방향으로 움직여 간 거리에 그 힘을 곱한 값으로 측정된다. 따라서 힘 f가 그 힘의 작용점을 y라는 거리만큼 앞으로 움직였다면 그 힘이 한 일(우리는 이것을 w라고 부를 수 있다)의 양은 다음과 같이 될 것이다.

$$w = f \times y$$

여기서 f는 일정한 세기의 힘이다. 그런데 만약 y가 변동하는 범위 가운데 일부 구간에서 힘 f가 변화한다면 우리는 y가 어느 한 지점에서 다른 한 지점으로 옮겨갈 때 f의 값을 나타내는 수식을 구해야 한다. f가 거리의 작은 요소 dy라는 구간에서 작용하는 힘이라고 하면 그 힘이 하는 일의 양은 $f \times dy$가 될 것이다. 그런데 dy는 거리의 한 요소일 뿐이므로 일도 한 요소만큼만 이루어질 것이고, 이때 그 일의 한 요소는 dw가 될 것이다. 따라서 우리는 다음 수식을 얻게 된다.

$dw = f \times dy$

이것은 다음과 같이 바꿔 쓸 수 있다.

$dw = ma \cdot dy$

또는 $dw = m \dfrac{d^2y}{dt^2} \cdot dy$

또는 $dw = m \dfrac{dv}{dt} \cdot dy$

더 나아가 우리는 이 수식을 다음과 같이 바꿔 쓸 수도 있다.

$\dfrac{dw}{dy} = f$

이것은 우리에게 힘에 대한 세 번째 정의를 제공해준다. 즉 어떤 방향으로든 힘의 작용으로 위치가 이동한다면 그 힘은 그것이 작용하는 방향으로 위치가 이동한 거리 한 단위당 일의 변화율과 같다. 이 마지막 문장에서 변화율(rate)이라는 말은 시간의 의미로 사용된 것이 아니라 비율(ratio 또는 proportion)의 의미로 사용된 것이다.

라이프니츠와 함께 미적분 방법의 창시자로 간주되는 아이작 뉴턴 경은 모든 변화하는 양을 '흐른다(flow)'는 관점에서 보았다. 그래서 오늘날 우리가 미분계수라고 부르는 비율을 그는 해당 양의 '흐름률(rate of flowing)' 또는 '유율(流率, fluxion)'이라고 불렀다. 그는 dy, dx, dt라는 기호를 사용하지 않고(이런 기호의 사용은 라이프니츠에서 비롯됐다), 대신 자기 나름의 기호를 사용했다. y가 변화하는 양, 또는 그의 표현으로 '흐르는' 양이라면 y의 변화율(또는 유율)을 표시하는 데 그가 사용한 기호는 $\dot{y}$였다. 마찬가지로 x가 변화할 수 있는 양이라면 x의 유율은 $\dot{x}$로 표시됐다. 문자 위에 찍은 점은 그 문자가 가리키는 것이 미분됐음을 알려준다. 그런데 이런 기호는 어떤 독립변수에 대해 미분이 수행됐는지를 말해주지 않는다. $\frac{dy}{dt}$를 보면 우리는 y를 t에 대해 미분해야 함을 알게 된다. $\frac{dy}{dx}$를 보면 우리는 y를 x에 대해 미분해야 함을 알게 된다. 그러나 $\dot{y}$만 보면 우리는 그것이 등장한 전후맥락을 보지 않고는 그것이 $\frac{dy}{dx}$를 의미하는 것이지, $\frac{dy}{dt}$를 의미하는 것인지, $\frac{dy}{dz}$을 의미하는 것인지, 아니면 그 밖의 다른 어떤 변수에 대한 미분계수를 의미하는 것인지를 알 수가 없다. 따라서 유율의 기호는 오늘날 사용되는 미분의 기호에 비해 우리에게 알려주는 정보가 적고, 이 때문에 이제는 거의 사용되지 않는다. 그러나 유율의 기호는 간편하다는 장점을 갖고 있으므로 만약 우리가 시간이 독립변수인 경우에만 한정해 그것을 사용하기로 합의한다면 그렇게 해서 그 장점을 살릴 수 있다. 그리고 그렇게 하는 경우에는 $\dot{y}$가 $\frac{dy}{dt}$를 의미하게 되고, $\ddot{x}$는 $\frac{d^2x}{dt^2}$을 의미하게 될 것이다.

우리는 이런 유율의 기호를 채택해 그것을 가지고 앞에서 검토한 역학의 방정식들을 다음과 같이 바꿔 쓸 수 있다.

거리 x

속도 $v = \dot{x}$

가속도 $a = \dot{v} = \ddot{x}$

힘 $f = m\dot{v} = m\ddot{x}$

일 $w = x \times m\ddot{x}$

예

(1) 어떤 특정한 시점으로부터 경과한 시간이 초 단위로 t, 어떤 특정한 지점 O로부터의 거리가 피트 단위로 x라고 할 때 $x=0.2t^2+10.4$라는 관계가 유지되도록 움직이는 물체가 있다. 이 물체가 움직이기 시작한 지 5초 뒤의 속도와 가속도를 구하고, 이 물체가 이동한 거리가 100피트일 때 그 속도와 가속도의 값이 얼마가 되는지 계산해보라. 또한 이 물체가 움직이기 시작하고 나서 처음 10초 동안의 평균속도도 구하라. (거리와 움직임은 오른쪽이 양의 방향이라고 가정하라.)

$x=0.2t^2+10.4$이므로

$v=\dot{x}=\dfrac{dx}{dt}=0.4t$가 되고, $a=\ddot{x}=\dfrac{d^2x}{dt^2}=0.4=$상수가 된다.

$t=0$일 때 $x=10.4$이고 $v=0$이다. 따라서 이 물체는 지점 O로부터 오른쪽으로 10.4피트 떨어진 곳에서 출발하고, 경과한 시간은 이 물체가 출발하는 순간부터 계산된다.

$t=5$일 때에는 $v=0.4\times5=2$피트/초이고, $a=0.4$피트/초^{2}이다.

$x=100$일 때에는 $100=0.2t^2+10.4$이므로 $t^2=448$, $t=21.17$초. 따라서 $v=0.4\times21.17=8.468$피트/초.

$t=10$일 때까지

물체가 이동하는 거리 $=0.2\times10^2+10.4-10.4=20$피트,

평균속도 $=\dfrac{20}{10}=2$피트/초.

(이 평균속도는 물체가 이동하는 시간의 중간, 즉 $t=5$인 시점의 속도와 같다. 왜냐하면 가속도가 일정한 상수이므로 $t=0$일 때의 0피트/초에서 $t=10$일 때의 4피트/초로 속도가 증가하는 과정이 일률적이기 때문이다.)

(2) 앞의 문제에서 $x=0.2t^2+3t+10.4$라고 가정하자. 그러면 다음과 같이 된다.

$v=\dot{x}=\dfrac{dx}{dt}=0.4t+3$, $a=\ddot{x}=\dfrac{d^2x}{dt^2}=0.4=$상수.

$t=0$일 때 $x=10.4$이고, $v=3$피트/초다. 시간은 물체가 지점 O로부터 10.4피트 떨어진 곳을 지나는 순간부터 계산되며, 그 순간에 이미 속도가 3피트/초다. 물체가 움직이기 시작한 뒤로 경과한 시간을 구하기 위해 $v=0$으로 놓자. 그러면 $0.4t+3=0$이므로 $t=-\dfrac{3}{0.4}=-7.5$초. 즉 물체는 시간이 측정되기 시작한 시점보다 7.5초 전부터 움직이기 시작했다. 그때부터 5초가 지난 뒤라면 $t=-2.5$이고, $v=0.4\times(-2.5)+3=2$피트/초.

$x=100$피트라면

$100=0.2t^2+3t+10.4$, 즉 $t^2+15t-448=0$.

따라서 $t=14.95$초, $v=0.4\times14.95+3=8.98$피트/초.

물체가 움직이기 시작한 뒤 처음 10초 동안에 이동한 거리를 구하기 위해서는 물체가 움직이기 시작할 때 지점 O로부터 얼마나 멀리 떨어져 있었는지를 알아야 한다.

$t=-7.5$일 때

$x=0.2\times(-7.5)^2-3\times7.5+10.4=-0.85$피트.

즉 지점 O로부터 왼쪽으로 0.85 피트 떨어진 곳에서 물체가 움직이기 시작했다.

이번에는 $t=2.5$일 때

$x=0.2\times2.5^2+3\times2.5+10.4=19.15$.

따라서 10초 동안에 물체가 이동한 거리는 $19.15+0.85=20$피트.

그리고 평균속도= $\frac{20}{10}$ =2피트/초.

(3) 거리가 $x=0.2t^2-3t+10.4$로 주어졌을 때 위와 같은 문제를 검토해 보자. 이 경우에는 $v=0.4t-3$이고, $a=0.4=$상수다. $t=0$일 때에는 앞에서와 마찬가지로 하면 $x=10.4$, $v=-3$을 얻게 된다. 따라서 이 경우에는 물체가 앞의 두 경우와 반대되는 방향으로 움직인다. 그러나 가속도가 양수이므로 이 물체의 속도는 시간이 흐름에 따라 줄어들다가 결국은 0이 됨을 우리는 알 수 있다. $v=0$이면 $0.4t-3=0$이므로 $t=7.5$초가 된다. 따라서 7.5초 이후에는 속도가 양수가 되며, 물체가 움직이기 시작하고 5초 뒤라면 $t=12.5$이니 다음과 같이 된다.

$v=0.4\times 12.5-3=2$피트/초.

$x=100$이면

$100=0.2t^2-3t+10.4$, 즉 $t^2-15t-448=0$.

$t=29.95$, $v=0.4\times 29.95-3=8.98$피트/초.

v가 0이면 $x=0.2\times 7.5^2-3\times 7.5+10.4=-0.85$. 이것은 물체가 지점 O를 지나 0.85피트까지 후퇴한 뒤에야 멈추게 된다는 것을 우리에게 알려준다.

10초 뒤라면 $t=17.5$이므로 $x=0.2\times 17.5^2-3\times 17.5+10.4=19.15$.

이동한 거리=0.85+19.15=20.0, 평균속도는 이 경우에도 2피트/초.

(4) 같은 종류의 문제로, $x=0.2t^3-3t^2+10.4$인 또 다른 경우를 검토해 보자.

이 경우에는 $v=0.6t^2-6t$, $a=1.2t-6$. 따라서 가속도가 이제는 상수가 아니다.

$t=0$일 때 $x=10.4$, $v=0$, $a=-6$. 즉 이때에는 물체가 멈춰 있지만, 이제 막 음의 가속도를 내려고 한다. 즉 지점 O를 향해 속도를 높여가면서 움직이려고 한다는 말이다.

(5) $x=0.2t^3-3t+10.4$라면 $v=0.6t^2-3$이고 $a=1.2t$다.

$t=0$일 때 $x=10.4$, $v=-3$, $a=0$.

즉 물체가 지점 O를 향해 3피트/초의 속도로 움직이고 있고, 그 순간의 속도는 일정하다.

운동의 상태는 시간-거리 방정식과 그 1차, 2차 도함수를 가지고 곧바로 확인할 수 있음을 우리는 알게 됐다. 위에 든 예들 가운데 마지막 2개의 예에서는 처음 10초 동안의 평균속도와 물체가 움직이기 시작한 지 5초 뒤의 속도가 더 이상 같지 않다. 그 이유는 가속도가 더 이상 상수가 아니므로 속도가 고르게 증가하지 않기 때문이다.

(6) 바퀴의 회전에 의해 생겨나는 부채꼴의 중심각이 라디안(radian)으로 θ, 특정한 순간으로부터 경과한 시간을 초로 t라고 하면 $\theta=3+2t-0.1t^3$이다. (a) 1초가 경과한 뒤의 시점과 (b) 바퀴가 1회전을 마친 시점의 각속도 w와 각가속도 a를 구하라. 바퀴는 언제 멈추게 되며, 그때까지 바퀴는 몇 번이나 회전하게 되는가?

$$w=\dot{\theta}=\frac{d\theta}{dt}=2-0.3t^2$$

$$\alpha=\ddot{\theta}=\frac{d^2\theta}{dt^2}=-0.6t$$

$t=0$이면 $\theta=3$, $w=2$라디안/초, $a=0$라디안/초^2.

$t=1$이면 $w=2-0.3=1.7$라디안/초, $a=-0.6$라디안/초^2.

이것은 감속이 일어남을 말해준다. 즉 바퀴가 회전하는 속도가 느려지는 것이다.

1회전이 끝난 시점에는 다음과 같이 된다.

$\theta=2\pi=6.28$, $6.28=3+2t-0.1t^3$.

$\theta=3+2t-0.1t^3$의 그래프를 그려보면 $\theta=6.28$일 때 t의 값을 구할 수 있다. 그 값은 2.11과 3.03이다(제3의 값도 있으나 그것은 음수다).

$t=2.11$일 때에는

$\theta=6.28$,

$w=2-1.34=0.66$라디안/초.

$a=-1.27$라디안/초^2.

$t=3.03$일 때에는

$\theta=6.28$

$w=2-2.754=-0.754$라디안/초.

$a=-1.82$라디안/초^2.

속도의 부호가 바뀌었다. 따라서 이 두 시점의 중간 어딘가에서 바퀴가 멈추는 것이 분명하다. $w=0$일 때 바퀴가 멈출 것이다. 그렇다면 $0=2-0.3t^3$이므로 그것은 $t=2.58$초일 때일 것이다. 그리고 그때까지 바퀴의 회전수는 다음과 같다.

$$\frac{\theta}{2\pi}=\frac{3+2\times 2.58-0.1\times 2.58^3}{6.28}=1.025\text{회전}$$

연습문제 V

해답은 317쪽을 보라.

(1) $y=a+bt^2+ct^4$ 이라고 할 때 $\dfrac{dy}{dt}$ 와 $\dfrac{d^2y}{dt^2}$ 을 구하라.

(2) 공중에서 자유낙하하는 물체가 t초 동안 s피트만큼 떨어지며, 이는 $s=16t^2$이라는 방정식으로 표현된다. s와 t의 관계를 보여주는 곡선을 그려라. 또한 자유낙하가 시작된 지 2초, 4.6초, 0.01초가 지난 시점에 물체의 낙하속도가 얼마인지를 계산하라.

(3) $x=at-\dfrac{1}{2}gt^2$ 이라고 할 때 $\dot{x}$와 $\ddot{x}$를 구하라.

(4) 어떤 물체가 다음과 같은 법칙에 따라 움직인다고 하자.

$s=12-4.5t+6.2t^2$

여기서 s의 단위는 피트다. $t=4$일 때 이 물체의 속도를 구하라.

(5) 앞의 (4)에서 언급된 물체의 가속도를 구하라. 그 가속도가 t의 모든 값에 대해 동일한가?

(6) 회전하는 바퀴가 그리는 부채꼴의 중심각 각도 θ(라디안)는 바퀴의 회전이 시작된 뒤로 경과한 시간 t(초)와 다음과 같은 법칙으로 연관된다.

$\theta=2.1-3.2t+4.8t^2$

바퀴가 회전하기 시작한 지 $1\dfrac{1}{2}$초가 지난 시점에 이 바퀴의 각속도 (초당 라디안)가 얼마가 되는지를 구하라. 또한 이 바퀴의 각가속도도 구하라.

(7) 미끄러지는 물체가 있는데 이 물체가 처음에는 출발지점으로부터의 거리가 s인치, 경과시간이 t초라고 할 때 $s=6.8t^3-10.8t$가 되도록 움직인다고 한다. 어느 시점에든 이 물체의 속도와 가속도를 보여주는

수식을 구하라. 그리고 출발한 지 3초 뒤의 속도와 가속도를 구하라.

(8) 떠오르는 풍선의 움직임은 그 높이가 h마일, 떠오르기 시작한 뒤 경과한 시간을 t초라고 할 때 어느 순간에든 $h=0.5+\frac{1}{10}\sqrt[3]{t-125}$ 라는 수식을 충족시킨다. 어느 시점에든 이 풍선의 속도와 가속도를 보여주는 수식을 찾아라. 처음 떠오르기 시작한 뒤 10분 동안 이 풍선의 높이, 속도, 가속도의 변화를 보여주는 곡선을 그려라.

(9) 물 위에서 물 속으로 돌을 던져 넣었을 때 그 돌이 수면을 통과한 시점부터 t초가 지난 시점에 그 돌이 도달하는 물 속의 깊이 p미터는 다음 수식으로 주어진다.

$$p=\frac{4}{4+t^2}+0.8t-1$$

돌이 물 속으로 진입한 이후의 어느 시점에든 속도와 가속도를 보여주는 수식을 구하라. 돌이 물 속으로 진입한 뒤로 10초가 지난 시점의 속도와 가속도를 구하라.

(10) 어떤 물체가 출발한 뒤로 t초 동안에 이동하는 거리가 $s=t^n$이라고 한다. 단 여기서 n은 상수다. 이 물체가 출발한 지 5초 뒤부터 10초 뒤까지 속도가 2배가 됐다고 할 때 n의 값을 구하라. 또한 이 물체가 출발한 지 10초 뒤에 속도와 가속도와 같다고 할 때 n의 값을 구하라.

9장
유용한 우회기법 소개

때로는 미분해야 할 수식이 너무 복잡해서 곧바로 다루기가 어려움을 알고 당황하게 되는 수가 있다.

예를 들어 다음과 같은 방정식은 미적분 초보자로서는 다루는 데 곤란을 느끼게 된다.

$$y = (x^2 + a^2)^{\frac{3}{2}}$$

그런 곤란을 피해 가는 우회기법은 이런 것이다. 즉 $x^2 + a^2$을 예컨대 u라는 기호로 바꿔 쓴다. 그러면 위 방정식은 다음과 같이 된다.

$$y = u^{\frac{3}{2}}$$

이것은 당신도 쉽게 다룰 수 있다. 이것을 미분해보자.

$$\frac{dy}{du} = \frac{3}{2} u^{\frac{1}{2}}$$

이번에는 다음 수식을 다뤄보자.

$$u = x^2 + a^2$$

이것을 x에 대해 미분하자.

$$\frac{du}{dx} = 2x$$

이제 남은 일은 모두 평이하게 진행된다. 왜냐하면 $\frac{dy}{dx} = \frac{dy}{du} \times \frac{du}{dx}$

이기 때문이다. 따라서 다음과 같이 된다.

$$\frac{dy}{dx} = \frac{3}{2} u^{\frac{1}{2}} \times 2x$$

$$= \frac{3}{2} (x^2+a^2)^{\frac{1}{2}} \times 2x$$

$$= 3x(x^2+a^2)^{\frac{1}{2}}$$

이로써 우리는 우회기법을 통해 문제를 풀어낸 셈이다.

우회기법을 이야기하는 김에 덧붙이자면, 당신이 사인과 코사인, 그리고 지수를 다루는 법을 배운 뒤에는 이러한 우회기법이 갈수록 더 유용해지게 된다는 사실을 알게 될 것이다.

예

몇 가지 예를 통해 위와 같은 우회기법을 연습해보자.

(1) $y=\sqrt{a+x}$를 미분하라.

$a+x=u$로 놓자. 그러면

$$\frac{du}{dx}=1,\ y=u^{\frac{1}{2}},\ \frac{dy}{du}=\frac{1}{2}u^{-\frac{1}{2}}=\frac{1}{2}(a+x)^{-\frac{1}{2}}$$

$$\frac{dy}{dx}=\frac{dy}{du} \times \frac{du}{dx}=\frac{1}{2\sqrt{a+x}}$$

(2) $y=\dfrac{1}{\sqrt{a+x^2}}$을 미분하라.

$a+x^2=u$로 놓자. 그러면

$$\frac{du}{dx}=2x,\ y=u^{-\frac{1}{2}},\ \frac{dy}{du}=-\frac{1}{2}u^{-\frac{3}{2}}$$

$$\frac{dy}{dx}=\frac{dy}{du} \times \frac{du}{dx}=-\frac{x}{\sqrt{(a+x^2)^3}}$$

(3) $y = \left(m - nx^{\frac{2}{3}} + \dfrac{p}{x^{\frac{4}{3}}}\right)^a$ 을 미분하라.

$m - nx^{\frac{2}{3}} + px^{-\frac{4}{3}} = u$ 로 놓자. 그러면

$\dfrac{du}{dx} = -\dfrac{2}{3}nx^{-\frac{1}{3}} - \dfrac{4}{3}px^{-\frac{7}{3}},\ y = u^a,\ \dfrac{dy}{du} = au^{a-1}$

$\dfrac{dy}{dx} = \dfrac{dy}{du} \times \dfrac{du}{dx} = -a\left(m - nx^{\frac{2}{3}} + \dfrac{p}{x^{\frac{4}{3}}}\right)^{a-1}\left(\dfrac{2}{3}nx^{-\frac{1}{3}} + \dfrac{4}{3}px^{-\frac{7}{3}}\right)$

(4) $y = \dfrac{1}{\sqrt{x^3 - a^2}}$ 을 미분하라.

$u = x^3 - a^2$ 으로 놓자. 그러면

$\dfrac{du}{dx} = 3x^2,\ y = u^{-\frac{1}{2}},\ \dfrac{dy}{du} = -\dfrac{1}{2}(x^3 - a^2)^{-\frac{3}{2}}$

$\dfrac{dy}{dx} = \dfrac{dy}{du} \times \dfrac{du}{dx} = -\dfrac{3x^2}{2\sqrt{(x^3 - a^2)^3}}$

(5) $y = \sqrt{\dfrac{1-x}{1+x}}$ 를 미분하라.

이것을 $y = \dfrac{(1-x)^{\frac{1}{2}}}{(1+x)^{\frac{1}{2}}}$ 으로 바꿔 쓰자. 그러면

$\dfrac{dy}{dx} = \dfrac{(1+x)^{\frac{1}{2}}\dfrac{d(1-x)^{\frac{1}{2}}}{dx} - (1-x)^{\frac{1}{2}}\dfrac{d(1+x)^{\frac{1}{2}}}{dx}}{1+x}$

(제시된 수식을 $y = (1-x)^{\frac{1}{2}}(1+x)^{-\frac{1}{2}}$ 로 바꿔 쓴 다음 이것을 곱으로 보고 미분해도 된다.)

위의 예 (1)에서 사용한 방법으로 더 진행하면 다음과 같이 된다.

$\dfrac{d(1-x)^{\frac{1}{2}}}{dx} = -\dfrac{1}{2\sqrt{1-x}},\ \dfrac{d(1+x)^{\frac{1}{2}}}{dx} = \dfrac{1}{2\sqrt{1+x}}$

따라서

$$\frac{dy}{dx} = -\frac{(1+x)^{\frac{1}{2}}}{2(1+x)\sqrt{1-x}} - \frac{(1-x)^{\frac{1}{2}}}{2(1+x)\sqrt{1+x}}$$

$$= -\frac{1}{2\sqrt{1+x}\sqrt{1-x}} - \frac{\sqrt{1-x}}{2\sqrt{(1+x)^3}}$$

즉 $\dfrac{dy}{dx} = -\dfrac{1}{(1+x)\sqrt{1-x^2}}$

(6) $y = \sqrt{\dfrac{x^3}{1+x^2}}$ 을 미분하라.

이것은 다음과 같이 바꿔 쓸 수 있다.

$y = x^{\frac{3}{2}}(1+x^2)^{-\frac{1}{2}}$

따라서

$$\frac{dy}{dx} = \frac{3}{2}x^{\frac{1}{2}}(1+x^2)^{-\frac{1}{2}} + x^{\frac{3}{2}} \times \frac{d[(1+x^2)^{-\frac{1}{2}}]}{dx}$$

앞의 예 (2)에서 해 보인 대로 $(1+x^2)^{-\frac{1}{2}}$ 을 미분하면 우리는 다음 수식을 얻는다.

$$\frac{d[(1+x^2)^{-\frac{1}{2}}]}{dx} = -\frac{x}{\sqrt{(1+x^2)^3}}$$

따라서 다음과 같이 된다.

$$\frac{dy}{dx} = \frac{3\sqrt{x}}{2\sqrt{1+x^2}} - \frac{\sqrt{x^5}}{\sqrt{(1+x^2)^3}} = \frac{\sqrt{x}(3+x^2)}{2\sqrt{(1+x^2)^3}}$$

(7) $y = (x + \sqrt{x^2+x+a})^3$ 을 미분하라.

$x + \sqrt{x^2+x+a} = u$ 로 놓자.

$$\frac{du}{dx}=1+\frac{d[(x^2+x+a)^{\frac{1}{2}}]}{dx}$$

$y=u^3$이므로 $\frac{dy}{du}=3u^2=3(x+\sqrt{x^2+x+a})^2$

이번에는 $(x^2+x+a)^{\frac{1}{2}}=v$, $(x^2+x+a)=w$로 놓자.

$$\frac{dw}{dx}=2x+1,\ v=w^{\frac{1}{2}},\ \frac{dv}{dw}=\frac{1}{2}w^{-\frac{1}{2}}$$

$$\frac{dv}{dx}=\frac{dv}{dw}\times\frac{dw}{dx}=\frac{1}{2}(x^2+x+a)^{-\frac{1}{2}}(2x+1)$$

따라서

$$\frac{du}{dx}=1+\frac{2x+1}{2\sqrt{x^2+x+a}}$$

$$\frac{dy}{dx}=\frac{dy}{du}\times\frac{du}{dx}$$

$$=3(x+\sqrt{x^2+x+a})^2\,(1+\frac{2x+1}{2\sqrt{x^2+x+a}})$$

(8) $y=\sqrt{\dfrac{a^2+x^2}{a^2-x^2}}\sqrt[3]{\dfrac{a^2-x^2}{a^2+x^2}}$ 을 미분하라.

이것을 달리 쓰면 다음과 같다.

$$y=\frac{(a^2+x^2)^{\frac{1}{2}}(a^2-x^2)^{\frac{1}{3}}}{(a^2-x^2)^{\frac{1}{2}}(a^2+x^2)^{\frac{1}{3}}}=(a^2+x^2)^{\frac{1}{6}}(a^2-x^2)^{-\frac{1}{6}}$$

$$\frac{dy}{dx}=(a^2+x^2)^{\frac{1}{6}}\frac{d[(a^2-x^2)^{-\frac{1}{6}}]}{dx}+\frac{d[(a^2+x^2)^{\frac{1}{6}}]}{(a^2-x^2)^{\frac{1}{6}}dx}$$

이제 $u=(a^2-x^2)^{-\frac{1}{6}}$, $v=(a^2-x^2)$으로 놓자. 그러면

$$u=v^{-\frac{1}{6}},\ \frac{du}{dv}=-\frac{1}{6}v^{-\frac{7}{6}},\ \frac{dv}{dx}=-2x$$

$$\frac{du}{dx}=\frac{du}{dv}\times\frac{dv}{dx}=\frac{1}{3}x(a^2-x^2)^{-\frac{7}{6}}$$

이번에는 $w=(a^2+x^2)^{\frac{1}{6}}$, $z=(a^2+x^2)$으로 놓자. 그러면

$w=z^{\frac{1}{6}}$, $\dfrac{dw}{dz}=\dfrac{1}{6}z^{-\frac{5}{6}}$, $\dfrac{dz}{dx}=2x$

$\dfrac{dw}{dx}=\dfrac{dw}{dz}\times\dfrac{dz}{dx}=\dfrac{1}{3}x(a^2+x^2)^{-\frac{5}{6}}$

따라서

$\dfrac{dy}{dx}=(a^2+x^2)^{\frac{1}{6}}\dfrac{x}{3(a^2-x^2)^{\frac{7}{6}}}+\dfrac{x}{3(a^2-x^2)^{\frac{1}{6}}(a^2+x^2)^{\frac{5}{6}}}$

즉 $\dfrac{dy}{dx}=\dfrac{x}{3}\left[\sqrt[6]{\dfrac{a^2+x^2}{(a^2-x^2)^7}}+\dfrac{1}{\sqrt[6]{(a^2-x^2)(a^2+x^2)^5}}\right]$

(9) y^n을 y^5에 대해 미분하라.

$\dfrac{d(y^n)}{d(y^5)}=\dfrac{ny^{n-1}}{5y^{5-1}}=\dfrac{n}{5}y^{n-5}$

(10) $y=\dfrac{x}{b}\sqrt{(a-x)x}$의 1차 미분계수와 2차 미분계수를 구하라.

$\dfrac{dy}{dx}=\dfrac{x}{b}\dfrac{d[(a-x)x]^{\frac{1}{2}}}{dx}+\dfrac{\sqrt{(a-x)x}}{b}$

여기서 $[(a-x)x]^{\frac{1}{2}}=u$, $(a-x)x=w$로 놓자. 그러면 $u=w^{\frac{1}{2}}$

$\dfrac{du}{dw}=\dfrac{1}{2}w^{-\frac{1}{2}}=\dfrac{1}{2w^{\frac{1}{2}}}=\dfrac{1}{2\sqrt{(a-x)x}}$

$\dfrac{dw}{dx}=a-2x$

$\dfrac{du}{dw}\times\dfrac{dw}{dx}=\dfrac{du}{dx}=\dfrac{a-2x}{2\sqrt{(a-x)x}}$

따라서

$$\frac{dy}{dx} = \frac{x(a-2x)}{2b\sqrt{(a-x)x}} + \frac{\sqrt{(a-x)x}}{b} = \frac{x(3a-4x)}{2b\sqrt{(a-x)x}}$$

$$\frac{d^2y}{dx^2} = \frac{2b\sqrt{(a-x)x}(3a-8x) - \frac{(3ax-4x^2)b(a-2x)}{\sqrt{(a-x)x}}}{4b^2(a-x)x}$$

$$= \frac{3a^2 - 12ax + 8x^2}{4b(a-x)\sqrt{(a-x)x}}$$

(방금 구한 두 개의 미분계수를 우리는 나중에 필요로 하게 될 것이다. 연습문제 X의 (11)(135쪽)을 보라.)

연습문제 VI

해답은 317~318쪽을 보라.

다음을 미분하라.

(1) $y = \sqrt{x^2 + 1}$

(2) $y = \sqrt{x^2 + a^2}$

(3) $y = \dfrac{1}{\sqrt{a+x}}$

(4) $y = \dfrac{a}{\sqrt{a-x^2}}$

(5) $y = \dfrac{\sqrt{x^2 - a^2}}{x^2}$

(6) $y = \dfrac{\sqrt[3]{x^4 + a}}{\sqrt[2]{x^3 + a}}$

(7) $y = \dfrac{a^2 + x^2}{(a+x)^2}$

(8) y^5을 y^2에 대해 미분하라.

(9) $y = \dfrac{\sqrt{1-\theta^2}}{1-\theta}$ 을 미분하라.

앞에서 살펴본 미분의 과정은 3개 이상의 미분계수를 곱하는 방식으로 확장시킬 수 있다.

이를테면 $\dfrac{dy}{dx} = \dfrac{dy}{dz} \times \dfrac{dz}{dv} \times \dfrac{dv}{dx}$ 가 된다.

예

(1) $z = 3x^4$, $v = \dfrac{7}{z^2}$, $y = \sqrt{1+v}$ 일 때 $\dfrac{dy}{dx}$ 를 구하라.

$\dfrac{dy}{dv} = \dfrac{1}{2\sqrt{1+v}}$, $\dfrac{dv}{dz} = -\dfrac{14}{z^3}$, $\dfrac{dz}{dx} = 12x^3$

따라서 $\dfrac{dy}{dx} = -\dfrac{168x^3}{(2\sqrt{1+v})z^3} = -\dfrac{28}{3x^5\sqrt{9x^8+7}}$

(2) $t = \dfrac{1}{5\sqrt{\theta}}$, $x = t^3 + \dfrac{2}{t}$, $v = \dfrac{7x^2}{\sqrt[3]{x-1}}$ 일 때 $\dfrac{dv}{d\theta}$ 를 구하라.

$\dfrac{dv}{dx} = \dfrac{7x(5x-6)}{3\sqrt[3]{(x-1)^4}}$, $\dfrac{dx}{dt} = 3t^2 + \dfrac{1}{2}$, $\dfrac{dt}{d\theta} = -\dfrac{1}{10\sqrt{\theta^3}}$

따라서 $\dfrac{dv}{d\theta} = \dfrac{7x(5x-6)\left(3t^2 + \dfrac{1}{2}\right)}{30\sqrt[3]{(x-1)^4}\sqrt{\theta^3}}$

여기서 x와 t는 각각 θ의 함수로 표시된 값으로 바꿔줘야 한다.

(3) $\theta = \dfrac{3a^2 x}{\sqrt{x^3}}$, $w = \dfrac{\sqrt{1-\theta^2}}{1+\theta}$, $\emptyset = \sqrt{3} - \dfrac{1}{w\sqrt{2}}$ 일 때 $\dfrac{d\emptyset}{dx}$ 를 구하라.

주어진 수식은 다음과 같이 바꿔 쓸 수 있다.

$\theta = 3a^2 x^{-\frac{1}{2}}$, $w = \sqrt{\dfrac{1-\theta}{1+\theta}}$, $\emptyset = \sqrt{3} - \dfrac{1}{\sqrt{2}} w^{-1}$

$\dfrac{d\theta}{dx} = -\dfrac{3a^2}{2\sqrt{x^3}}$, $\dfrac{dw}{d\theta} = -\dfrac{1}{(1+\theta)\sqrt{1-\theta^2}}$ (82쪽의 예 (5)를 보라),

$$\frac{d\phi}{dw} = \frac{1}{\sqrt{2}w^2}$$

따라서 $\dfrac{d\phi}{dx} = \dfrac{1}{\sqrt{2} \times w^2} \times \dfrac{1}{(1+\theta)\sqrt{1-\theta^2}} \times \dfrac{3a^2}{2\sqrt{x^3}}$

여기서 먼저 w를, 그 다음에는 θ를 각각 그 값으로 바꿔주어라.

연습문제 VII

해답은 318쪽을 보라.

이제 당신은 다음 문제들을 잘 풀어낼 수 있다.

(1) $u=\dfrac{1}{2}x^3$, $v=3(u+u^2)$, $w=\dfrac{1}{v^2}$ 일 때 $\dfrac{dw}{dx}$ 를 구하라.

(2) $y=3x^2+\sqrt{2}$, $z=\sqrt{1+y}$, $v=\dfrac{1}{\sqrt{3+4z}}$ 일 때 $\dfrac{dv}{dx}$ 를 구하라.

(3) $y=\dfrac{x^3}{\sqrt{3}}$, $z=(1+y)^2$, $u=\dfrac{1}{\sqrt{1+z}}$ 일 때 $\dfrac{du}{dx}$ 를 구하라.

10장
미분의 기하학적 의미

미분계수에 어떠한 기하학적 의미를 부여할 수 있는지를 알아보는 것도 유용할 것이다.

우선 x의 어떠한 함수이든 그 함수, 예를 들면 x^2이나 $\sqrt{x}$나 $ax+b$를 곡선으로 그려볼 수 있다. 오늘날에는 중학생 정도면 누구나 이런 곡선을 그리는 데 익숙하다.

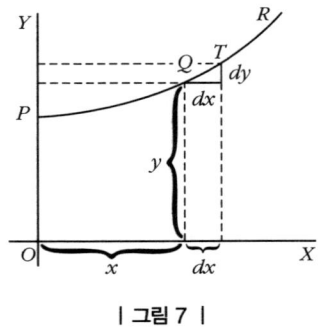

| 그림 7 |

그림 7에서 PQR은 OX축과 OY축에 의해 설정되는 좌표에 그려진 곡선의 일부라고 하자. 이 곡선 위의 어느 점이든 그 점 Q의 가로좌표가 x, 세로좌표가 y라고 하자. 그런 다음에 x가 변화할 때 y가 어떻게 변화하

는지를 관찰하자. 만약 x를 작은 증가분 dx만큼 오른쪽으로 증가시킨다면 이 특수한 곡선에서는 y도 작은 증가분 dy만큼 증가하는 것으로 관찰될 것이다(이 특수한 곡선은 우상향하는 곡선이기 때문에). dx에 대한 dy의 비율은 두 점 Q와 T 사이에서 이 곡선이 우상향하는 기울기의 정도에 대한 하나의 척도다. 그런데 이 그림에서 Q와 T를 어디에 잡느냐에 따라 Q와 T 사이의 곡선이 다수의 상이한 기울기를 가질 수 있는 것이 사실이다. 따라서 우리는 Q와 T 사이의 곡선에 대해 그 기울기가 얼마라고 말할 수 없다. 그러나 만약 Q와 T가 서로 아주 가까이에 있어 이 곡선의 작은 부분 QT를 사실상 직선으로 간주할 수 있다면 비율 $\frac{dy}{dx}$가 QT 부분에서 이 곡선의 기울기라고 말하는 것이 틀리지 않다. 직선 QT는 Q쪽에서 그리든 T쪽에서 그리든 곡선의 QT 부분에서만 곡선을 건드리게 되고, 만약 이 부분이 무한히 작아진다면 직선이 곡선 위의 어느 한 점에서만 곡선을 건드리게 될 것이며, 따라서 그때에는 QT가 곡선의 접선이 될 것이다.

그 접선은 QT와 같은 기울기를 가질 것이 자명하므로 $\frac{dy}{dx}$는 Q 점에서 곡선에 접하는 직선, 즉 접선의 기울기가 되며, 우리는 그때의 $\frac{dy}{dx}$ 값을 구할 수 있을 것이다.

우리는 '곡선의 기울기'라는 간단한 표현이 그 자체로는 정밀한 의미를 갖지 못함을 방금 알게 됐다. 왜냐하면 곡선은 수많은 기울기를 갖고 있기 때문이다. 사실 곡선의 작은 부분들은 모두 상이한 기울기를 갖고 있다. 그러나 '어느 한 점에서의 곡선의 기울기'는 완전하게 정의된다. 그것은 곡선 위의 바로 그 점에 위치한 아주 작은 부분의 기울기다. 그리고 앞에서 우리는 이것이 '그 점에서 곡선에 접하는 직선 즉 접선의 기울기'와 같음을 보았다.

dx는 오른쪽으로 짧은 한 걸음이고 이에 대응하는 dy는 위쪽으로 짧은 한 걸음이라는 데 주목하라. 이 두 가지 걸음은 그림에서는 우리가 무한히 작지 않은 크기로 표시해야 했지만(이렇게 하지 않으면 그것이 우리의 눈에 보이지 않을 것이기 때문에) 실제로는 가능한 한 짧은 것, 보다 정확하게 말하면 무한히 짧은 것으로 간주해야 한다.

이제부터 우리는 $\frac{dy}{dx}$가 곡선 위의 어떤 점에서 그 곡선의 기울기가 되는 이러한 상황을 상당히 많이 이용하게 될 것이다.

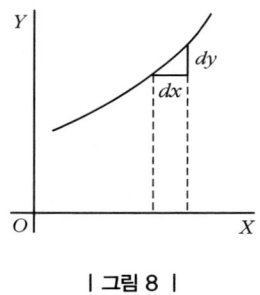

| 그림 8 |

그림 8에서처럼 어떤 특정한 점에서 곡선이 45°의 기울기로 우상향하고 있다면 dy와 dx는 똑같을 것이고, 따라서 $\frac{dy}{dx}$의 값=1이 된다.

이와 달리 곡선이 만약 그림 9에서처럼 45°보다 더 가파른 기울기로 우상향하고 있다면 $\frac{dy}{dx}$는 1보다 클 것이다.

곡선이 만약 그림 10에서처럼 매우 완만한 기울기로 우상향하고 있다면 $\frac{dy}{dx}$는 1보다 작은 분수일 것이다.

가로축과 평행인 직선의 경우나 접선이 가로축과 평행인 곡선 위의 점에서는 $dy=0$이고, 따라서 $\frac{dy}{dx}=0$이 된다.

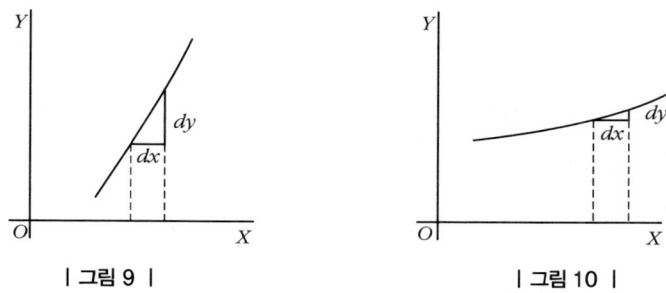

| 그림 9 | | 그림 10 |

만약 곡선이 그림 11에서처럼 우하향하고 있다면 dy는 아래쪽으로 내려가는 걸음이 될 것이고, 따라서 음의 값을 갖는다고 봐야 한다. 그렇다면 $\frac{dy}{dx}$도 음의 부호를 갖게 될 것이다.

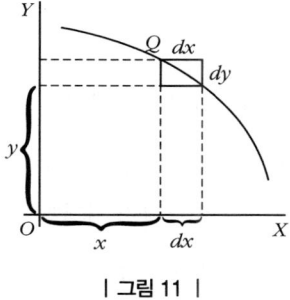

| 그림 11 |

'곡선'이 만약 그림 12에서처럼 우연하게도 직선인 경우[21]에는 그 선 위의 어느 점에서나 $\frac{dy}{dx}$의 값이 같을 것이다. 다시 말해 이런 경우에는 곡선의 기울기가 상수다.

곡선이 만약 오른쪽으로 가면서 위쪽으로 점점 더 많이 구부러지는 형태라면 그림 13에서처럼 곡선의 기울기와 더불어 $\frac{dy}{dx}$의 값이 점점 더

---

21 _ (역주)지은이는 직선을 곡선의 특수한 한 형태로 보고 있다. 이하의 서술에서도 지은이는 이런 관점에서 종종 직선을 곡선으로 지칭하기도 한다는 점에 유의하라.

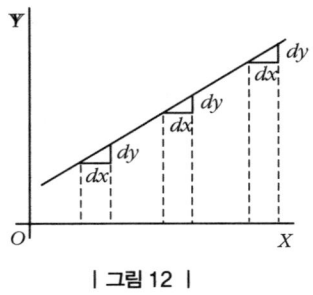

| 그림 12 |

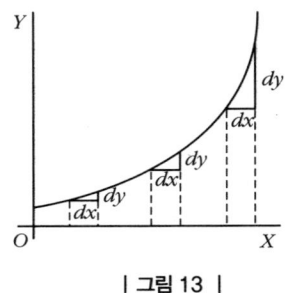

| 그림 13 |

커질 것이다.

    곡선이 만약 오른쪽으로 가면서 기울기가 줄어들어 평탄해지는 형태라면 그림 14에서처럼 보다 평탄한 부분으로 갈수록 $\dfrac{dy}{dx}$ 의 값이 점점 더 작아질 것이다.

    곡선이 만약 처음에는 하락하다가 나중에는 다시 상승해 그림 15에서처럼 위로 오목한 모습을 보인다면 $\dfrac{dy}{dx}$ 는 처음에는 곡선이 평탄해질수록 작아지는 음수였다가 곡선의 골짜기 바닥에 이르면 0이 되고, 그 다음에는 점점 더 커지는 양수가 될 것이다. 이런 경우에는 y가 극소점을 갖는다고 한다. y의 극소값이 반드시 y의 가장 작은 값인 것은 아니다. 그

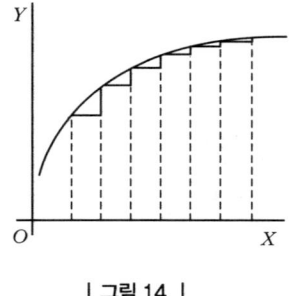

| 그림 14 |

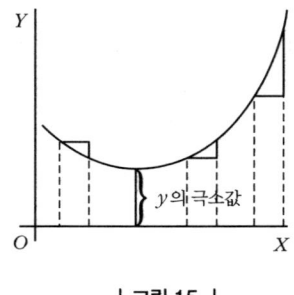

| 그림 15 |

것은 곡선의 골짜기 바닥에서 y가 갖는 값일 뿐이다. 예를 들어 그림 28(116쪽)을 보면 곡선의 골짜기 바닥에서 y의 값이 1인데, 그곳 말고 다른 곳에서 y가 1보다 더 작은 값을 갖기도 한다. 극소점의 특징은 y가 그 점에서 양쪽 두 방향으로 증가한다는 데 있다.

주의 y를 극소로 만드는 특수한 x의 값에서는 $\frac{dy}{dx}$의 값이 0이다.

곡선이 만약 처음에는 상승하다가 나중에는 하락한다면 $\frac{dy}{dx}$의 값이 처음에는 양수였다가 곡선의 정점에 이르면 0이 되고, 그런 다음에는 그림 16에서처럼 곡선이 우하향하는 기울기를 갖게 되면서 $\frac{dy}{dx}$의 값이 음수가 될 것이다. 이 경우에는 y가 극대점을 갖는다고 한다. 그러나 y의 극대값이 반드시 y의 가장 큰 값인 것은 아니다. 그림 28에서 y의 극대값은 $2\frac{1}{3}$이지만, 이것은 곡선 위의 모든 점에서 y가 가질 수 있는 값 가운데 가장 큰 것을 의미하는 게 결코 아니다.

주의 y를 극대로 만드는 특수한 x의 값에서는 $\frac{dy}{dx}$의 값이 0이다.

곡선이 만약 그림 17과 같은 특이한 형태를 갖고 있다면 $\frac{dy}{dx}$의 값이

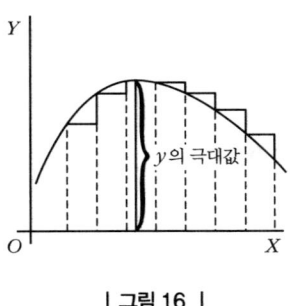

| 그림 16 |

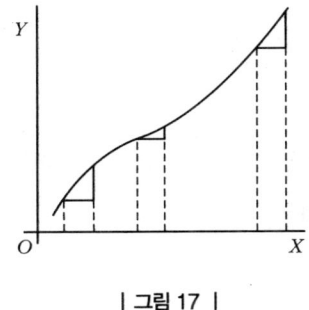

| 그림 17 |

언제나 양수일 것이다. 그러나 곡선의 기울기가 가장 덜 가파른 특수한 지점이 한 곳 있을 것이며, 그곳에서 $\frac{dy}{dx}$가 극솟값, 즉 곡선 위의 다른 어느 곳에서보다도 더 작은 값을 갖게 될 것이다.

곡선이 만약 그림 18과 같은 형태를 갖고 있다면 $\frac{dy}{dx}$의 값은 곡선의 윗부분에서는 음수, 곡선의 아랫부분에서는 양수가 될 것이다. 그리고 곡선이 사실상 수직선이 되는 곡선의 코끝에서는 $\frac{dy}{dx}$의 값이 무한히 클 것이다.

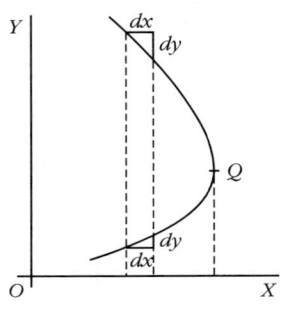

| 그림 18 |

우리가 $\frac{dy}{dx}$는 곡선의 어느 지점에서든 그 곡선이 갖는 기울기를 알려준다는 점을 이해하게 됐으므로 이제부터는 앞에서 미분하는 법을 배운 방정식 형태들 가운데 몇 가지를 다시 살펴보자.

(1) 가장 단순한 경우로 다음 방정식을 들어보자.

$y=x+b$

그림 19는 x와 y의 눈금이 같은 크기가 되게 해놓고 위 방정식을 그래프로 그린 것이다. $x=0$으로 놓으면 그때의 세로좌표는 $y=b$가 될 것이

다. 다시 말해 '곡선'은 b의 높이에서 y축을 가로지르고, 그 뒤로는 45°의 기울기로 상승한다.

x에 그 오른쪽 방향으로 어떤 값을 더해도 그 더한 값만큼 y가 상승하게 된다. 따라서 이 '곡선'은 1분의 1의 기울기(그레이디언트)[22]를 갖는다.

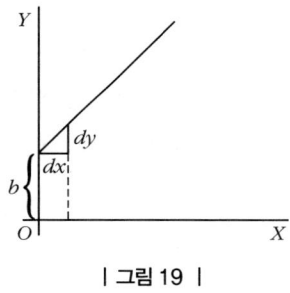
| 그림 19 |

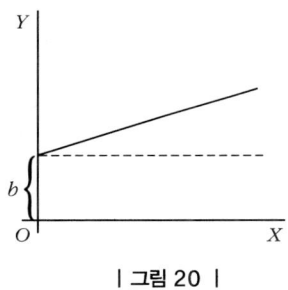
| 그림 20 |

우리가 이미 배운 규칙(31~32쪽과 36~37쪽)을 이용해 $y=x+b$를 미분하면 $\frac{dy}{dx}=1$을 얻게 된다.

이 선의 기울기는 우리가 오른쪽 방향으로 내딛는 모든 작은 걸음 dx마다 같은 크기의 작은 걸음 dy를 위쪽 방향으로도 내딛게 되는 식으로 돼있다. 그리고 그 기울기는 상수다. 즉 기울기가 어디에서나 똑같다.

(2) 또 다른 예를 들어보자.

$y=ax+b$

---

22 _ (역주)그레이디언트(gradient)는 기울기, 물매, 경사도, 구배(勾配) 등으로 번역된다. 그레이디언트는 각도로 표시할 수도 있고 탄젠트 값으로 표시할 수도 있는데, 지은이는 여기서 탄젠트 값으로 표시하고 있다.

이 곡선은 (1)의 경우와 마찬가지로 높이가 b인 y축 위의 점에서 출발한다는 것을 우리는 안다. 그러나 이것만 알고 대뜸 곡선을 그리기보다 그 전에 먼저 미분을 해서 곡선의 기울기를 구해보자. 그러면 $\frac{dy}{dx}=a$를 얻게 된다. 따라서 곡선의 기울기는 상수다. 이는 곧 곡선이 일정한 각도의 기울기를 가진 직선이며, 그 각도의 탄젠트 값이 a라는 얘기다. a에 어떤 수, 이를테면 $\frac{1}{3}$이라는 수를 대입해보자. 그러면 우리는 3분의 1의 기울기를 곡선에 부여하는 셈이 된다. 다시 말해 dx의 크기가 dy의 크기에 비해 3배가 되는 것이다. 눈금을 확대시켜놓고 이런 dx와 dy 사이의 관계를 그래프로 그리면 그림 21과 같이 된다. 따라서 그림 21이 보여주는 기울기로 그림 20의 선을 그려야 한다.

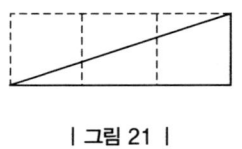

| 그림 21 |

(3) 이제는 조금 더 어려운 예를 살펴보자.

$y=ax^2+b$라고 하자.

이 경우에도 원점으로부터 높이가 b인 y축 위의 점에서 곡선이 출발한다.

이제 미분을 하자. (만약 위 방정식을 미분하는 법을 잊어버렸다면 36쪽으로 돌아가 거기에 씌어져 있는 설명을 다시 읽어라. 그러나 이렇게 하기보다는 위 방정식을 미분하는 법을 스스로 생각해내는 것이 더 낫다.)

$$\frac{dy}{dx} = 2ax$$

이것은 기울기가 상수가 아님을 보여준다. 이 곡선의 기울기는 x가 증가함에 따라 점점 더 커진다. 그림 22를 보면 $x=0$인 출발점 P에서는 이 곡선이 기울기를 전혀 갖고 있지 않다. 즉 그곳에서 이 곡선은 수평이다. x가 음의 값을 갖는 원점의 왼쪽에서는 $\frac{dy}{dx}$도 음의 값을 가질 것이고, 이는 곧 그림에서 볼 수 있듯이 왼쪽에서 오른쪽 방향으로 곡선이 하락하게 된다는 의미다.

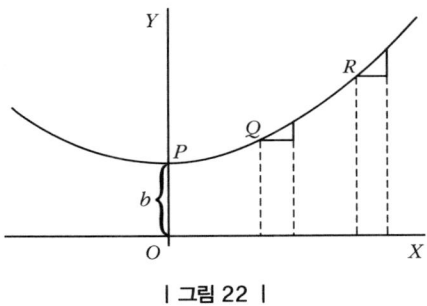

| 그림 22 |

하나의 특수한 경우를 예로 들어 다뤄보는 것을 통해 방금 설명한 것을 다시 설명해보겠다. 다음과 같은 방정식을 예로 들어보자.

$$y = \frac{1}{4}x^2 + 3$$

이것을 미분하면 우리는 다음과 같은 결과를 얻는다.

$$\frac{dy}{dx} = \frac{1}{2}x$$

이제 x에 몇 개의 값을 축차적으로, 예컨대 0부터 5까지 정수의 값을 대입해보자. 그러면서 그 각각의 x 값에 대응하는 y 값을 계산해내고, 위의 두 번째 방정식을 이용해 $\frac{dy}{dx}$의 값도 구해보자. 이렇게 한 결과를 표로 정리하면 다음과 같이 된다.

x	0	1	2	3	4	5
y	3	$3\frac{1}{4}$	4	$5\frac{1}{2}$	7	$9\frac{1}{4}$
$\frac{dy}{dx}$	0	$\frac{1}{2}$	1	$1\frac{1}{2}$	2	$2\frac{1}{2}$

이것을 두 개의 곡선으로 그리면 그림 23과 그림 24와 같이 된다. 그림 23은 위 표에서 x 값과 그에 대응하는 y 값을 좌표로 하는 점들을 차례로 찍고 이어준 것이고, 그림 24는 x 값과 그에 대응하는 $\frac{dy}{dx}$ 값을 좌표로 하는 점들을 차례로 찍고 이어준 것이다. x에 주어진 어떤 값에 대해서도 두 번째 곡선의 세로좌표인 그 높이는 첫 번째 곡선의 기울기에 비례한다.

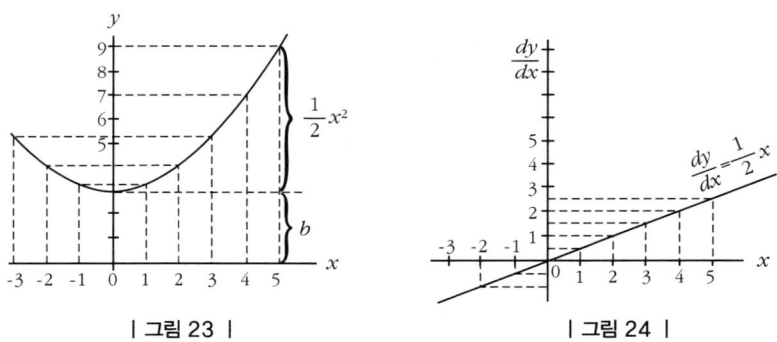

| 그림 23 | | 그림 24 |

만약 어떤 곡선이 그림 25와 같이 어떤 지점에서 갑자기 뾰족한 점을 이룬다면 그 곡선은 우상향하는 기울기를 갖고 있다가 그 점에서 갑자기 우하향하는 기울기를 갖게 되는 변화를 보일 것이다. 이런 경우에는

$\frac{dy}{dx}$ 의 값이 양수에서 음수로 갑자기 바뀔 것이 분명하다.

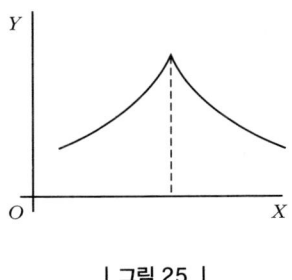

| 그림 25 |

다음의 두 가지 예에서 방금 설명한 원리를 추가로 응용해보겠다.

(4) 다음과 같은 수식으로 주어진 곡선 위의 $x=-1$인 점에서 접선을 그을 때 그 접선의 기울기를 구하라.

$$y=\frac{1}{2x}+3$$

아울러 그 접선이 $y=2x^2+2$라는 곡선과 이루는 각도를 구하라.

접선의 기울기는 접선이 곡선과 만나는 점에서 곡선이 갖는 기울기다 (91쪽을 보라). 즉 접선의 기울기는 곡선의 $\frac{dy}{dx}$가 접점에서 갖는 값이다. 그런데 $\frac{dy}{dx}=-\frac{1}{2x^2}$이므로 $x=-1$일 때 $\frac{dy}{dx}=-\frac{1}{2}$이다. 이것은 접선의 기울기인 동시에 바로 그 점에서 곡선이 갖는 기울기다. 접선은 하나의 직선이니 $y=ax+b$라는 방정식으로 표현된다고 하자. 그러면 그 기울기는 $\frac{dy}{dx}=a$가 되고, 따라서 $a=-\frac{1}{2}$이다. 또한 $x=-1$이라면 $y=\frac{1}{2(-1)}+3=2\frac{1}{2}$이고, 접선이 이 점을 지나므로 이 점의 좌표는 다음과 같은 접선의 방정식을 충족시켜야 한다.

$$y=-\frac{1}{2}x+b$$

따라서 $2\frac{1}{2} = -\frac{1}{2} \times (-1) + b$이고, 이것을 풀면 $b=2$가 된다. 결국 접선의 방정식은 $y = -\frac{1}{2}x + 2$가 되는 것이다.

이제 두 곡선이 만날 때 그 만나는 점(교점)은 동시에 두 곡선 위에 있는 게 분명하므로 그 점의 좌표는 두 곡선의 방정식을 다 충족시켜야 한다. 다시 말해 그 만나는 점의 좌표는 두 곡선의 방정식을 결합해 만든 연립방정식의 해임에 틀림없다. 그렇다면 두 곡선은 다음과 같은 연립방정식의 해에 해당하는 점에서 서로 만난다.

$$\begin{cases} y = 2x^2 + 2 \\ y = -\frac{1}{2}x + 2 \end{cases}$$

따라서 $2x^2 + 2 = -\frac{1}{2}x + 2$, 즉 $x(2x + \frac{1}{2}) = 0$이 된다.

이 방정식의 해는 $x=0$과 $x=-\frac{1}{4}$이다.

그런데 곡선 $y = 2x^2 + 2$의 기울기는 어느 점에서든 다음과 같다.

$\frac{dy}{dx} = 4x$

$x=0$인 점에서는 이 기울기의 값이 0이고, 따라서 곡선은 가로축에 평행하게 된다.

$x = -\frac{1}{4}$인 점에서는 $\frac{dy}{dx} = -1$이고, 따라서 그 점에서 곡선은 우하향하는 기울기를 보이면서 가로축에 평행하는 선과 $\tan\theta = 1$을 성립시키는 각도 θ를 이루게 된다. 다시 말해 그 점에서 곡선은 가로축과 $45°$를 이루는 기울기를 갖게 되는 것이다.

그런가 하면 직선의 기울기는 $-\frac{1}{2}$이다. 이는 곧 직선이 우하향하는 기울기를 보이면서 가로축과 $\tan\varnothing = \frac{1}{2}$을 충족시키는 각도 $\varnothing$를 이룬다는 말이다. 그 각도 $\varnothing$는 $26°34'$이다. 결국 곡선과 직선이 만나는 두 점 가운데 $x=0$인 앞의 점에서는 곡선이 직선과 $26°34'$의 각도를 이루고,

$x=-\frac{1}{4}$인 뒤의 점에서는 직선과 $45°-26°34'=18°26'$의 각도를 이루게 된다.

(5) 좌표가 $x=2$, $y=-1$인 점을 지나고 곡선 $y=x^2-5x+6$에 접하는 직선이 그려졌다. 접점의 좌표를 구하라.

접선의 기울기는 틀림없이 곡선의 $\frac{dy}{dx}$, 즉 $2x-5$와 같을 것이다.

직선의 방정식은 $y=ax+b$이고 이것은 $x=2$, $y=-1$이라는 값에서도 충족돼야 하므로 $-1=a\times 2+b$가 성립한다. 또한 그 기울기는 $\frac{dy}{dx}=a=2x-5$가 돼야 한다.

또한 접점의 x, y 값은 접선의 방정식과 곡선의 방정식 둘 다를 충족시켜야 한다.

따라서 우리는 a, b, x, y라는 네 개의 변수를 가진 다음과 같은 연립방정식을 얻게 된다.

$$\begin{cases} y=x^2-5x+6 & (\text{i}) \\ y=ax+b & (\text{ii}) \\ -1=2a+b & (\text{iii}) \\ a=2x-5 & (\text{iv}) \end{cases}$$

방정식 (i)과 (ii)에서 $x^2-5x+6=ax+b$가 얻어진다.

이 수식의 a와 b에 각각 그 값을 대입하면 다음과 같이 된다.

$x^2-5x+6=(2x-5)x-1-2(2x-5)$

이것을 간추리면 $x^2-4x+3=0$이 되고, 이 방정식의 해는 $x=3$과 $x=1$이다. 이 두 개의 해를 (i)에 대입하면 각각 $y=0$과 $y=2$를 얻게 된다.

따라서 직선과 곡선이 만나는 접점은 두 개 있으며, 그것은 $x=1$, $y=2$인 점과 $x=3$, $y=0$인 점이다.

주의 학생의 입장에서 곡선을 다루는 연습을 할 때 실제로 곡선의 그림을 그려서 자신이 도출해낸 답을 검증해보면 그렇게 하는 것이 대단히 유익함을 알게 될 것이다.

연습문제 VIII

해답은 318~319쪽을 보라.

(1) 밀리미터 단위의 눈금이 그어진 모눈종이 위에 곡선 $y=\frac{3}{4}x^2-5$의 그래프를 그려라. x의 상이한 여러 가지 값에 대응하는 그 기울기의 각도를 측정해보라.

이 곡선의 방정식을 미분해서 그 기울기를 나타내는 수식을 구하고, 탄젠트 표를 이용해 그 수식의 값이 모눈종이 위에서 측정한 기울기의 각도와 일치하는지를 확인해보라.

(2) 가로좌표가 $x=2$인 점에서 곡선 $y=0.12x^3-2$가 갖는 기울기를 구하라.

(3) 곡선 $y=(x-a)(x-b)$ 위의 $\frac{dy}{dx}=0$인 점에서 x가 $\frac{1}{2}(a+b)$라는 값을 갖게 됨을 보여라.

(4) 방정식 $y=x^3+3x$의 $\frac{dy}{dx}$를 구하라. 그리고 $x=0$, $x=\frac{1}{2}$, $x=1$, $x=2$에 대응하는 점에서 $\frac{dy}{dx}$가 갖는 값을 구하라.

(5) 곡선의 방정식이 $x^2+y^2=4$일 때 그 곡선 위의 기울기가 1인 점에서 x가 갖는 값을 구하라.

(6) $\frac{x^2}{3^2}+\frac{y^2}{2^2}=1$이라는 방정식으로 표현되는 곡선 위의 임의의 점에서 이 곡선의 기울기가 어떻게 되는가? 그리고 $x=0$인 곳과 $x=1$인 곳에서 그 기울기의 값이 얼마가 되는가?

(7) 곡선 $y=5-2x+0.5x^3$에 접하는 직선의 방정식이 $y=mx+n$(m과 n은 상수)이라고 하자. 이 접선이 곡선과 만나는 점의 가로좌표가 $x=2$일 때 m과 n의 값을 구하라.

(8) 다음 두 곡선은 서로 어떤 각도로 교차하는가?

$y=3.5x^2+2, y=x^2-5x+9.5$

(9) 곡선 $y=\pm\sqrt{25-x^2}$의 접선이 $x=3$인 점과 $x=4$인 점에서 각각 그어졌다. 그 두 개의 접선이 교차하는 점의 좌표와 교각의 각도를 구하라.

(10) 직선 $y=2x-b$가 곡선 $y=3x^2+2$를 한 점에서 건드린다. 그 접점의 좌표는 어떻게 되며, b의 값은 어떻게 되는가?

11장
극대와 극소

미분하는 과정의 주된 용도 가운데 하나는 미분대상 함수의 값이 어떤 조건 아래서 극대가 되거나 극소가 되는가를 알아내는 것이다. 이것은 공학 분야의 문제에서 대단히 중요한 경우가 많다. 왜냐하면 공학 분야에서는 어떤 조건이 작업의 비용을 극소화하는가, 또는 어떤 조건이 효율성을 극대화하는가를 알아내는 것이 대단히 바람직한 상황을 자주 만나게 되기 때문이다.

우선 구체적인 예를 가지고 시작해보겠다. 다음과 같은 방정식을 생각해보자.

$y = x^2 - 4x + 7$

x에 여러 개의 값을 축차적으로 부여하고 그 각각에 대응하는 y의 값을 구해보면 우리는 이 방정식이 극소값을 갖고 있는 곡선을 나타낸다는 것을 금세 알 수 있다.

x	0	1	2	3	4	5
y	7	4	3	4	7	12

이 표에 정리된 값들을 그래프로 옮긴 것이 그림 26이다. 이 그림을 보면 x를 2와 같게 할 때 y가 3이라는 극소값을 갖게 될 것처럼 보인다. 그런데 그 극소값을 가져다주는 x의 값이 $2\frac{1}{4}$도 $1\frac{3}{4}$도 아니고 2라고 당신은 장담할 수 있는가?

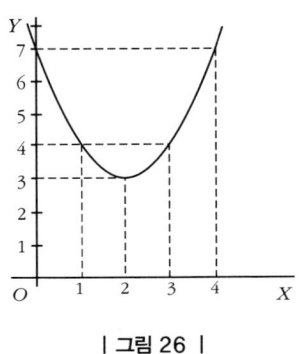

| 그림 26 |

물론 어떤 대수식에 대해서든 거기에 수많은 값들을 집어넣어 일일이 계산하고, 이런 방식으로 극대값이나 극소값을 가져다주는 특정한 값에 단계적으로 도달하는 것이 가능하다.

하나의 예를 들어보자.
$y=3x-x^2$이라는 방정식이 있다고 하자.
이 방정식에 여러 개의 값을 집어넣어 계산하면 다음과 같은 표를 얻을 수 있다.

x	−1	0	1	2	3	4	5
y	−4	0	2	2	0	−4	−10

이 값들을 그래프로 옮기면 그림 27과 같이 된다.

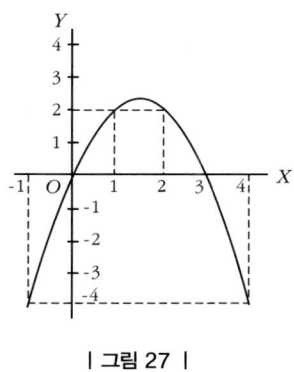

| 그림 27 |

$x=1$과 $x=2$ 사이의 어딘가에서 y가 극대값을 갖는 것이 분명해 보이며, 그 극대값은 대략 $2\frac{1}{4}$ 정도가 되는 것이 틀림없어 보인다. 1과 2 사이의 x 값 몇 개를 가지고 시험해보자. $x=1\frac{1}{4}$이면 $y=2.187$이고, $x=1\frac{1}{2}$이면 $y=2.25$이며, $x=1.6$이면 $y=2.24$다. 2.25가 실제로 y의 극대값이며 $x=1\frac{1}{2}$일 때 y가 바로 그 극대값을 갖게 된다고 우리는 어떻게 확신할 수 있을까?

이렇게 예비적 시도나 추측을 많이 하지 않고도 곧바로 극대값이나 극소값에 도달하는 방법이 있다고 한다면 마치 마술을 부려보겠다는 말처럼 들릴지도 모르겠다. 그런데 그런 방법이 실제로 존재하고, 그것은 미분을 토대로 한다. 앞으로 돌아가(94쪽) 그림 14와 그림 15에 대한 설명을 다시 읽어보라. 그러면 당신은 곡선의 높이가 극대나 극소가 될 때에는 언제나 그 극대점이나 극소점에서 $\frac{dy}{dx}=0$이 됨을 상기하게 될 것이다. 그런데 바로 이것이 우리가 지금 찾아야 하는 묘책에 대한 실마리를 제공해준다. 당신의 눈앞에 어떤 방정식이 놓여있는데 당신이 그 y의 값을 극대값이나 극소값으로 만드는 x의 값을 알아내고 싶다면 우선 그 방정식을 미분하고, 그런 다음에 그 $\frac{dy}{dx}$가 0과 같다고 놓고 풀어서 x의 값을 구하라. 이어 그 특수한 x의 값을 애초의 방정식에 집어넣고 계산하면 당신이 찾아야 하는 y의 값을 얻게 될 것이다. 이와같은 과정은 흔히 '영(0)으로 놓는 방법'이라고 불린다.

이 방법이 얼마나 간편한지를 보기 위해 이 장이 시작되는 부분에서 제시됐던 예를 상기해보자. 그것은 다음과 같은 수식이었다.

$y = x^2 - 4x + 7$

이것을 미분하면 다음과 같이 된다.

$\frac{dy}{dx} = 2x - 4$

이것을 영으로 놓으면

$2x - 4 = 0$

이 방정식을 풀면 다음과 같이 된다.

$2x = 4$

$x = 2$

이로써 우리는 정확하게 $x=2$일 때 y가 극대 또는 극소가 됨을 알게 됐다.

$x=2$라는 값을 애초의 방정식에 집어넣으면 다음과 같이 y의 값을 얻게 된다.

$y = 2^2 - (4 \times 2) + 7$

$ = 4 - 8 + 7$

$ = 3$

이제 다시 그림 26으로 돌아가 살펴보면 $x=2$일 때 y가 극대가 되고,

그때의 극댓값이 $y=3$임을 알 수 있다.

두 번째 예(그림 24)도 같은 방법으로 풀어보자.

$y=3x-x^2$

이것을 미분하면 다음과 같이 된다.

$\frac{dy}{dx}=3-2x$

이것을 영으로 놓으면

$3-2x=0$

따라서 $x=1\frac{1}{2}$

이 x의 값을 애초의 방정식에 집어넣고 계산하면

$y=4\frac{1}{2}-(1\frac{1}{2}\times1\frac{1}{2})$

$y=2\frac{1}{4}$

이것은 많은 값들을 일일이 대입해보는 방법으로는 우리가 확신할 수 없었던 정보를 우리에게 제공해준다.

더 많은 예를 살펴보는 일로 넘어가기 전에 여기서 내가 해둬야 할 말이 두 가지 있다.

첫째로, $\frac{dy}{dx}$를 영으로 놓으라는 말을 들으면 처음에는 일종의 거부감을 느끼게 된다(나름대로 빈틈없이 생각할 줄 아는 머리를 갖고 있다면). 왜냐하면 $\frac{dy}{dx}$는 곡선 위의 상이한 지점에서 온갖 상이한 값을 가지며, 곡선이 우상향하느냐 우하향하느냐에 따라서도 그 값이 달라진다고 알고 있었기 때문이다. 그런데 갑자기

$\frac{dy}{dx}=0$

이라고 쓰라는 말을 듣게 되니 거부감을 느끼게 되는 것이고, 그렇게

하는 것은 옳지 않다고 말하고 싶어지는 것이다. 그러나 이제 당신은 '일반적인 방정식'과 '조건부 방정식'의 기본적인 차이를 이해해야 한다. 보통은 당신이 그 자체로 참인 방정식을 다루게 되지만, 지금 우리가 살펴보는 것과 같은 경우에는 반드시 참은 아니지만 어떤 특정한 조건이 충족된다면 그때만큼은 참인 방정식을 써야 하는 일이 종종 있다. 이런 경우에는 그런 방정식을 써놓고 풀어서 그것을 참으로 만드는 조건을 찾아내야 한다. 지금 우리는 곡선의 기울기가 증가하지도 감소하지도 않는 지점, 즉 $\frac{dy}{dx}=0$인 특수한 지점에서 x가 갖는 특수한 값을 찾아내고자 하는 것이다. 따라서 $\frac{dy}{dx}=0$이라고 쓴다고 해서 $\frac{dy}{dx}$가 언제나 영과 같다는 뜻은 아니다. $\frac{dy}{dx}$가 영이 된다면 x가 어떤 값을 갖게 되는가를 알아내기 위해 하나의 조건으로 그렇게 쓰는 것일 뿐이다.

둘째로 내가 해둬야 할 말은 당신이 아마도 이미 하려고 한 말일 것이다(만약 나름대로 빈틈없이 생각할 줄 아는 머리를 갖고 있다면). 그것은 이런 말이다. 그토록 사람들이 칭찬하는 '영으로 놓는 과정'이 그렇게 해서 당신이 얻게 되는 x의 값이 y의 극대값을 알려줄지, 아니면 y의 극소값을 알려줄지에 대해서는 아무것도 말해주지 못한다는 것이다. 전적으로 옳은 말이다. 그 과정 자체는 극대값과 극소값을 구분하지 않는다. 그 과정은 당신에게 x의 값은 올바르게 찾아내어 알려주지만, 그것에 대응하는 y의 값이 극대값인지 극소값인지를 판별하는 것은 당신이 해야 할 일로 남겨놓는다. 물론 당신이 곡선의 그래프를 그려본 뒤라면 그것이 극대값인지 극소값인지를 이미 알고 있을 것이다.

다음과 같은 방정식을 예로 들어보자.

$y=4x+\frac{1}{x}$

이 방정식에 대응하는 곡선이 어떤 모양인지를 생각하기 위해 잠시 멈출 필요도 없다. 곧바로 이 방정식을 미분하고 그 결과를 영으로 놓자.

$$\frac{dy}{dx} = 4 - x^{-2} = 4 - \frac{1}{x^2} = 0$$

이로부터 $x = \frac{1}{2}$.

이 x 값을 애초의 방정식에 집어넣고 계산을 하면

$y = 4$.

이 y 값은 극대값일 수도 있고, 극소값일 수도 있다. 어느 쪽이 맞을까? 뒤에서 당신은 이 질문에 대답하는 데 필요한 방법에 관한 설명을 듣게 될 것이며, 그것은 2차 미분에 토대를 둔 방법이다(12장, 127쪽 이하를 보라). 여기서는 단지 이미 구해진 x 값과 조금만 차이가 나는 다른 x 값을 대입해서 그 다른 x 값에 대응하는 y 값을 구하고 그것이 이미 구해진 y 값보다 큰지 작은지를 확인해보는 것만으로 충분할 것이다.

극대, 극소와 관련이 있는 또 하나의 단순한 문제를 다뤄보자. 어떤 수를 두 부분으로 나누고 그 두 부분의 수를 곱한 값이 극대가 되게 하려면 수를 어떻게 두 부분으로 나눠야 하느냐는 질문을 당신이 받았다고 해보자. 당신이 만약 영으로 놓는 기법을 알고 있지 못하다면 이 문제를 어떻게 풀려고 했겠는가? 아마도 당신은 고심한 끝에 수를 나누어 곱하는 시도를 여러 차례 거듭하는 방법으로 문제를 풀었을 것이라고 나는 추측한다. 주어진 수가 60이라고 하자. 당신은 이 수를 두 부분으로 나눈 다음에 그 두 부분을 곱해보는 시도를 할 수 있다. 50 곱하기 10은 500, 52 곱하기 8은 416, 40 곱하기 20은 800, 45 곱하기 15는 675, 30 곱하기 30은 900이 된다. 이 마지막의 것이 극대값인 것처럼 보인다. 그것을 변화시켜보자. 31 곱하기 29는 899인데 이것은 오히려 작은 수다. 32 곱하기 28은 896인데 이것은 더 작다. 따라서 수를 두 개의 똑같은 절반으로 나누어 곱하는 경우에 곱의 값이 가장 커지는 것으로 보인다.

이제는 미분이 당신에게 무엇을 말해줄 수 있는지를 알아보자. 두 부분으로 나누어야 할 수를 n이라고 하자. 그러면 그것을 두 부분으로 나누고 한 부분을 x라고 하면 다른 한 부분은 $n-x$가 되고 곱은 $x(n-x)$, 즉 $nx-x^2$이 될 것이다. 따라서 우리는 $y=nx-x^2$이라고 써볼 수 있다. 이번에는 이것을 미분하고 그 결과를 영으로 놓자.

$$\frac{dy}{dx}=n-2x=0$$

이것을 x에 대해 풀면 우리는 다음과 같은 답을 얻게 된다.

$$x=\frac{n}{2}$$

이로써 우리는 n이 어떤 수이든 간에 그것을 두 개의 부분으로 나누고 그 두 부분의 수를 곱한 결과가 극대값이 되게 하려면 서로 똑같은 두 개의 부분으로 나눠야 한다는 사실을 알게 됐다. 그리고 극대화된 곱의 값은 언제나 $\frac{1}{4}n^2$이 될 것이다.

이것은 매우 유용한 규칙이며, 곱의 인수가 몇 개이든 간에 그 수와 무관하게 적용된다. 따라서 $m+n+p=$상수라고 한다면 $m=n=p$일 때 $m\times n\times p$가 극대값을 갖게 된다.

검증이 가능한 예

우리가 방금 얻은 지식을 검증이 가능한 예에 곧바로 적용해보자.

다음과 같은 수식이 주어졌다고 하자.

$y = x^2 - x$

이 함수가 극대값이나 극소값을 갖는지의 여부를 알아보고, 만약 그러한 값을 갖는다면 그것이 극대값인지 극소값인지를 검증해보자.

이 함수를 미분하면 우리는 다음과 같은 수식을 얻는다.

$\frac{dy}{dx} = 2x - 1$

이것을 영으로 놓자.

$2x - 1 = 0$

이로부터 $2x = 1$

즉 $x = \frac{1}{2}$

다시 말해 x가 $\frac{1}{2}$이 되게 한다면 그것에 대응하는 y의 값은 극대값이거나 극소값일 것이다. 따라서 애초의 방정식에 $x = \frac{1}{2}$를 집어넣고 계산을 해보자.

$y = (\frac{1}{2})^2 - \frac{1}{2}$

즉 $y = -\frac{1}{4}$

이것은 극대값일까, 극소값일까? 검증해보기 위해 x를 $\frac{1}{2}$보다 조금 더 큰 수로, 이를테면 0.6으로 놓자. 그러면 다음과 같이 된다.

$y = (0.6)^2 - 0.6 = 0.36 - 0.6 = -0.24$

이것은 -0.25보다 더 큰 수이며, 따라서 $y = -0.25$가 극소값임을 말해준다.

당신 혼자서 위 방정식으로 표현되는 곡선을 그래프로 그려보고, 그것을 가지고 위의 계산을 검증해보라.

추가적인 예

극대값과 극소값 둘 다를 갖고 있는 곡선은 흥미로운 예가 된다. 다음은 그런 곡선의 방정식이다.

$$y = \frac{1}{3}x^3 - 2x^2 + 3x + 1$$

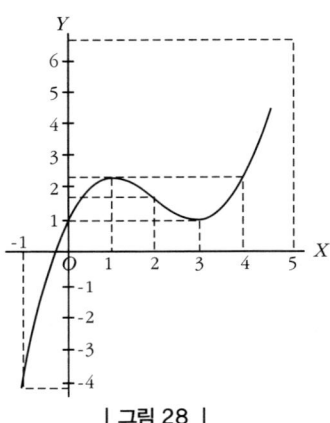

| 그림 28 |

위 방정식을 미분하면

$$\frac{dy}{dx} = x^2 - 4x + 3$$

이것을 영으로 놓으면 우리는 다음과 같은 2차 방정식을 얻는다.

$$x^2 - 4x + 3 = 0$$

이 2차 방정식을 풀면 우리는 다음과 같은 두 개의 근을 얻게 된다.

$$\begin{cases} x = 3 \\ x = 1 \end{cases}$$

$x=3$일 때에는 $y=1$이고, $x=1$일 때에는 $y=2\frac{1}{3}$이다. 이 가운데 앞의 y 값은 극소값이고, 뒤의 y 값은 극대값이다.

이 곡선 자체의 그래프는 애초의 방정식에서 아래 표와 같이 계산해낸 값들을 가지고 그림 28처럼 그리면 된다.

x	-1	0	1	2	3	4	5	6
y	$-4\frac{1}{3}$	1	$2\frac{1}{3}$	$1\frac{2}{3}$	1	$2\frac{1}{3}$	$7\frac{2}{3}$	19

다음 예는 극대와 극소에 관한 연습을 좀 더 할 수 있게 해줄 것이다.

그림 29에 그려진 그래프와 같이 반지름이 r이고 중심의 좌표가 $x=a$, $y=b$인 원의 방정식은 다음과 같다.

$$(y-b)^2+(x-a)^2=r^2$$

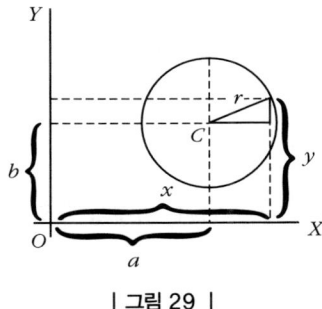

| 그림 29 |

이 방정식은 다음과 같이 변형시킬 수 있다.

$$y=\sqrt{r^2-(x-a)^2}+b$$

우리는 단지 그래프를 살펴보는 것만으로도 $x=a$일 때 y가 그 극대값인 $b+r$이 되거나 그 극소값인 $b-r$이 된다는 것을 알게 된다. 그러나 이렇게 미리 알게 되는 것을 이용하지 말고, 미분을 하고 그 결과를 영으로 놓는 과정을 밟아서 x의 어떤 값이 y를 극대 또는 극소로 만드는가를 알아내는 일을 해보자.

$$\frac{dy}{dx}=\frac{1}{2}\frac{1}{\sqrt{r^2-(x-a)^2}}\times(2a-2x)$$

이것은 다음과 같이 축약된다.

$$\frac{dy}{dx} = \frac{a-x}{\sqrt{r^2-(x-a)^2}}$$

그렇다면 y가 극대 또는 극소가 되게 하는 조건은 다음과 같다.

$$\frac{a-x}{\sqrt{r^2-(x-a)^2}} = 0$$

x의 어떤 값도 분모를 무한히 크게 만들 수 없으므로 이 수식을 성립시키는 유일한 조건은 다음과 같다.

$x = a$

이 값을 애초에 제시된 원의 방정식에 집어넣으면 우리는 다음과 같은 수식을 얻게 된다.

$y = \sqrt{r^2} + b$

r^2의 제곱근은 $+r$이거나 $-r$이며, 이것을 대입하고 풀면 우리는 두 개의 y 값을 얻게 된다.

$$\begin{cases} y = b+r \\ y = b-r \end{cases}$$

이 가운데 앞의 y 값은 원의 위쪽 꼭대기 부분의 극대값이고, 뒤의 y 값은 원의 아래쪽 바닥 부분의 극소값이다.

곡선이 만약 극대점이나 극소점이 없는 형태라면 미분을 하고 그 결과를 영으로 놓는 과정은 불가능한 결과를 낳게 된다. 다음과 같은 곡선의 방정식을 예로 들어보자.

$y = ax^3 + bx + c$

그렇다면 $\frac{dy}{dx} = 3ax^2 + b$

이것을 영으로 놓으면 $3ax^2+b=0$

즉 $x^2=\dfrac{-b}{3a}$이니 $x=\sqrt{\dfrac{-b}{3a}}$ 인데, 이것은 불가능하다.[23]

따라서 y는 극대값도 극소값도 갖지 못한다.

풀이가 된 예를 몇 개만 더 살펴보면 당신은 미분의 응용방법 중에서 가장 흥미롭고도 유용한 위와 같은 방법을 완전히 익힐 수 있을 것이다.

(1) 반지름이 R인 원에 내접하는 직사각형 가운데 넓이가 가장 큰 것에서 직각을 이루는 두 변의 길이를 구하라.

직사각형의 직각을 이루는 두 변 가운데 한 변의 길이를 x라고 하면

다른 한 변의 길이 $= \sqrt{(대각선의\ 길이)^2 - x^2}$

원에 내접하는 직사각형의 대각선은 필연적으로 원의 지름이므로

다른 한 변의 길이 $= \sqrt{4R^2 - x^2}$

그렇다면 직사각형의 넓이 $S = x\sqrt{4R^2 - x^2}$

$$\frac{dS}{dx} = x \times \frac{d(\sqrt{4R^2-x^2})}{dx} + \sqrt{4R^2-x^2} \times \frac{d(x)}{dx}$$

당신이 만약 $\sqrt{4R^2-x^2}$을 미분하는 방법을 잊어버렸다면 힌트를 줄 테니 참고하라. $4R^2-x^2=w$, $y=\sqrt{w}$라고 쓰고서 $\dfrac{dy}{dw}$와 $\dfrac{dw}{dx}$를 구하라. 될 때까지 씨름해보라. 그래도 안 되는 경우에만 80쪽으로 돌아가 거기에 씌어있는 것을 참고하라.

---

23 _ (역주)여기서 지은이는 문자로 표시한 상수는 영보다 큰 양수로 간주하고 있다. 이는 물론 독자의 직관적인 이해를 돕기 위한 지은이 나름의 조치다. 일반적으로는 문자로 표시되는 상수가 반드시 양수인 것은 아니며 음수가 될 수도 있다.

당신은 다음과 같은 미분의 결과를 얻게 될 것이다.

$$\frac{dS}{dx} = x \times -\frac{x}{\sqrt{4R^2-x^2}} + \sqrt{4R^2-x^2} = \frac{4R^2-2x^2}{\sqrt{4R^2-x^2}}$$

극대점이나 극소점에서는 이것이 영이 돼야 한다.

$$\frac{4R^2-2x^2}{\sqrt{4R^2-x^2}} = 0$$

즉 $4R^2-2x^2=0$이고, 따라서 $x=R\sqrt{2}$

다른 한 변의 길이 $=\sqrt{4R^2-x^2}=R\sqrt{2}$

두 변의 길이가 같으므로 이 직사각형은 정사각형이며, 그 각 변은 원의 반지름을 변으로 삼아 그린 정사각형의 대각선과 길이가 같다. 우리가 방금 다룬 것은 물론 극대의 경우다.

(2) 비스듬한 옆면의 길이(모선의 길이)가 l인 원뿔형 그릇이 가장 큰 용량을 가지려면 그 아가리의 반지름이 얼마가 돼야 할까?

아가리의 반지름을 R이라고 하고 이에 대응하는 그릇의 높이를 H라고 하면 $H=\sqrt{l^2-R^2}$

용량 $V = \pi R^2 \times \dfrac{H}{3} = \pi R^2 \times \dfrac{\sqrt{l^2-R^2}}{3}$

앞의 문제에서처럼 진행하면 극대나 극소의 조건이 다음과 같이 구해진다.

$$\frac{dV}{dR} = \pi R^2 \times -\frac{R}{3\sqrt{l^2-R^2}} + \frac{2\pi R}{3}\sqrt{l^2-R^2}$$
$$= \frac{2\pi R(l^2-R^2) - \pi R^3}{3\sqrt{l^2-R^2}} = 0$$

즉 $2\pi R(l^2-R^2)-\pi R^3=0$이므로 $R=l\sqrt{\dfrac{2}{3}}$이고, 이것은 극대의 조건임이 자명하다.

(3) 다음 함수의 극대값과 극소값을 구하라.

$$y=\dfrac{x}{4-x}+\dfrac{4-x}{x}$$

극대나 극소의 조건은 다음과 같다.

$$\dfrac{dy}{dx}=\dfrac{(4-x)-(-x)}{(4-x)^2}+\dfrac{-x-(4-x)}{x^2}=0$$

즉 $\dfrac{4}{(4-x)^2}-\dfrac{4}{x^2}=0$이고 이것을 풀면 $x=2$.

조건을 충족시키는 x가 하나뿐이므로 하나의 극대값 또는 하나의 극소값만 존재할 것이다.

그런데 $x=2$일 때에는 $y=2$,

　　　　$x=1.5$일 때에는 $y=2.27$,

　　　　$x=2.5$일 때에는 $y=2.27$.

따라서 $x=2$일 때의 y 값은 극소값이다(주어진 함수를 그래프로 그려 보면 이해하는 데 도움이 된다).

(4) 함수 $y=\sqrt{1+x}+\sqrt{1-x}$의 극대값과 극소값을 구하라(그래프로 그려 보면 이해하는 데 도움이 될 것이다).

미분을 하면 곧바로 다음과 같이 놓을 수 있다(81쪽의 예 (1)을 참고하라).

$$\dfrac{dy}{dx}=\dfrac{1}{2\sqrt{1+x}}-\dfrac{1}{2\sqrt{1-x}}=0$$

따라서 $\sqrt{1+x}=\sqrt{1-x}$ 이므로 $x=0$이고, 이것이 유일한 해다.

$x=0$일 때에는 $y=2$

$x=\pm 0.5$일 때에는 $y=1.932$

따라서 $x=0$일 때의 y 값이 극대값이다.

(5) 함수 $y=\dfrac{x^2-5}{2x-4}$ 의 극대값과 극소값을 구하라.

극대값이나 극소값에서는 $\dfrac{dy}{dx}=\dfrac{(2x-4)\times 2x-(x^2-5)\times 2}{(2x-4)^2}=0$이 된다.

이것을 간추리면 $\dfrac{2x^2-8x+10}{(2x-4)^2}=0$,

즉 $x^2-4x+5=0$이 되고, 이 방정식의 해는 다음과 같다.

$x=2\pm\sqrt{-1}$

이것은 허수다. 따라서 $\dfrac{dy}{dx}=0$을 충족시키는 x의 실수 값은 존재하지 않는다.

결국 주어진 함수는 극대값도 갖지 못하고, 극소값도 갖지 못한다.

(6) 다음 함수의 극대값과 극소값을 구하라.

$(y-x^2)^2=x^5$

이 함수는 $y=x^2\pm x^{\frac{5}{2}}$ 으로 고쳐 쓸 수 있다.

극대값이나 극소값에서는 다음 등식이 성립해야 한다.

$\dfrac{dy}{dx}=2x\pm\dfrac{5}{2}x^{\frac{3}{2}}=0$

즉 $x(2\pm\dfrac{5}{2}x^{\frac{1}{2}})=0$이어야 한다. 이 조건은 $x=0$이거나 $2\pm\dfrac{5}{2}x^{\frac{1}{2}}=0$일 때 충족된다.

다시 말해 $x=0$이거나 $x=\dfrac{16}{25}$ 이다. 두 개의 해가 존재하는 것이다.

먼저 $x=0$인 경우를 생각해보자.

$x=-0.5$일 때에는 $y=0.25\pm\sqrt[2]{-(0.5)^5}$이고, $x=+0.5$일 때에는 $y=0.25\pm\sqrt[2]{(0.5)^5}$이다. 즉 $x=0$의 왼쪽에서는 y가 허수가 되며, 이는 곧 그래프로 표시될 수 있는 y 값이 존재하지 않는다는 뜻이다. 따라서 주어진 함수의 그래프는 y축의 오른쪽에만 그려진다(그림 30을 보라).

이 함수의 그래프를 그려보면, 곡선이 마치 원점에서 극소점을 만들려는 듯이 원점을 향해 나아가지만 원점에 도달하고 나면 거기에서 극소점을 만들기 위해 필요한 추가적인 진행을 하지 않고 발길을 되돌린다(이로 인해 원점에서 '뾰족점'이라고 불리는 것이 만들어진다). 따라서 극소값을 갖기 위한 조건, 즉 $\frac{dy}{dx}=0$이 충족됨에도 불구하고 극소값이 존재하지 않는 것이다. 이런 경우가 얼마든지 있을 수 있으므로 언제나 해를 중심으로 그 오른쪽과 왼쪽에 위치한 x의 값을 대입해보는 방법으로 점검을 할 필요가 있다.

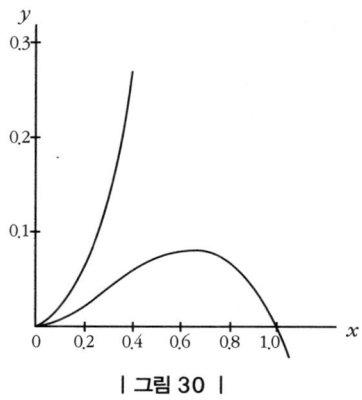

| 그림 30 |

이번에는 $x=\frac{16}{25}=0.64$인 경우를 생각해보자. $x=0.64$일 때에 $y=0.7373$이거나 $y=0.819$다. $x=0.6$일 때에는 y가 0.6389와 0.0811이 되

고, $x=0.7$일 때에는 y가 0.8996과 0.0804가 된다.

이것은 주어진 함수의 곡선이 두 갈래를 이룬다는 사실을 말해준다. 위쪽 갈래는 극대값을 갖지 않지만, 아래쪽 갈래는 극대값을 갖는다.

(7) 높이가 밑면의 반지름에 비해 두 배인 원기둥의 부피가 점점 더 커지되 그 과정에서 원기둥의 모든 부분 서로 간의 비율이 동일하게 유지된다고 하자. 즉 어느 시점에든 그 시점의 원기둥은 애초의 원기둥과 닮은 꼴이다. 밑면의 반지름이 r피트일 때 원기둥의 겉넓이는 초당 20제곱인치의 속도로 증가한다고 한다. 그렇다면 그때 원기둥의 부피는 어떤 속도로 커질까?

겉넓이 $=S=2(\pi r^2)+2\pi r\times 2r=6\pi r^2$

부피 $=V=\pi r^2\times 2r=2\pi r^3$

$\dfrac{dS}{dr}=12\pi r,\ \dfrac{dV}{dr}=6\pi r^2$

$dS=12\pi r dr=20,\ dr=\dfrac{20}{12\pi r}$

$dV=6\pi r^2 dr=6\pi r^2\times\dfrac{20}{12\pi r}=10r$

부피는 초당 $10r$세제곱인치의 속도로 커진다.

당신 스스로 다른 예들을 만들어보라. 이 장의 주제만큼 흥미로운 예를 많이 만들어볼 수 있는 다른 주제는 거의 없다.

연습문제 IX

해답은 319쪽을 보라.

(1) $y = \dfrac{x^2}{x+1}$ 일 때 x의 어떤 값이 y를 극대와 극소로 만드는가?

(2) 방정식 $y = \dfrac{x}{a^2 + x^2}$ 에서 x의 어떤 값이 y를 극대로 만드는가?

(3) 길이가 p인 줄을 네 토막으로 나누고 그것을 가지고 사각형을 만들었다고 하자. 이때 각 변의 길이가 $\dfrac{1}{4}p$인 경우에 사각형의 넓이가 가장 크게 됨을 보여라.

(4) 길이가 30인치인 노끈의 양 끝을 이어준 뒤에 못 3개에 그것을 팽팽하게 걸어 삼각형을 만들었다고 하자. 노끈에 의해 둘러싸인 삼각형의 최대 넓이는?

(5) 다음 방정식에 대응하는 곡선을 그려라.
$$y = \dfrac{10}{x} + \dfrac{10}{8-x}$$
아울러 $\dfrac{dy}{dx}$ 를 구하라. y를 극소로 만드는 x의 값을 찾고, y의 극소값을 구하라.

(6) $y = x^5 - 5x$일 때 x의 어떤 값이 y를 극대 또는 극소로 만드는지를 알아내라.

(7) 주어진 정사각형에 내접시켜 그려 넣을 수 있는 정사각형 가운데 가장 넓이가 작은 것은?

(8) 높이가 밑면의 반지름과 같은 원뿔의 속에 (*a*) 부피가 가장 큰 원통 (*b*) 옆넓이가 가장 큰 원통 (*c*) 겉넓이가 가장 큰 원통을 각각 그려 넣어보라.

(9) 둥근 공 속에 (*a*) 부피가 가장 큰 원통 (*b*) 옆넓이가 가장 큰 원통 (*c*) 겉넓이가 가장 큰 원통을 각각 그려 넣어보라.

(10) 구형 풍선의 부피가 점점 더 커지고 있다. 풍선의 반지름이 r피트이

고 부피가 초당 4세제곱피트의 속도로 커지고 있다고 할 때 그 겉넓이는 어떤 속도로 증가하겠는가?

(11) 일정하게 주어진 구 속에 부피가 가장 큰 원뿔을 그려 넣어보라.

(12) N개의 동일한 볼타전지 셀로 만들어진 배터리가 발생시키는 전류의 세기 C는 다음과 같다.

$$C = \frac{n \times E}{R + \frac{rn^2}{N}}$$

여기서 E, R, r는 상수이고, n은 직렬로 연결된 셀의 수다.

가장 센 전류가 발생되게 하려면 n 대 N의 비율을 어떻게 해야 할까?

12장
곡선의 구부러진 정도

이제는 축차미분의 과정으로 돌아가서 이런 질문을 던져볼 수 있겠다. 누구든 잇달아 두 번 미분을 하고자 하는 사람이 있다면 그가 그렇게 하려는 이유는 무엇일까? 변화할 수 있는 양이 공간과 시간이라고 할 때 잇달아 두 번 미분을 하면 움직이는 물체의 가속도를 구할 수 있음을 우리는 앞에서 알게 됐다. 또한 잇달아 두 번 미분을 하는 과정을 곡선에 적용하면서 기하학적 해석을 하면 일단 $\frac{dy}{dx}$는 곡선의 기울기를 의미한다는 것도 우리는 알고 있다. 그런데 이 경우에 $\frac{d^2y}{dx^2}$은 어떤 의미를 갖게 될까? 그것은 기울기가 변화하는 율(x의 길이 한 단위당)을 의미하는 것이 분명하다. 다시 말해 그것은 곡선이 구부러진 정도에 대한 하나의 척

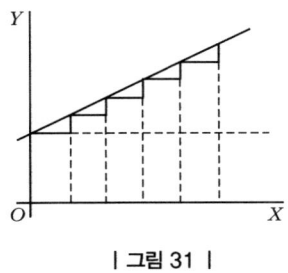

| 그림 31 |

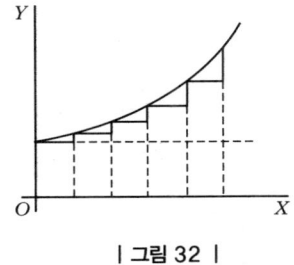

| 그림 32 |

도다.

그림 31에서와 같이 기울기가 상수라고 가정해보자. 여기서 $\frac{dy}{dx}$ 는 일정한 값을 갖는다.

그러나 그림 32에서처럼 기울기가 점점 가팔라진다고 가정하고 보면 $\frac{d\left(\frac{dy}{dx}\right)}{dx}$ 즉 $\frac{d^2y}{dx^2}$ 가 양의 값을 갖는다.

오른쪽으로 갈수록 기울기가 완만해진다면(아래의 그림 33에서처럼) 곡선이 우상향한다고 하더라도 기울기가 감소하면서 우상향하는 것이므로 그 $\frac{d^2y}{dx^2}$ 은 음의 값을 가질 것이다.

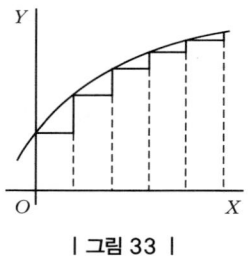

| 그림 33 |

이제 당신에게 또 하나의 비밀을 알려줄 때가 됐다. 그것은 당신이 '영으로 놓기'를 통해 얻은 결과가 극대값에 해당하는 것인지 극소값에 해당하는 것인지를 분간하는 기법이다. 그 기법은 이렇다. 미분을 한 번 했다면(영과 같다고 놓을 수식을 구하기 위해), 그 결과를 한 번 더 미분하라. 그런 다음에 두 번째 미분의 결과가 양수인지 음수인지를 확인하라. $\frac{d^2y}{dx^2}$ 가 양수라면 당신이 구한 y의 값은 극소값이라고 생각하면 된다. 반면에 $\frac{d^2y}{dx^2}$ 가 음수라면 당신이 구한 y의 값은 극대값일 것이다. 이것이 규칙이다.

이렇게 되는 이유는 극히 자명하다. 극소점을 갖고 있는 어떤 곡선(94쪽의 그림 15와 같은)을 생각해보자. 여기서는 그림 34와 같이 극소점이 M으로 표시되고 위로 오목한 형태를 가진 곡선을 예로 들어보겠다. M의 왼쪽에서는 곡선이 우하향하므로 기울기가 음수인데 그 음수의 절대값이 점점 더 작아진다. M의 오른쪽에서는 곡선이 우상향하며 그 기울기가 점점 더 가팔라진다. M을 통과하는 과정에서 기울기는 $\frac{d^2y}{dx^2}$가 양수가 되게끔 변화하는 것이 분명하다. 왜냐하면 x가 오른쪽으로 증가함에 따라 $\frac{d^2y}{dx^2}$의 작용으로 우하향하던 곡선이 방향을 바꾸어 우상향하게 되는 변화가 일어나기 때문이다.

이와 마찬가지로 극대점을 갖고 있는 어떤 곡선(95쪽의 그림 16과 같은)을 생각해보자. 여기서는 그림 35와 같이 위로 볼록하고 극대점이 M으로 표시된 곡선을 예로 들어보겠다. 이 경우에는 곡선이 왼쪽에서 오른쪽으로 M을 통과하는 과정에서 우상향하던 곡선이 방향을 바꾸어 우하향하게 되는 변화가 일어난다. 따라서 이 경우에는 '기울기의 기울기'인 $\frac{d^2y}{dx^2}$가 음수가 된다.

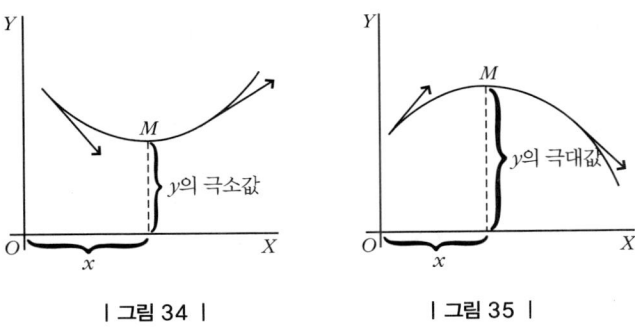

| 그림 34 | | 그림 35 |

이번에는 앞 장의 예들로 돌아가 거기서 도출된 결론을 위와 같은 방법으로 검증해보고, 각각의 경우에 극대점이 존재하는지 극소점이 존재하는지를 판별해보라. 풀이가 된 예 몇 가지를 아래에 소개한다.

(1) 다음 두 방정식의 극대값 또는 극소값을 구하고, 각각의 경우에 그것이 극대값 또는 극소값임을 확인하라.

(a) $y=4x^2-9x-6$, (b) $y=6+9x-4x^2$

(a) $\dfrac{dy}{dx}=8x-9=0$

$x=1\dfrac{1}{8}$, $y=-11.065$

$\dfrac{d^2y}{dx^2}=8$. 이것은 양수이고, 따라서 방금 구한 것은 극소값이다.

(b) $\dfrac{dy}{dx}=9-8x=0$

$x=1\dfrac{1}{8}$, $y=-11.065$

$\dfrac{d^2y}{dx^2}=-8$

이것은 음수이고, 따라서 방금 구한 것은 극대값이다.

(2) 함수 $y=x^3-3x+16$의 극대값과 극소값을 구하라.

$\dfrac{dy}{dx}=3x^2-3=0$, $x^2=1$

따라서 $x=\pm 1$

$\dfrac{d^2y}{dx^2}=6x$

이것은 $x=1$일 때에는 양수이고, 따라서 $x=1$은 극소값 $y=14$에 대응한다. $x=-1$일 때에는 음수이고, 따라서 $x=-1$은 극대값 $y=18$에 대응한다.

(3) $y = \dfrac{x-1}{x^2+2}$ 의 극대값과 극소값을 구하라.

$$\dfrac{dy}{dx} = \dfrac{(x^2+2) \times 1 - (x-1) \times 2x}{(x^2+2)^2} = \dfrac{2x - x^2 + 2}{(x^2+2)^2} = 0$$

즉 $x^2 - 2x - 2 = 0$이고, 이 방정식의 해는 $x = +2.73$과 $x = -0.73$이다.

$$\dfrac{d^2y}{dx^2} = -\dfrac{(x^2+2)^2 \times (2x-2) - (x^2-2x-2) \times (4x^3+8x)}{(x^2+2)^4}$$

$$= \dfrac{2x^5 - 6x^4 - 8x^3 - 8x^2 - 24x + 8}{(x^2+2)^4}$$

분모는 언제나 양수이므로 분자의 부호만 확인하면 된다.

$x = 2.73$을 대입하면 분자가 음수가 된다. 따라서 이때의 $y = 0.183$은 극대값이다.

$x = -0.73$을 대입하면 분자가 양수가 된다. 따라서 이때의 $y = -0.683$은 극소값이다.

(4) 어떤 공장에서 생산된 제품을 관리하는 데 드는 비용 C는 주당 생산량 P와 다음과 같은 관계를 갖고 변동한다.

$$C = aP + \dfrac{b}{c+P} + d$$

여기서 a, b, c, d는 양의 상수다. 비용 C를 최소화하는 생산량은?

C가 극대값이나 극소값이 되기 위한 조건은 다음과 같다.

$$\dfrac{dC}{dP} = a - \dfrac{b}{(c+P)^2} = 0$$

즉 $a = \dfrac{b}{(c+P)^2}$이므로 $P = \pm\sqrt{\dfrac{b}{a}} - c$

생산량은 음의 값을 가질 수 없으므로 $P=+\sqrt{\dfrac{b}{a}}-c$

2차 미분을 하면 $\dfrac{d^2C}{dP^2}=\dfrac{b(2c+2P)}{(c+P)^4}$

이것은 P의 모든 값에 대해 양수가 된다. 따라서 $P=+\sqrt{\dfrac{b}{a}}-c$에서 C는 극소값을 갖는다.

(5) 어떤 종류의 전등 N개로 건물 한 동을 조명하는 데 드는 시간당 비용 C는 다음과 같다.

$$C=\left(\dfrac{C_i}{t}+\dfrac{EPC_e}{1000}\right)$$

여기서 E는 전등의 상용효율(촉광당 와트)

P는 전등 한 개당 촉광

t는 전등의 평균수명(시간)

C_i은 사용시간당 교체비용

C_e는 1000와트시(Wh)당 에너지 비용

또한 전등의 평균수명과 상용효율의 관계는 대략 $t=mE^n$이고, 이때 m과 n은 전등의 종류에 따라 달리 고정되는 상수다.

조명에 드는 총비용이 최소가 되게 하는 상용효율을 구하라.

주어진 정보로부터 우리는 다음 수식을 얻을 수 있다.

$$C=N\left(\dfrac{C_i}{m}E^{-n}+\dfrac{PC_e}{1000}E\right)$$

이것이 극소나 극대가 되려면 $\dfrac{dC}{dE} = N\left(\dfrac{PC_e}{1000} - \dfrac{nC_l}{m}E^{-(n+1)}\right) = 0$

즉 $E^{n+1} = \dfrac{1000 \times nC_l}{mPC_e}$ 이므로 $E = \sqrt[n+1]{\dfrac{1000 \times nC_l}{mPC_e}}$

$\dfrac{d^2C}{dE^2} = N\left[(n+1)\dfrac{nC_l}{m}E^{-(n+2)}\right]$ 가 E의 모든 양의 값에 대해 양수이므로 방금 구한 $E = \sqrt[n+1]{\dfrac{1000 \times nC_l}{mPC_e}}$ 은 극소값에 대응하는 것이 분명하다.

예를 들어 특정한 유형의 16촉광짜리 전등으로 조명을 하는데 $C_l=17$ 펜스, $C_e=5$펜스이고, $m=10$, $n=3.6$임을 알고 있다면 극소값에 대응하는 E의 값은 다음과 같다.

$E = \sqrt[4.6]{\dfrac{1000 \times 3.6 \times 17}{10 \times 16 \times 5}} = 2.6$ (촉광당 와트)

> **연습문제 X**
>
> 해답은 320쪽을 보라.

(계수가 숫자로 주어진 경우에는 그래프를 그려볼 것을 권한다.)

(1) $y=x^3+x^2-10x+8$의 극대값과 극소값을 구하라.

(2) $y=\dfrac{b}{a}x-cx^2$이라고 할 때 $\dfrac{dy}{dx}$와 $\dfrac{d^2y}{dx^2}$의 수식을 구하라. 아울러 y를 극대 또는 극소로 만드는 x의 값을 구하고, 그것에 대응하는 y의 값이 극대값인지 극소값인지를 보여라.

(3) 다음과 같은 방정식으로 표현되는 곡선은 극대값과 극소값을 각각 몇 개나 갖게 되는가?

$$y=1-\dfrac{x^2}{2}+\dfrac{x^4}{24}$$

또한 다음과 같은 방정식으로 표현되는 곡선은 극대값과 극소값을 각각 몇 개나 갖게 되는가?

$$y=1-\dfrac{x^2}{2}+\dfrac{x^4}{24}-\dfrac{x^6}{720}$$

(4) $y=2x+1+\dfrac{5}{x^2}$의 극대값이나 극소값을 구하라.

(5) $y=\dfrac{3}{x^2+x+1}$의 극대값이나 극소값을 구하라.

(6) $y=\dfrac{5x}{2+x^2}$의 극대값이나 극소값을 구하라.

(7) $y=\dfrac{3x}{x^2-3}+\dfrac{x}{2}+5$의 극대값과 극소값을 구하라.

(8) 수 N을 두 부분으로 나눈 뒤 그 가운데 한 부분의 수를 제곱한 다음 3을 곱한 값과 다른 한 부분의 수를 제곱한 다음 2를 곱한 값을 더할 경우에 그 결과가 극소값이 되게 하려면 N을 어떻게 두 부분으로 나누어야 하는가?

(9) 어떤 발전기의 발전량 x의 값을 변화시킬 경우에 그 발전기의 발전효율 u는 다음과 같은 일반적인 방정식으로 표현된다고 한다.

$$u = \frac{x}{a+bx+cx^2}$$

여기서 a는 발전기의 철 부분에서 일어나는 에너지 손실에 주로 좌우되는 상수이고, c는 발전기의 구리 부분에서 일어나는 전기저항에 주로 좌우되는 상수다. 발전효율이 극대가 되게 하는 발전량의 값을 나타내는 수식을 구하라.

(10) 어떤 증기선이 소비하는 석탄의 양은 $y=0.3+0.001v^3$이라는 공식으로 표현된다는 사실이 알려져 있다고 가정하자. 여기서 y는 1시간마다 연소되는 석탄의 양을 톤으로 표시한 것이고, v는 증기선의 속도를 시간당 해리[24]로 표시한 것이다. 선원의 임금, 자본에 대한 이자, 증기선의 감가상각비 등의 시간당 비용은 모두 더해 석탄 1톤의 비용과 같다. 이 증기선으로 1,000해리를 항해한다고 할 때 어떤 속도로 운항해야 그 총비용을 최소화할 수 있을까? 아울러 석탄의 비용이 톤당 10실링이라고 한다면 항해비용의 최소값은 얼마가 될까?

(11) $y = \pm \dfrac{x}{6}\sqrt{x(10-x)}$의 극대값과 극소값을 구하라.

(12) $y = 4x^3 - x^2 - 2x + 1$의 극대값과 극소값을 구하라.

---

24 _ (역주)海里. nautical mile. 바다에서 사용되는 거리의 단위. 1해리는 1,852미터.

13장
추가로 소개하는 유용한 우회기법

부분분수식

부분분수식을 미분할 때에는 다소 복잡한 연산을 해야 한다는 것을 우리는 앞에서 보았다. 그리고 분수식 그 자체가 단순하지 않으면 미분의 결과도 복잡한 수식이 될 수밖에 없다는 것도 보았다. 우리가 만약 그러한 분수식을 두 개 이상의 보다 단순한 분수식으로 쪼개되 그것들을 모두 더하면 애초의 분수식과 같게 되도록 할 수 있다면, 그 단순한 분수식들을 하나씩 차례로 미분하는 과정을 밟을 수 있을 것이다. 그러면 미분의 결과는 비교적 단순한 미분계수를 두 개 이상 더한 형태가 될 것이다.

우리가 이런 우회기법을 이용해 최종적으로 얻게 되는 수식은 이런 우회기법을 이용하지 않고 얻을 수 있는 수식과 같은 것이 분명하지만, 이런 우회기법을 이용하면 힘을 훨씬 덜 들이고 미분의 결과를 얻을 수 있고 그 결과 자체도 단순화된 형태의 수식이 된다.

그런 미분의 결과에 도달하려면 어떻게 해야 하는지를 알아보자. 먼저 두 개의 부분분수식을 더하고 그 결과를 하나의 분수식으로 표현하는 일을 해보자. $\frac{1}{x+1}$ 과 $\frac{2}{x-1}$ 라는 두 개의 분수식을 예로 들어보겠다. 중학생 정도면 누구나 이 두 개의 분수식을 더할 줄 알고, 그 합이 $\frac{3x+1}{x^2-1}$ 로 표현된다는 것을 알 것이다. 또한 같은 방법으로 세 개의 분수식이나 그보다 더 많은 수의 분수식도 더할 줄 알 것이다. 그런데 이런 과정을 거꾸로 밟는 것도 분명히 가능하다. 다시 말해 $\frac{3x+1}{x^2-1}$ 이라는 수식이 주어졌다고 할 때 어떻게 해서든 그것을 원래의 구성요소들, 즉 부분분수식들로 쪼개는 것도 분명히 가능하다. 단지 우리가 만나게 되는 모든 경우에 분수식을 그렇게 쪼개는 방법을 우리가 알고 있지 못할 뿐이다. 그런 방법을 알아내기 위해 우선 단순한 경우부터 살펴보도록 하자.

다만 아래에서 서술되는 내용은 진분수식[25]이라고 부를 수 있는 분수식, 즉 앞에서 예로 든 것들과 같이 분자의 차수가 분모의 차수보다 낮은 분수식에만 적용된다는 사실을 염두에 두는 것이 중요하다. 다시 말해 분자에 나오는 x의 지수 가운데 가장 큰 것이 분모에 나오는 x의 지수 가운데 가장 큰 것보다 작은 분수식에만 적용된다는 것이다. 우리가 만약 $\frac{x^2+2}{x^2-1}$ 와 같은 수식을 다루어야 한다면 나누기를 해서 그것을 단순화시킬 수 있다. 왜냐하면 $\frac{x^2+2}{x^2-1}$ 는 $1 + \frac{3}{x^2-1}$ 과 같기 때문이다. 이렇게 단순화시키고 보면 $\frac{3}{x^2-1}$ 은 진분수식이므로 아래에서 설명하는 대로 분수식을 부분분수식들로 쪼개는 방법을 그 진분수식에 적용할 수 있다.

예 1

분모에 x 항만 들어있을 뿐 x^2, x^3, 또는 그 밖의 다른 x의 거듭제곱 항은 들어있지 않은 분수식 두 개 이상을 더하는 연산을 많이 해보면 언제

---

[25] _ (역주)眞分數式. proper algebraic fraction. 이것과 반대되는 개념은 가분수식(假分數式, improper algebraic fraction)이다.

나 '최종 결과로 얻게 되는 분수식의 분모는 그 결과를 얻기 위해 더한 분수식들의 분모의 곱이 됨'을 우리는 알게 된다. 따라서 최종 결과로 얻게 되는 분수식의 분모를 인수분해해보면 우리가 찾는 부분분수들의 분모가 어떤 것인지를 모두 알아낼 수 있다.

이제 우리가 $\frac{3x+1}{x^2-1}$에서 출발해 그 구성요소라고 우리가 알고 있는 $\frac{1}{x+1}$과 $\frac{2}{x-1}$로 되돌아가기를 원한다고 가정해보자. 이런 경우에 그 구성요소가 어떤 것인지를 알지 못한다고 하더라도 우리는 다음과 같이 써보는 것을 통해 그렇게 되돌아가는 길을 찾을 수 있다.

$$\frac{3x+1}{x^2-1} = \frac{x+1}{(x+1)(x-1)} = \frac{}{x+1} + \frac{}{x-1}$$

분자를 써넣어야 할 곳을 공백으로 놔두었다. 거기에 써넣어야 할 것이 무엇인지를 알게 되기 전에는 그곳을 그냥 공백으로 놔두기로 하자. 부분분수들 사이의 부호는 항상 플러스라고 가정해도 된다. 왜냐하면 그것이 사실은 마이너스라면 해당 항의 분수에서 분자의 부호를 바꿔주면 그만이기 때문이다. 부분분수식들은 모두 진분수식이라고 볼 수 있으므로 그 분자들은 단지 어떤 수일 뿐 x가 포함된 항은 전혀 갖고 있지 않을 것이다. 따라서 그 분자들을 A, B, C 등으로 우리가 원하는 대로 써볼 수 있다. 이렇게 하면 우리가 지금 살펴보는 예의 경우는 다음과 같이 표현된다.

$$\frac{3x+1}{x^2-1} = \frac{A}{x+1} + \frac{B}{x-1}$$

이 두 개의 분수식을 더하는 연산을 하면 $\frac{A(x-1)+B(x+1)}{(x+1)(x-1)}$을 얻게 된다. 이것은 $\frac{3x+1}{(x+1)(x-1)}$과 같아야 한다. 그런데 이 두 분수식의 분모가 서로 같으므로 분자도 서로 같아야 한다. 따라서 우리는 다음과 같은 수식을 얻게 된다.

$3x+1 = A(x-1) + B(x+1)$

이것은 미지수가 두 개인 하나의 방정식이다. 우리가 이것을 풀어서 A 와 B가 어떤 수인지를 알아낼 수 있으려면 방정식이 하나 더 필요하다. 그런데 이런 난점을 피해갈 수 있는 다른 길이 있다. 위 방정식은 x의 모든 값에 대해 성립해야 한다. 그러므로 $x-1$과 $x+1$이 각각 영이 되게 하는 x의 값에 대해서도 위 방정식이 성립해야 한다. 그런 x의 값은 1과 −1이다. $x=1$이면 위 방정식은 $4=(A\times 0)+(B\times 2)$가 되고, 따라서 $B=2$가 된다. 또한 $x=-1$이면 위 방정식은 $-2=(A\times -2)+(B\times 0)$이 되고, 따라서 $A=1$이 된다. 이렇게 구한 값을 A와 B에 대입하면 두 개의 부분분수식은 $\frac{1}{x+1}$과 $\frac{2}{x-1}$가 됨을 알 수 있다. 이것으로 우리가 해야 할 일을 다한 셈이다.

또 하나의 예로 $\frac{4x^2+2x-14}{x^3+3x^2-x-3}$라는 분수식을 들어보자. x가 1이라는 값을 갖게 되면 분모가 영이 된다. 따라서 $x-1$은 분모의 한 인수다. 그렇다면 다른 하나의 인수는 x^2+4x+3일 것이 분명하고, 이것은 다시 $(x+1)(x+3)$으로 인수분해된다. 따라서 우리는 분수식 전체를 다음과 같이 부분분수식 세 개의 합으로 바꿔 써볼 수 있다.

$$\frac{4x^2+2x-14}{x^3+3x^2-x-3} = \frac{A}{x+1} + \frac{B}{x-1} + \frac{C}{x+3}$$

앞에서 했던 대로 하면 다음과 같은 수식을 얻게 된다.

$4x^2+2x-14 = A(x-1)(x+3) + B(x+1)(x+3) + C(x+1)(x-1)$

이제 $x=1$로 놓으면

$-8 = (A\times 0) + B(2\times 4) + (C\times 0)$, 즉 $B=-1$

$x=-1$로 놓으면

$-12=A(-2\times 2)+B\times 0+(C\times 0)$, 즉 $A=3$

$x=-3$으로 놓으면

$16=(A\times 0)+(B\times 0)+C(-2\times -4)$, 즉 $C=2$

그렇다면 우리가 찾는 부분분수식의 합은 다음과 같다.

$$\frac{3}{x+1}-\frac{1}{x-1}+\frac{2}{x+3}$$

이것은 애초의 복잡한 수식보다 x에 대해 미분하기가 훨씬 더 쉽다.

예 2

분모의 인수 가운데 x^2이 포함된 항이 있는데 그 항이 더 간단하게 인수분해되지 않는다면 그 항을 분모로 하는 부분분수식의 분자에 숫자만이 아니라 x가 포함된 항도 들어갈 수 있다. 그렇다면 그 미지의 분자를 A가 아닌 $Ax+b$로 놓을 필요가 있게 된다. 그 다음의 나머지 연산은 앞의 예에서 했던 대로 하면 된다.

새로운 예로 $\frac{-x^2-3}{(x^2+1)(x+1)}$ 을 부분분수식으로 쪼개보자.

$$\frac{-x^2-3}{(x^2+1)(x+1)}=\frac{Ax+B}{x^2+1}+\frac{C}{x+1}$$

$-x^2-3=(Ax+B)(x+1)+C(x^2+1)$

$x=-1$로 놓으면 $-4=C\times 2$, 즉 $C=-2$

따라서 $-x^2-3=(Ax+B)(x+1)-2x^2-2$

이것을 다시 정리하면 $x^2-1=Ax(x+1)+B(x+1)$

$x=0$으로 놓으면 $-1=B$

따라서 $x^2-1=Ax(x+1)-x-1$

이것을 다시 정리하면 $x^2+x=Ax(x+1)$, 즉 $x+1=A(x+1)$이므로 $A=1$. 결국 우리가 찾는 부분분수식의 합은 다음과 같다.

$$\frac{x-1}{x^2+1} - \frac{2}{x+1}$$

또 하나의 예로 다음 분수식을 쪼개보자.

$$\frac{x^3-2}{(x^2+1)(x^2+2)}$$

이것은 다음과 같이 써볼 수 있다.

$$\frac{x^3-2}{(x^2+1)(x^2+2)} = \frac{Ax+B}{x^2+1} + \frac{Cx+D}{x^2+2}$$
$$= \frac{(Ax+B)(x^2+2)+(Cx+D)(x^2+1)}{(x^2+1)(x^2+2)}$$

이 경우에는 A, B, C, D의 값을 찾아내기가 그렇게 쉽지 않다. 다음과 같은 절차로 진행하는 것이 더 간단할 것이다. 애초에 주어진 분수식과 부분분수식들의 합으로 구해지는 분수식은 같고 양쪽의 분모도 서로 같을 것이므로 양쪽의 분자도 역시 같아야 한다. 이런 경우에는, 특히 지금 우리가 다루고 있는 것과 같은 대수식에서는 x의 거듭제곱 지수가 같은 양쪽 두 항의 계수는 같은 부호의 동일한 수가 된다.

따라서 $x^3-2=(Ax+B)(x^2+2)+(Cx+D)(x^2+1)$
$$=(A+C)x^3+(B+D)x^2+(2A+C)x+2B+D$$

가 되고, 여기서 $1=A+C$, $0=B+D$ (좌변에서 x^2의 계수가 0이므로), $0=2A+C$, $-2=2B+D$를 얻을 수 있다. 이 네 개의 방정식을 풀면 우리는 $A=-1$, $B=-2$, $C=2$, $D=2$임을 알게 된다. 따라서 우리가 찾는 부분분수식의 합은 $\frac{2(x+1)}{x^2+2} - \frac{x+2}{x^2+1}$다. 이 방법은 모든 경우에 사용할 수 있는 것이지만, 분모의 인수 가운데 x^2이나 x^3이 포함된 것은 없고 x가 포함된 것만 있는 경우에는 이 방법보다 앞의 예 1에서 소개한 방법이 더 빠른 방법이다.

예 3

분모에 인수 자체가 몇 차례 거듭제곱된 것이 있을 때에는 부분분수의 분모에도 그 인수가 몇 차례 거듭제곱된 것이 나타날 수 있고, 그 거듭제곱 지수가 최대로 가능한 수에까지 이를 가능성이 있음을 감안해야 한다. 예를 들어 $\frac{3x^2-2x+1}{(x+1)^2(x-2)}$을 부분분수식으로 쪼개는 경우에는 그 부분분수식의 분모에 $(x+1)$과 $(x-2)$는 물론이고 $(x+1)^2$도 나타날 가능성이 있음을 감안해야 한다.

그리고 분모가 $(x+1)^2$인 부분분수식의 분자에는 x가 포함된 항이 나타날 수 있으므로 그 분자를 $Ax+B$라고 놓음으로써 그러한 가능성을 반영해야 한다. 따라서 다음과 같이 쓰면 된다.

$$\frac{3x^2-2x+1}{(x+1)^2(x-2)} = \frac{Ax+B}{(x+1)^2} + \frac{C}{x+1} + \frac{D}{x-2}$$

그러나 이렇게 써놓고 보면 우리가 A, B, C, D의 값을 구하려고 해도 그것을 구할 수 없음을 알게 된다. 왜냐하면 이 네 개의 미지수에 대해 우리는 그것들 사이의 관계를 보여주는 방정식을 세 개만 확보할 수 있기 때문이다. 그렇지만 어쨌든 이 경우는 다음과 같이 된다.

$$\frac{3x^2-2x+1}{(x+1)^2(x-2)} = \frac{x-1}{(x+1)^2} + \frac{1}{x+1} + \frac{1}{x-2}$$

이번에는 앞에서와 다르게 다음과 같이 써보자.

$$\frac{3x^2-2x+1}{(x+1)^2(x-2)} = \frac{A}{(x+1)^2} + \frac{B}{x+1} + \frac{C}{x-2}$$

그러면 우리는 다음 수식을 얻게 된다.

$3x^2-2x+1 = A(x-2) + B(x+1)(x-2) + C(x+1)^2$

이 수식에 $x=2$를 넣으면 $C=1$이 얻어진다. 이 값을 C에 대입하고 좌변과 우변 사이에 항을 이동시키고 유사한 항끼리 모아준 다음 $x-2$로 나누면 $2x=A+B(x+1)$을 얻게 된다. 따라서 $x=-1$일 때 $A=-2$가 된다. 그리고 이 A 값을 대입하면 다음 수식을 얻게 된다.

$2x = -2 + B(x+1)$

이는 곧 $B=2$라는 이야기다. 따라서 우리가 찾는 부분분수식의 합은 다음과 같다.

$$\frac{2}{x+1} - \frac{2}{(x+1)^2} + \frac{1}{x-2}$$

이것은 앞에서 $\frac{3x^2-2x+1}{(x+1)^2(x-2)}$로부터 도출된 것이라고 한 부분분수식의 합, 즉 $\frac{1}{x+1} + \frac{x-1}{(x+1)^2} + \frac{1}{x-2}$과 다르다. 이에 대한 의문은 $\frac{x-1}{(x+1)^2}$ 자체가 두 개의 분수식으로, 즉 $\frac{1}{x+1} - \frac{2}{(x+1)^2}$로 쪼개질 수 있다는 점을 알아차리게 되면 풀린다. 이렇게 쪼개진다면, 앞에서 소개한 부분분수식의 합은 다음과 같이 바꿔 쓸 수 있으므로 방금 우리가 찾은 부분분수식의 합과 사실은 같기 때문이다.

$$\frac{1}{x+1} + \frac{1}{x+1} - \frac{2}{(x+1)^2} + \frac{1}{x-2} = \frac{2}{x+1} - \frac{2}{(x+1)^2} + \frac{1}{x-2}$$

이로써 우리는 각 부분분수식의 분자에 단 하나씩의 숫자 항을 두는 것만으로도 언제나 궁극적인 부분분수식의 합을 구할 수 있음을 알게 됐다.

그러나 분모에 x^2이 포함된 인수가 거듭제곱된 것이 있는 경우에는 그것을 분모로 하는 부분분수식의 분자가 $Ax+B$라는 형태가 될 수밖에 없다. 다음의 예를 살펴보자.

$$\frac{3x-1}{(2x^2-1)^2(x+1)} = \frac{Ax+B}{(2x^2-1)^2} + \frac{Cx+D}{2x^2-1} + \frac{E}{x+1}$$

이것으로부터 우리는 다음과 같은 수식을 얻을 수 있다.

$3x-1=(Ax+B)(x+1)+(Cx+D)(x+1)(2x^2-1)+E(2x^2-1)^2$

$x=-1$로 놓으면 $E=-4$를 얻게 된다. 이것을 위 수식에 대입하고, 좌변과 우변 사이에 항을 이동시키고 유사한 항끼리 모아준 다음에 $x+1$로 나누면 다음 수식을 얻게 된다.

$16x^3-16x^2+3=2Cx^3+2Dx^2+x(A-C)+(B-D)$

따라서 $2C=16$이므로 $C=8$이고, $2D=-16$이므로 $D=-8$이고, $A-C=0$, 즉 $A-8=0$이므로 $A=8$이고, 마지막으로 $B-D=3$, 즉 $B-(-8)=3$이므로 $B=-5$다. 그렇다면 우리는 다음과 같은 부분분수식의 합을 얻게 된다.

$$\frac{(8x-5)}{(2x^2-1)^2} + \frac{8(x-1)}{2x^2-1} - \frac{4}{x+1}$$

우리가 얻은 결과를 검증해보는 것이 유익할 것이다. 그렇게 하는 가장 간단한 방법은 주어진 수식과 우리가 얻은 부분분수식들에 들어있는 x에 하나의 값, 이를테면 $+1$을 대입해보는 것이다.

분모에 단 하나의 인수가 거듭제곱된 것만 있는 경우라면 다음과 같이 하는 것이 언제나 가장 간단하게 부분분수식으로 쪼개는 방법이다.

$\dfrac{4x+1}{(x+1)^3}$을 예로 들어보자.

우선 $x+1=z$이라고 놓자. 그러면 $x=z-1$이 된다.

이것을 대입하면 우리는 다음 수식을 얻게 된다.

$$\frac{4(z-1)+1}{z^3} = \frac{4z-3}{z^3} = \frac{4}{z^2} - \frac{3}{z^3}$$

따라서 우리가 찾는 부분분수식의 합은 다음과 같다.

$$\frac{4}{(x+1)^2} - \frac{3}{(x+1)^3}$$

미분에 응용하기

$y = \dfrac{5-4x}{6x^2+7x-3}$를 미분하라는 요구를 받았다고 하자.

$$\frac{dy}{dx} = -\frac{(6x^2+7x-3)\times 4 + (5-4x)(12x+7)}{(6x^2+7x-3)^2}$$

$$= \frac{24x^2-60x-23}{(6x^2+7x-3)^2}$$

그런데 주어진 수식을 부분분수로 쪼개면 다음과 같이 된다.

$$\frac{1}{3x-1} - \frac{2}{2x+3}$$

이것을 미분하면 다음과 같이 된다.

$$\frac{dy}{dx} = -\frac{3}{(3x-1)^2} + \frac{4}{(2x+3)^2}$$

이것은 사실 바로 앞에서 미분한 결과를 부분분수식으로 쪼갠 것과 같다. 그러나 먼저 부분분수식으로 쪼갠 다음에 미분을 하는 것에 비해 먼저 미분을 한 다음에 부분분수식으로 쪼개는 것이 더 복잡하며, 이런 점은 쉽게 확인할 수 있을 것이다. 부분분수식으로 쪼개지는 분수식을 적분하는 경우에는 그 분수식을 부분분수식으로 쪼개는 것이 귀중한 보조수단이 된다는 것을 우리는 앞으로 알게 될 것이다(257쪽을 보라).

연습문제 XI

해답은 321쪽을 보라.

다음을 부분분수식으로 쪼개보라.

(1) $\dfrac{3x+5}{(x-3)(x+4)}$

(2) $\dfrac{3x-4}{(x-1)(x-2)}$

(3) $\dfrac{3x+5}{x^2+x-12}$

(4) $\dfrac{x+1}{x^2-7x+12}$

(5) $\dfrac{x-8}{(2x+3)(3x-2)}$

(6) $\dfrac{x^2-13x+26}{(x-2)(x-3)(x-4)}$

(7) $\dfrac{x^2-3x+1}{(x-1)(x+2)(x-3)}$

(8) $\dfrac{5x^2+7x+1}{(2x+1)(3x-2)(3x+1)}$

(9) $\dfrac{x^2}{x^3-1}$

(10) $\dfrac{x^4+1}{x^3+1}$

(11) $\dfrac{5x^2+6x+4}{(x+1)(x^2+x+1)}$

(12) $\dfrac{x}{(x-1)(x-2)^2}$

(13) $\dfrac{x}{(x^2-1)(x+1)}$

(14) $\dfrac{x+3}{(x+2)^2(x-1)}$

(15) $\dfrac{3x^2+2x+1}{(x+2)(x^2+x+1)^2}$

(16) $\dfrac{5x^2+8x-12}{(x+4)^3}$

(17) $\dfrac{7x^2+9x-1}{(3x-2)^4}$

(18) $\dfrac{x^2}{(x^3-8)(x-2)}$

역함수의 미분

함수(23쪽을 보라) $y=3x$를 예로 들어보자. 이것은 $x=\frac{y}{3}$라는 형태로 바꿔 쓸 수 있다. 뒤의 형태는 애초에 주어진 함수의 역함수다.

$y=3x$라면 $\frac{dy}{dx}=3$이고, $x=\frac{y}{3}$라면 $\frac{dx}{dy}=\frac{1}{3}$이다. 따라서 다음과 같이 됨을 알 수 있다.

$$\frac{dy}{dx}=\frac{1}{\frac{dx}{dy}}, \text{ 또는 } \frac{dy}{dx}\times\frac{dx}{dy}=1$$

다른 예로 $y=4x^2$이라면 $\frac{dy}{dx}=8x$다.
역함수는 $x=\frac{y^{\frac{1}{2}}}{2}$이므로 $\frac{dx}{dy}=\frac{1}{4\sqrt{y}}=\frac{1}{4\times 2x}=\frac{1}{8x}$이다.
따라서 이번에도 $\frac{dy}{dx}\times\frac{dx}{dy}=1$이 된다.

역함수로 바꿔 표현할 수 있는 함수라면 언제나 그 함수에 대해 다음과 같이 쓸 수 있음을 보일 수 있다.

$$\frac{dy}{dx}\times\frac{dx}{dy}=1, \text{ 또는 } \frac{dy}{dx}=\frac{1}{\frac{dx}{dy}}$$

따라서 어떤 함수가 주어졌는데 그것을 미분하기보다 그것의 역함수를 미분하는 것이 더 쉽다면 그렇게 해도 된다. 그러면 역함수의 미분계수의 역수는 애초에 주어진 함수의 미분계수가 된다.

예를 들어 우리가 $y=\sqrt[2]{\frac{3}{x}-1}$을 미분하고 싶다고 하자. 이런 함수를 미분하는 한 가지 방법, 즉 $u=\frac{3}{x}-1$로 놓고 미분하는 방법을 우리는 앞에서 보았다. 그 방법을 이용해 $\frac{dy}{du}$와 $\frac{du}{dx}$를 구해 곱하면 다음 결과를 얻을 수 있다.

$$\frac{dy}{dx}=-\frac{3}{2x^2\sqrt{\frac{3}{x}-1}}$$

이와 같이 미분을 하는 방법을 잊어버렸거나, 뭔가 다른 방법으로 미분계수를 구해 위와 같은 결과를 검증해보고 싶거나, 그 밖의 어떤 다른 이유가 있어서 통상적인 방법을 이용할 수 없다면 다음과 같이 하면 된다.

$y=\sqrt[2]{\frac{3}{x}-1}$의 역함수는 $x=\frac{3}{1+y^2}$이다. 이것을 미분하면 다음과 같이 된다.

$$\frac{dx}{dy}=-\frac{3\times 2y}{(1+y^2)^2}=-\frac{6y}{(1+y^2)^2}$$

따라서 $\frac{dy}{dx}=\frac{1}{\frac{dx}{dy}}=-\frac{(1+y^2)^2}{6y}=-\frac{(1+\frac{3}{x}-1)^2}{6\times\sqrt[2]{\frac{3}{x}-1}}=-\frac{3}{2x\sqrt[2]{\frac{3}{x}-1}}$

또 다른 예로 $y=\frac{1}{\sqrt[3]{\theta+5}}$이라는 함수를 들어보자.

역함수는 $\theta=\frac{1}{y^3}-5$, 또는 $\theta=y^{-3}-5$다.

$$\frac{d\theta}{dy}=-3y^{-4}=-3\sqrt[3]{(\theta+5)^4}$$

따라서 $\frac{dy}{d\theta}=-\frac{1}{3\sqrt[3]{(\theta+5)^4}}$

다른 방법으로 미분을 해서 얻게 되는 결과도 이와 같을 것이다.

이 우회기법이 대단히 유용함을 우리는 나중에 알게 될 것이다. 그 전에 연습문제 Ⅰ의 (5), (6), (7)번(35쪽)과 9장의 예 (1), (2), (4)번 (81~82쪽), 그리고 연습문제 Ⅵ의 (1), (2), (3), (4)번(87~88쪽)에서 구한 결과를 이 우회기법을 이용해 검증해보는 것을 통해 이 우회기법에 익숙해지기를 당신에게 권한다.

이 장과 앞의 장에서 당신은 여러 측면에서 미적분은 학문이라기보다 기술임을 알게 됐을 것이 틀림없다. 그것이 기술이라면 다른 모든 기술의 경우와 마찬가지로 연습을 통해 익혀야만 한다. 그러니 많은 예를 다뤄보고 당신 스스로도 여러 가지 예를 설정해 다뤄보면서 당신이 그 예들을 풀어낼 수 있는지를 확인하라. 현명한 기법들을 자꾸 이용해봄으로써 그것들에 익숙해져야 한다.

14장
완전한 복리와 유기적 성장의 법칙

어떤 양이 일정하게 주어진 시간 동안 증가하는 부분이 그 양 자체에 언제나 비례하는 방식으로 증가한다고 하자. 이런 방식의 증가는 돈에 대한 이자를 어떤 고정된 이자율로 계산하는 과정과 비슷하다. 왜냐하면 자본이 점점 더 커질수록 일정하게 주어진 시간 동안 자본에 붙는 이자의 금액도 점점 더 커지기 때문이다.

이제 우리는 수학책이 '단리'라고 부르는 것과 '복리'라고 부르는 것 가운데 어느 것을 적용하느냐에 따라 다른 계산의 두 가지 경우를 분명하게 구별해야 한다. 왜냐하면 단리의 경우에는 자본의 금액이 고정된 채로 유지되지만 복리의 경우에는 이자가 자본에 더해지므로 축차적으로 더해지는 이자만큼 자본의 금액이 점점 더 커지기 때문이다.

(1) 단리의 경우

구체적인 예를 하나 들어보자. 처음에 주어진 자본이 100파운드이고, 이자율은 연간 10퍼센트라고 가정하자. 그러면 자본의 소유자에게 돌아가는 자본의 증가분은 매년 10파운드가 될 것이다. 자본의 소유자가 매년 이자를 빼내어 양말 속에 숨겨놓거나 금고 속에 보관해둔다고 하자. 그가 이런 식으로 이자를 쌓아두는 행동을 10년 동안 계속한다면 10년 뒤에는 각각 10파운드씩인 자본의 증가분 10개, 그러니까 100파운드의 이자와 애초의 자본 100파운드를 더해 모두 200파운드를 갖게 될 것이다. 그의 재산이 10년 만에 두 배가 되는 셈이다. 이자율이 연간 5퍼센트인 경우에는 그가 자기의 재산을 두 배로 불리려면 20년 동안 그렇게 이자를 빼내어 쌓아두어야 할 것이다. 이자율이 2퍼센트에 불과한 경우에는 50년 동안 계속 그렇게 해야 한다. 연간 이자의 가치가 자본의 $\frac{1}{n}$인 경우에는 그가 자기의 재산을 두 배로 불리려면 n년 동안 계속해서 이자를 빼내어 보관해두어야 한다는 것을 우리는 쉽게 알 수 있다.

따라서 이렇게 말할 수 있다. 애초의 자본이 y, 연간 이자가 $\frac{y}{n}$라면 n년 뒤에 그 소유자의 재산은 $y + n\frac{y}{n} = 2y$가 된다.

(2) 복리의 경우

앞에서와 마찬가지로 자본의 소유자가 처음에 100파운드를 갖고 시작하며, 연간 10퍼센트의 이자율로 이자를 번다고 가정하자. 그러나 이번에는 그가 이자를 빼내어 따로 쌓아두는 대신에 매년 자본에 더해주고, 따라서 그의 자본이 해마다 증가한다고 하자. 그러면 1년 뒤에는 그의 자본이 110파운드로 불어날 것이고, 이렇게 불어난 자본이 2년차(이자율은 계속해서 10%)에 그로 하여금 11파운드의 이자를 벌게 해줄 것이다. 따라서 그는 121파운드를 가지고 3차 연도를 시작하게 될 것이고, 그 121파운드에 대한 그 해의 이자는 12파운드 2실링이 될 것이다.[26] 따라서 4차 연도는 그가 133파운드 2실링을 가지고 시작하게 된다. 그 뒤로도 이런 과정이 계속 이어질 것이다. 이런 계산을 하는 것은 쉬운 일이며, 10년 뒤까지 계산을 다 하고 나면 자본의 총액이 259파운드 7실링 6펜스로 불어나게 됨을 알 수 있다. 매년 자본에 1파운드당 $\frac{1}{10}$파운드씩의 이자가 붙는다고 할 때 그런 이자를 항상 자본에 더해준다면 해마다 자본이 $\frac{11}{10}$배로 증가한다는 것을 우리는 안다. 이런 과정이 10년 동안 계속되고 나면(즉 $\frac{11}{10}$이라는 수가 10번 거듭해서 곱해지고 나면) 자본의 총액이 처음에 주어진 자본의 금액에 2.59374를 곱한 값과 같게 된다. 그 과정을 기호로 표시해보자. 자본의 원금을 y_0, n번 계산하는 동안에 각각의 계산을 할 때마다 자본에 추가되는 이자의 원금 대비 비율을 $\frac{1}{n}$, n번째 계산까지 다 한 뒤의 자본 총액의 가치를 y_n이라고 하면 다음과 같이 된다.

$$y_n = y_0 \left(1 + \frac{1}{n}\right)^n$$

그런데 이렇게 일 년에 한 번씩만 복리를 계산하는 것은 완전히 공정한 방식이 아니다. 왜냐하면 첫 해 일 년 중에도 자본이 100파운드보다 더 큰 금액으로 불어나리라고 생각할 수 있기 때문이다. 그렇다면 반 년 뒤라면 자본이 적어도 105파운드는 될 것이고, 두 번째 반 년에는 바로 그 105파운드에 대해 이자를 계산하는 것이 더 공정하다고 말할 수 있는 것이 분명하다. 이것은 반 년당 5%의 이자율을 적용해 20번 계산하는 방식이며, 이렇게 계산하는 경우에는 계산을 한 번 할 때마다 자본이 $\frac{21}{20}$배가 된다. 그리고 이런 식으로 계산하면 10년의 기간이 다 지난 뒤에는 자본의 총액이 265파운드 6실링 7펜스로 불어나게 됨을 알 수 있다. 왜

---

26 _ (역주)1파운드=20실링=240펜스임을 상기하라.

냐하면 다음과 같이 되기 때문이다.

$$\left(1+\frac{1}{20}\right)^{20}=2.653297\cdots$$

그런데 이렇게 한다고 해도 그 과정이 완전히 공정하다고 말할 수 없는 것은 여전하다. 왜냐하면 첫 달 한 달만 지났어도 그 달 중에 얼마간의 이자는 붙었다고 봐야 할 것이기 때문이다. 반 년마다 한 번씩 이자를 계산하는 방식은 한 번에 6개월 동안씩 자본의 금액이 고정된 상태로 유지된다고 가정하는 것이다. 일 년을 10분의 1년씩 10개의 부분으로 나누고 그 각각의 부분에 대해 1퍼센트의 이자율로 이자를 계산해보자. 그러면 우리는 10년의 기간에 대해 100번의 계산을 해야 한다. 즉 다음과 같이 된다.

$$y_n = 100파운드\left(1+\frac{1}{100}\right)^{100}$$

이것을 계산한 결과는 270파운드 9실링 $7\frac{1}{2}$ 펜스다.

이것이 종착점인 것도 아니다. 10년의 기간을 $\frac{1}{100}$년씩 모두 1,000개의 부분으로 나누고 그 각각의 부분에 대한 이자율이 $\frac{1}{10}$퍼센트라고 생각해보자. 그러면 다음과 같이 된다.

$$y_n = 100파운드\left(1+\frac{1}{1,000}\right)^{1,000}$$

이것을 계산한 결과는 271파운드 13실링 10펜스다.

훨씬 더 미세하게 나아가 10년의 기간을 $\frac{1}{1,000}$년씩 10,000개의 부분으로 나누고, 그 각각의 부분에 1퍼센트의 $\frac{1}{100}$에 해당하는 이자율을 적용해보자. 그러면 다음과 같이 된다.

$y_n = 100$파운드 $\left(1 + \dfrac{1}{10,000}\right)^{10,000}$

이것을 계산한 결과는 271파운드 16실링 $3\dfrac{1}{2}$ 펜스다.

결국 우리가 지금 찾고자 하는 것은 $\left(1+\dfrac{1}{n}\right)^n$이라는 수식의 궁극적인 값인 것이 분명하다. 그런데 그 값은 얼추 보아도 2보다 크다는 것을 우리는 알 수 있다. n에 점점 더 큰 수를 대입하면 $\left(1+\dfrac{1}{n}\right)^n$의 값은 어떤 특정한 극한값에 점점 더 가까이 다가간다. n을 아무리 크게 잡아도 $\left(1+\dfrac{1}{n}\right)^n$의 값은 점점 더 커지면서도 다음과 같은 수에 점점 더 가까이 다가갈 뿐이다.

2.71828…

이 수는 결코 잊어서는 안 된다.

지금까지 이야기한 것을 기하학적으로 설명해보겠다. 그림 36에서 OP는 원금의 가치를 나타낸다. OT는 그 가치가 증가하는 기간 전체를 가리킨다. 그 기간은 10개의 부분으로 나누어져 있고, 그 각각의 단계에서 가치의 곡선이 일정한 폭만큼 상승한다. 여기서 $\dfrac{dy}{dx}$는 상수다. 그리고 각 단계의 상승 폭은 원금 OP의 $\dfrac{1}{10}$이다. 따라서 그러한 상승이 10번 거듭되면 곡선의 높이가 두 배가 된다. OT를 20개의 부분으로 나누고 각 단계의 상승 폭을 이 그림에 그려진 상승 폭의 절반으로 잡아도 20단

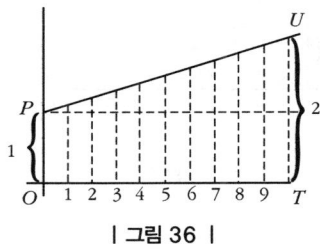

| 그림 36 |

계를 거친 뒤 마지막 시점에 곡선의 높이는 처음의 시점에 비해 역시 두 배가 된다. 일반화해서 OT를 n개의 부분으로 나누고 각 단계의 상승 폭을 이 그림에 그려진 상승 폭의 $\frac{1}{n}$로 잡아도 n단계를 거친 뒤 마지막 시점에 곡선의 높이는 두 배가 될 것이다. 이것은 단리의 경우다. 이 경우에는 1이 커져서 궁극적으로는 2가 된다.

그림 37에는 앞의 경우와 대조되는 기하급수적 증가의 경우가 그래프로 그려져 있다. 각 단계의 세로좌표(곡선의 높이)는 그 바로 전 단계의 세로좌표에 비해 $1+\frac{1}{n}$배, 즉 $\frac{n+1}{n}$배다. 각 단계의 상승 폭은 일정하지 않다. 왜냐하면 이제는 각 단계에서 곡선이 상승하게 되는 폭이 곡선의 바로 그 부분이 갖는 세로좌표의 $\frac{1}{n}$이기 때문이다. 만약 각 단계마다 곱해지는 수가 $\left(1+\frac{1}{10}\right)$이고 이 수가 10단계에 걸쳐 거듭 곱해진다면 그 최종적인 결과로 얻어지는 금액은 원금의 $\left(1+\frac{1}{10}\right)^{10}$배, 즉 2.594배가 될 것이다. 그러나 n을 충분히 큰 수로(따라서 그에 대응하는 $\frac{1}{n}$을 충분히 작은 수로) 잡을 때 1이 커져서 궁극적으로 되는 수, 즉 $\left(1+\frac{1}{n}\right)^n$의 궁극적인 값은 2.71828이다.

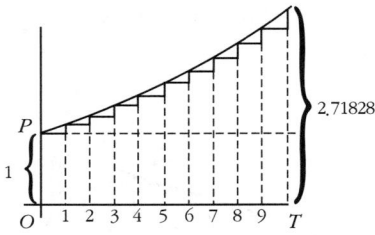

| 그림 37 |

엡실론

수학자들은 이 신비로운 수 2.7182818…에 그것을 상징하는 기호로 그리스 문자 ε('엡실론'이라고 읽는다)을 붙여주었다. 중학생 정도면 누구나 그리스 문자 π('파이'라고 읽는다)가 3.141592…를 가리킨다는 사실을 안다. 그런데 엡실론이 2.7182818…을 의미한다는 사실을 아는 학생은 얼마나 될까? 엡실론은 파이보다 훨씬 더 중요한 수다.

그렇다면 엡실론은 도대체 무엇일까?

1이 단리로 점점 더 커져서 궁극적으로 2가 된다고 가정해보자. 그런 다음에 그렇게 되는 데 걸리는 시간과 같은 시간 동안에 그 단리와 명목상으로는 같은 크기의 이자율이지만 그 이자율이 단리가 아닌 완전한 복리로 적용되면서 1이 점점 더 커진다고 가정해보자. 그러면 그 1이 커져서 궁극적으로 되는 값이 엡실론이다.

어떤 순간에든 그 순간의 자기 크기에 비례해 커지는 이러한 과정을 가리켜 '로그 성장률(증가율)'[27]이라고 한다. '단위 로그 성장률'은 단위 시간 동안에 1이 커져서 2.718281이 되게 하는 로그 성장률을 가리킨다. 이것을 '유기적 성장률'[28]이라고 불러도 될 것 같다. 왜냐하면 어떤 주어진 시간 동안에 유기체(생물체)가 커지는 부분의 크기는 유기체 자신의 크기에 비례하는 것이 유기체의 성장이 보여주는 특징(특정한 상황에서)이기 때문이다.

우리가 100퍼센트를 단위 증가율로, 어떤 기간이든 고정된 기간을 단위 시간으로 각각 잡는다고 가정해보자. 그 단위 시간 동안에 그 단위 증

---

27 _ (역주)또는 '대수(對數)적 성장률(증가율)'. a logarithmic rate of growing.
28 _ (역주)the organic rate of growing.

가율로 1이 산술적으로 증가하게 한다면 그 결과는 2가 될 것이다. 그러나 그 단위 시간 동안에 그 단위 증가율로 1이 로그적으로(대수적으로) 증가하게 한다면 그 결과는 2.71828…이 된다.

엡실론에 대해 조금 더 살펴보자. 앞에서 우리는 n이 무한히 커질 때 $\left(1+\frac{1}{n}\right)^n$이 어떤 값에 도달하게 되는지를 알아야 할 필요가 있음을 보았다. n이 2, 5, 10, … 10,000이라고 가정하고 계산해 얻어진 그 값들(이것은 통상적으로 사용되는 로그표의 도움을 받으면 누구든지 계산해낼 수 있다)을 아래에 나열해보겠다.

$$\left(1+\frac{1}{2}\right)^2 = 2.25$$

$$\left(1+\frac{1}{5}\right)^5 = 2.488$$

$$\left(1+\frac{1}{10}\right)^{10} = 2.594$$

$$\left(1+\frac{1}{20}\right)^{20} = 2.653$$

$$\left(1+\frac{1}{100}\right)^{100} = 2.705$$

$$\left(1+\frac{1}{1,000}\right)^{1,000} = 2.7169$$

$$\left(1+\frac{1}{10,000}\right)^{10,000} = 2.7181$$

그러나 대단히 중요한 이 수를 로그표의 도움 없이도 계산해낼 수 있게 해주는 방법을 찾아보는 것도 바람직할 것이다.

이를 위해서는 이항정리를 이용해 잘 알려진 방식으로 $\left(1+\frac{1}{n}\right)^n$을 전개해볼 필요가 있다.

이항정리는 다음과 같은 규칙을 우리에게 제공해준다.

$$(a+b)^n = a^n + n\frac{a^{n-1}b}{1!} + n(n-1)\frac{a^{n-2}b^2}{2!}$$
$$+ n(n-1)(n-2)\frac{a^{n-3}b^3}{3!} + etc.$$

$a=1$, $b=\frac{1}{n}$ 로 놓으면 다음과 같이 된다.

$$(1+\frac{1}{n})^n = 1 + 1 + \frac{1}{2!}(\frac{n-1}{n}) + \frac{1}{3!}\frac{(n-1)(n-2)}{n^2}$$
$$+ \frac{1}{4!}\frac{(n-1)(n-2)(n-3)}{n^3} + etc.$$

이번에는 n이 무한히 커진다고 가정하자. 이를테면 1조나 1조의 1조 배가 된다고 가정해보자는 것이다. 그러면 $n-1$, $n-2$, $n-3$ 등은 모두 n과 사실상 같다고 봐도 무리가 아닐 것이다. 그러면 다음과 같은 급수가 얻어진다.

$$\varepsilon = 1 + 1 + \frac{1}{2!} + \frac{1}{3!} + \frac{1}{4!} + etc.$$

빠르게 수렴하는 이 급수를 우리가 원하는 항까지만 취하고 그 뒷부분의 나머지는 다 버린다면 우리는 필요한 수준의 정확도를 확보하면서 이 급수의 값을 계산해낼 수 있다. 열 번째 항까지를 취한다고 하면 그 계산은 다음과 같이 된다.

	1.000000
나누기 1을 하면	1.000000
나누기 2를 하면	0.500000
나누기 3을 하면	0.166667
나누기 4를 하면	0.041667
나누기 5를 하면	0.008333

나누기 6을 하면	0.001389
나누기 7을 하면	0.000198
나누기 8을 하면	0.000025
나누기 9를 하면	0.000002
합계	2.718281

ε은 1과 통약되지 않는다.[29] ε은 순환마디를 갖고 있지 않은 무한 비순환 소수다.

지수급수

우리에게는 또 하나의 급수가 필요하다.

다시 이항정리를 이용해 수식 $\left(1+\frac{1}{n}\right)^{nx}$을 전개해보자. n을 무한히 크게 하면 이 수식은 ε^x와 같아진다.

$$\varepsilon^x = 1^{nx} + nx\frac{1^{nx-1}(\frac{1}{n})}{1!} + nx(nx-1)\frac{1^{nx-2}(\frac{1}{n})^2}{2!}$$
$$+ nx(nx-1)(nx-2)\frac{1^{nx-3}(\frac{1}{n})^3}{3!} + etc.$$
$$= 1 + x + \frac{x^2 - \frac{x}{n}}{2!} + \frac{x^3 - \frac{3x^2}{n} + \frac{2x}{n^2}}{3!} + etc.$$

n이 무한히 크다고 하면 이 수식은 다음과 같이 간단하게 바뀐다.

---

29 _ (역주)여기서 '통약되지 않는다(incommensurable)'는 것은 $\frac{\varepsilon}{1}$을 분자, 분모 모두 정수인 분수로 바꿔 쓸 수 없다는 뜻이다. 또는 $\frac{3}{4}$과 1은 $\frac{1}{4}$이라는 공약수(common measure)를 갖고 있다고 말하는 경우와 같은 맥락에서 ε와 1은 그런 공약수를 갖고 있지 않다는 뜻이라고도 할 수 있다. 이것은 곧 ε가 무리수라는 말과 같다.

$$\varepsilon^x = 1 + x + \frac{x^2}{2!} + \frac{x^3}{3!} + \frac{x^4}{4!} + etc.$$

바로 이런 급수를 지수급수(exponential series)라고 한다.

ε이 중요하다고 간주되는 가장 큰 이유는 ε^x이 x의 다른 어떤 함수도 갖고 있지 않은 특성을 갖고 있다는 데 있다. ε^x는 미분을 해도 그 값에 변화가 없다. 달리 말한다면, ε^x의 미분계수는 그 자신과 똑같다. 이는 ε^x을 x에 대해 미분해보면 곧바로 알 수 있다.

$$\frac{d(\varepsilon^x)}{dx} = 0 + 1 + \frac{2x}{1 \cdot 2} + \frac{3x^2}{1 \cdot 2 \cdot 3} + \frac{4x^3}{1 \cdot 2 \cdot 3 \cdot 4}$$
$$+ \frac{5x^4}{1 \cdot 2 \cdot 3 \cdot 4 \cdot 5} + etc.$$
$$= 1 + x + \frac{x^2}{1 \cdot 2} + \frac{x^3}{1 \cdot 2 \cdot 3} + \frac{x^4}{1 \cdot 2 \cdot 3 \cdot 4} + + etc.$$

이것은 ε^x를 전개해 얻은 애초의 급수와 정확하게 똑같다.

이제는 우리가 반대방향의 연산을 해볼 수 있게 됐으니 그렇게 해보자. 즉 미분계수가 원래의 자신과 똑같은 x의 함수를 찾아보자. 이는 'x의 거듭제곱' 들만 포함하는 동시에 미분에 의해 변화되지 않는 수식이 무엇이든 존재한다면 그 수식은 어떤 것이냐는 문제에 대한 답을 구하는 것과 같다. 따라서 일반적인 수식으로 다음과 같은 것이 존재한다고 가정해보자.

$$y = A + Bx + Cx^2 + Dx^3 + Ex^4 + etc.$$

(여기서 계수 A, B, C 등이 바로 우리가 그 값을 찾아내야 할 것들이다.)

이 수식을 미분하면 다음과 같이 된다.

$$\frac{dy}{dx} = B + 2Cx + 3Dx^2 + 4Ex^3 + etc.$$

그런데 이 새로운 수식이 원래의 수식과 정말로 똑같다고 한다면 $A = B$, $C = \frac{B}{2} = \frac{A}{1 \cdot 2}$, $D = \frac{C}{3} = \frac{A}{1 \cdot 2 \cdot 3}$, $E = \frac{D}{4} = \frac{A}{1 \cdot 2 \cdot 3 \cdot 4}$ 등이 반

드시 성립해야 한다.

따라서 앞의 일반적인 수식은 다음과 같은 수식으로 규칙적으로 변환된다.

$$y = A\left(1 + \frac{x}{1} + \frac{x^2}{1 \cdot 2} + \frac{x^3}{1 \cdot 2 \cdot 3} + \frac{x^4}{1 \cdot 2 \cdot 3 \cdot 4} + etc.\right)$$

이것을 더 단순화하기 위해 $A=1$로 놓으면 다음과 같이 된다.

$$y = 1 + \frac{x}{1} + \frac{x^2}{1 \cdot 2} + \frac{x^3}{1 \cdot 2 \cdot 3} + \frac{x^4}{1 \cdot 2 \cdot 3 \cdot 4} + etc.$$

이것은 몇 번을 미분해도 그 결과가 언제나 똑같은 급수로 나타난다.

$A=1$인 특수한 경우에 이 급수의 값이 어떻게 되는지를 계산해 보면 그 결과가 다음과 같이 된다.

$x=1$일 때에는 $y=2.718281\cdots$, 즉 $y=\varepsilon$

$x=2$일 때에는 $y=(2.718281\cdots)^2$, 즉 $y=\varepsilon^2$

$x=3$일 때에는 $y=(2.718281\cdots)^3$, 즉 $y=\varepsilon^3$

그렇다면

$x=x$일 때에는 $y=(2.718281\cdots)^x$, 즉 $y=\varepsilon^x$

이로써 우리는 다음과 같이 됨을 증명한 셈이다.

$$\varepsilon^x = 1 + \frac{x}{1} + \frac{x^2}{1 \cdot 2} + \frac{x^3}{1 \cdot 2 \cdot 3} + \frac{x^4}{1 \cdot 2 \cdot 3 \cdot 4} + etc.$$

주의 주위에 가르쳐줄 사람이 없는 독자들을 위해 지수를 어떻게 읽어야 하는지를 여기서 말해두는 것이 그들에게 도움이 될 것 같다. ε^x는 '엡실론의 엑스 승' (또는 '엡실론의 엑스 제곱')이라고 읽는다. 어떤 사람들은 이것을 '엑스포넨셜 엑스'라고 읽기도 한다. 따라서 ε^{px}는 '엡실론의 피 티 승'(또는 '엡실론의 피 티 제곱')이나 '엑스포넨셜 피 티' 라고 읽는다. 비슷한 수식 몇 가지를 더 읽어보자. ε^{-2}는 '엡실론의 마이너스 이 승'이나 '엑스포넨셜 마이너스 이' 라고 읽으면 되고, ε^{-ax}는 '엡실론의 마이너스 에이 엑스 승'이나 '엑스포넨셜 마이너스 에이 엑스' 라고 읽으면 된다.

물론 ε^y도 y에 대해 미분할 경우에 변함없이 그대로 유지된다. 그런가 하면 ε^{ax}는 $(\varepsilon^a)^x$와 같은 것인데, 이것을 x에 대해 미분하면 a는 상수이므로 $a\varepsilon^{ax}$이 된다.

자연로그(자연대수) 또는 네이피어 로그

ε이 중요한 또 하나의 이유는 로그를 창시한 네이피어[30]가 그것을 자신이 수립한 체계의 기초로 삼았다는 데 있다. ε^x의 값이 y라고 하면 x는 ε를 밑(base)으로 한 y의 로그 값이다. 이를 수식으로는 다음과 같이 쓸 수 있다.

$y = \varepsilon^x$이라면

$x = \log_\varepsilon y$

그림 38과 그림 39는 바로 이 두 개의 방정식을 그래프로 그려본 것이다.

그래프에 포함될 점 몇 개의 좌표를 계산해보면 다음과 같이 된다.

---

30 _ (역주)John Napier. 1550~1617. 스코틀랜드의 수학자, 천문학자.

그림 38의 그래프를 그리기 위한 점들

x	0	0.5	1	1.5	2
y	1	1.65	2.71	4.50	7.69

그림 39의 그래프를 그리기 위한 점들

y	1	2	3	4	8
x	0	0.69	1.10	1.39	2.08

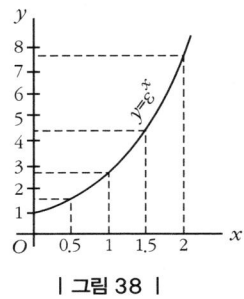

| 그림 38 |

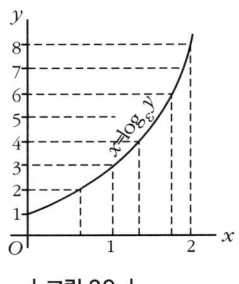

| 그림 39 |

우리가 구한 점들의 집합 두 개는 서로 다르지만 그것을 그래프로 그린 결과는 똑같음을 알 수 있다. 이는 두 개의 방정식이 서로 똑같다는 뜻이다.

ε 대신 10을 밑으로 하는 상용로그를 사용하는 사람들이 많은데 그런 사람들은 자연로그에 익숙하지 않다는 점을 고려해 여기서 자연로그에 대해 한 마디 더 해두는 것도 그럴 만한 가치가 있겠다. 로그의 합은 곱의 로그라는 상용로그의 규칙은 자연로그에도 그대로 적용된다. 즉 다음의 수식이 성립한다.

$\log_\varepsilon a + \log_\varepsilon b = \log_\varepsilon ab$

또한 거듭제곱과 관련된 규칙도 자연로그에 그대로 적용된다.

$$n \times \log_\varepsilon a = \log_\varepsilon a^n$$

그러나 자연로그에서는 밑이 10이 아니기 때문에 '100이나 1,000의 로그 값을 구할 때 그것을 10^2이나 10^3으로 바꿔 쓸 수 있으므로 그 지수 2나 3이 그 로그 값이 된다'고 생각해서는 안 된다. 자연로그를 상용로그[31]로 바꿔 쓰려면 0.4343을 자연로그에 곱해주어야 한다. 즉 다음과 같이

유용한 네이피어 로그표(이것은 자연로그표 또는 쌍곡선로그표라고도 불린다)

수	$\log_\varepsilon$	수	$\log_\varepsilon$
1	0.0000	6	1.7918
1.1	0.0953	7	1.9459
1.2	0.1823	8	2.0794
1.5	0.4055	9	2.1972
1.7	0.5306	10	2.3026
2.0	0.6931	20	2.9957
2.2	0.7885	50	3.9120
2.5	0.9163	100	4.6052
2.7	0.9933	200	5.2983
2.8	1.0296	500	6.2146
3.0	1.0986	1,000	6.9078
3.5	1.2528	2,000	7.6010
4.0	1.3863	5,000	8.5172
4.5	1.5041	10,000	9.2104
5.0	1.6094	20,000	9.9035

31_(역주)상용로그는 왜 '상용(常用)로그'로 불리고, 자연로그는 왜 '자연(自然)로그'로 불리는지에 대해 궁금해 하는 독자도 있을 것 같다. 여기서 '상용'은 '통상적으로 사용되는'이라는 뜻의 수식어이고, '자연'은 '자연스러운' 이라는 뜻의 수식어라고 생각하면 된다. '상용로그(common logarithm)'라는 용어는 그것이 통상적으로 사용되는 기수법 또는 진법인 10진법을 전제로 해서 10을 밑으로 하는 로그이고, 따라서 일상에서 자주 사용되거나 만나게 되는 로그라는 의미를 내포하고 있다. 이에 비해 '자연로그(natural logarithm)'

하면 된다.

$\log_{10} x = 0.4343 \times \log_\varepsilon x$

거꾸로 상용로그를 자연로그로 바꿔주려면 다음과 같이 하면 된다.

$\log_\varepsilon x = 2.3026 \times \log_{10} x$

지수방정식과 로그방정식

이번에는 지수나 로그가 들어있는 수식을 미분해보자. 다음과 같은 방정식을 예로 들어보겠다.

$y = \log_\varepsilon x$

우선 이것을 다음과 같이 바꿔 쓰자.

$\varepsilon^y = x$

ε^y를 y에 대해 미분하면 그 결과가 원래의 함수 ε^y와 같으므로(161쪽을 보라) 위 수식으로부터 우리는 다음 수식을 얻을 수 있다.

$\dfrac{dx}{dy} = \varepsilon^y$

이것을 역함수로 보고 원래의 함수로 되돌리자.

$\dfrac{dy}{dx} = \dfrac{1}{\dfrac{dx}{dy}} = \dfrac{1}{\varepsilon^y} = \dfrac{1}{x}$

이것은 매우 흥미로운 결과다. 왜냐하면 이것은 곧 다음과 같이 쓸 수 있다는 뜻이기 때문이다.

라는 용어는 예를 들어 $\log_a x$를 미분하면 그 결과가 $\dfrac{1}{x}$이라는 간단한 형태가 되게 하는 로그의 밑(a)은 ε(이것은 '네이피어 상수' 또는 '오일러의 수' 등으로 불린다)라는 사실에서 알 수 있듯이 그것이 수학에서 자연스럽게 요구되거나, 만나게 되거나, 사용되는 로그라는 의미를 내포하고 있다.

$$\frac{d(\log_\varepsilon x)}{dx} = x^{-1}$$

여기서 x^{-1}은 거듭제곱을 미분하는 규칙을 적용해서 얻을 수 있는 결과가 아니라는 점에 주목하라. 그 규칙(32~33쪽을 보라)은 거듭제곱의 지수를 곱해주면서 그 지수에서 1을 빼주는 것이었다. 따라서 그 규칙을 이용해 x^3을 미분하면 $3x^2$이 되고, x^2을 미분하면 $2x^1$이 된다. 그런데 x^0을 미분하면 x^{-1}이나 $0 \times x^{-1}$이 되는 것이 아니다. 왜냐하면 x^0은 그 자체로 1과 같으므로 상수이기 때문이다. 우리가 적분에 관한 장에 가면 $\log_\varepsilon x$를 미분한 결과는 $\frac{1}{x}$이 된다는 이 흥미로운 사실을 다시 상기해야 한다.

이번에는 $y = \log_\varepsilon(x+a)$를 미분해보자.

이것은 $\varepsilon^y = x+a$와 같다.

ε^y의 미분계수는 ε^y 그대로이므로 $\frac{d(x+a)}{dy} = \varepsilon^y$이 된다.

이것은 곧 다음과 같다.

$$\frac{dx}{dy} = \varepsilon^y = x+a$$

이 역함수의 미분계수를 원래 함수의 미분계수로 되돌리면(148쪽을 보라) 다음과 같은 결과를 얻게 된다.

$$\frac{dy}{dx} = \frac{1}{\frac{dx}{dy}} = \frac{1}{x+a}$$

이번에는 $y = \log_{10} x$를 미분해보자.

우선 변환계수 0.4343을 곱해서 이것을 자연로그로 바꾸자. 그러면 다음과 같이 된다.

$y = 0.4343 \log_\varepsilon x$

이것을 미분하면 다음 결과를 얻게 된다.

$$\frac{dy}{dx} = \frac{0.4343}{x}$$

다음으로 다뤄볼 것은 그렇게 단순한 것이 아니다. 다음 함수를 미분해보자.

$$y = a^x$$

양변에 로그를 씌우면 다음 수식을 얻는다.

$$\log_\varepsilon y = x \log_\varepsilon a$$

따라서 $x = \dfrac{\log_\varepsilon y}{\log_\varepsilon a} = \dfrac{1}{\log_\varepsilon a} \times \log_\varepsilon y$

양변을 y로 미분하면, $\dfrac{1}{\log_\varepsilon a}$ 은 상수이므로

$$\frac{dx}{dy} = \frac{1}{\log_\varepsilon a} \times \frac{1}{y} = \frac{1}{a^x \times \log_\varepsilon a}$$

이것을 원래 함수의 미분계수로 되돌리면

$$\frac{dy}{dx} = \frac{1}{\frac{dx}{dy}} = a^x \times \log_\varepsilon a$$

그런데 $\dfrac{dx}{dy} \times \dfrac{dy}{dx} = 1$ 이고 $\dfrac{dx}{dy} = \dfrac{1}{y} \times \dfrac{1}{\log_\varepsilon a}$ 이므로

$$\frac{1}{y} \times \frac{dy}{dx} = \log_\varepsilon a$$

결국 $\log_\varepsilon y = (x$의 함수$)$와 같은 형태의 수식이 주어지면 항상 $\dfrac{1}{y} \times \dfrac{dy}{dx} =$ (x의 함수의 미분계수)가 됨을 알 수 있다. 따라서 우리는 $\log_\varepsilon y = x \log_\varepsilon a$ 로부터 곧바로 다음과 같이 써도 된다.

$$\frac{1}{y} \frac{dy}{dx} = \log_\varepsilon a, \text{ 즉 } \frac{dy}{dx} = a^x \log_\varepsilon a$$

몇 가지 예를 더 다뤄보자.

예

(1) $y = \varepsilon^{-ax}$을 미분해보자.

$-ax=z$로 놓으면 $y=\varepsilon^z$

$\dfrac{dy}{dz}=\varepsilon^z,\ \dfrac{dz}{dx}=-a$이므로 $\dfrac{dy}{dx}=-a\varepsilon^{-ax}$

또는 다음과 같이 해도 된다.

$\log_\varepsilon y=-ax$이므로 $\dfrac{1}{y}\dfrac{dy}{dx}=-a$

따라서 $\dfrac{dy}{dx}=-ay=-a\varepsilon^{-ax}$

(2) $y=\varepsilon^{\frac{x^2}{3}}$을 미분해보자.

$\dfrac{x^2}{3}=z$로 놓으면 $y=\varepsilon^z$

$\dfrac{dy}{dz}=e^z,\ \dfrac{dz}{dx}=\dfrac{2x}{3}$이므로 $\dfrac{dy}{dx}=\dfrac{2x}{3}\varepsilon^{\frac{x^2}{3}}$

또는 다음과 같이 해도 된다.

$\log_\varepsilon y=\dfrac{x^2}{3},\ \dfrac{1}{y}\dfrac{dy}{dx}=\dfrac{2x}{3}$이므로 $\dfrac{dy}{dx}=\dfrac{2x}{3}\varepsilon^{\frac{x^2}{3}}$

(3) $y=\varepsilon^{\frac{2x}{x+1}}$을 미분해보자.

$\log_\varepsilon y=\dfrac{2x}{x+1}$이므로 $\dfrac{1}{y}\dfrac{dy}{dx}=\dfrac{2(x+1)-2x}{(x+1)^2}$

따라서 $\dfrac{dy}{dx}=\dfrac{2}{(x+1)^2}\varepsilon^{\frac{2x}{x+1}}$

이것을 $\dfrac{2x}{x+1}=z$로 놓는 방법으로 검증해보라.

(4) $y=\varepsilon^{\sqrt{x^2+a}}$을 미분해보자.

$\log_\varepsilon y = (x^2+a)^{\frac{1}{2}}$ 이므로 $\dfrac{1}{y}\dfrac{dy}{dx} = \dfrac{x}{(x^2+a)^{\frac{1}{2}}}$

즉 $\dfrac{dy}{dx} = \dfrac{x \times \varepsilon^{\sqrt{x^2+a}}}{(x^2+a)^{\frac{1}{2}}}$

참고로, $(x^2+a)^{\frac{1}{2}} = u$, $x^2+a = v$로 놓으면 $u = v^{\frac{1}{2}}$이니

$\dfrac{du}{dv} = \dfrac{1}{2v^{\frac{1}{2}}}$, $\dfrac{dv}{dx} = 2x$이므로 $\dfrac{du}{dx} = \dfrac{x}{(x^2+a)^{\frac{1}{2}}}$

위 결과를 $\sqrt{x^2+a} = z$로 놓고 검증해보라.

(5) $y = \log_\varepsilon(a+x^3)$을 미분해보자.

$(a+x^3) = z$로 놓으면 $y = \log_\varepsilon z$

$\dfrac{dy}{dz} = \dfrac{1}{z}$, $\dfrac{dz}{dx} = 3x^2$이므로 $\dfrac{dy}{dx} = \dfrac{3x^2}{a+x^3}$

(6) $y = \log_\varepsilon\{3x^2 + \sqrt{a+x^2}\}$을 미분해보자.

$3x^2 + \sqrt{a+x^2} = z$로 놓으면 $y = \log_\varepsilon z$

$\dfrac{dy}{dz} = \dfrac{1}{z}$, $\dfrac{dz}{dx} = 6x + \dfrac{x}{\sqrt{x^2+a}}$ 이므로

$\dfrac{dy}{dx} = \dfrac{6x + \dfrac{x}{\sqrt{x^2+a}}}{3x^2+\sqrt{a+x^2}} = \dfrac{x(1+6\sqrt{x^2+a})}{(3x^2+\sqrt{x^2+a})\sqrt{x^2+a}}$

(7) $y = (x+3)^2\sqrt{x-2}$를 미분해보자.

$\log_\varepsilon y = 2\log_\varepsilon(x+3) + \dfrac{1}{2}\log_\varepsilon(x-2)$

$\dfrac{1}{y}\dfrac{dy}{dx} = \dfrac{2}{(x+3)} + \dfrac{1}{2(x-2)}$

$$\frac{dy}{dx}=(x+3)^2\sqrt{x-2}\left\{\frac{2}{x+3}+\frac{1}{2(x-2)}\right\}$$

(8) $y=(x^2+3)^3(x^3-2)^{\frac{2}{3}}$ 을 미분해보자.

$$\log_\varepsilon y=3\log_\varepsilon(x^2+3)+\frac{2}{3}\log_\varepsilon(x^3-2)$$

$$\frac{1}{y}\frac{dy}{dx}=3\frac{2x}{(x^2+3)}+\frac{2}{3}\frac{3x^2}{x^3-2}=\frac{6x}{x^2+3}+\frac{2x^2}{x^3-2}$$

왜냐하면 다음과 같이 되기 때문이다.

$u=\log_\varepsilon(x^2+3)$이라고 하고 $x^2+3=z$로 놓으면 $u=\log_\varepsilon z$

$\dfrac{du}{dz}=\dfrac{1}{z}$, $\dfrac{dz}{dx}=2x$이므로 $\dfrac{du}{dx}=\dfrac{2x}{x^2+3}$

마찬가지로 $v=\log_\varepsilon(x^3-2)$라고 하면 $\dfrac{dv}{dx}=\dfrac{3x^2}{x^3-2}$

따라서[32]

$$\frac{dy}{dx}=(x^2+3)^3(x^3-2)^{\frac{2}{3}}\left\{\frac{6x}{x^2+3}+\frac{2x^2}{x^3-2}\right\}$$

(9) $y=\dfrac{\sqrt[2]{x^2+a}}{\sqrt[3]{x^3-a}}$ 를 미분해보자.

$$\log_\varepsilon y=\frac{1}{2}\log_\varepsilon(x^2+a)-\frac{1}{3}\log_\varepsilon(x^3-a)$$

---

32 _ (역주)생략된 도출과정은 다음과 같다.

$\log_\varepsilon y=3u+\dfrac{2}{3}v$

$\dfrac{1}{y}\dfrac{dy}{dx}=3\dfrac{du}{dx}+\dfrac{2}{3}\dfrac{dv}{dx}=3\dfrac{2x}{x^2+3}+\dfrac{2}{3}\dfrac{3x^2}{x^3-2}=\dfrac{6x}{x^2+3}+\dfrac{2x^2}{x^3-2}$

따라서 $\dfrac{dy}{dx}=y\left\{\dfrac{6x}{x^2+3}+\dfrac{2x^2}{x^3-2}\right\}=(x^2+3)^3(x^3-2)^{\frac{2}{3}}\left\{\dfrac{6x}{x^2+3}+\dfrac{2x^2}{x^3-2}\right\}$

$$\frac{1}{y}\frac{dy}{dx} = \frac{1}{2}\frac{2x}{x^2+a} - \frac{1}{3}\frac{3x^2}{x^3-a} = \frac{x}{x^2+a} - \frac{x^2}{x^3-a}$$

따라서 $\dfrac{dy}{dx} = \dfrac{\sqrt[2]{x^2+a}}{\sqrt[3]{x^3-a}}\left\{\dfrac{x}{x^2+a} - \dfrac{x^2}{x^3-a}\right\}$

(10) $y = \dfrac{1}{\log_\varepsilon x}$ 을 미분해보자.

$$\frac{dy}{dx} = \frac{\log_\varepsilon x \times 0 - 1 \times \frac{1}{x}}{\log_\varepsilon^2 x} = -\frac{1}{x\log_\varepsilon^2 x}$$

(11) $y = \sqrt[3]{\log_\varepsilon x} = (\log_\varepsilon x)^{\frac{1}{3}}$ 을 미분해보자.

$z = \log_\varepsilon x$ 로 놓으면 $y = z^{\frac{1}{3}}$

$$\frac{dy}{dz} = \frac{1}{3}z^{-\frac{2}{3}}, \quad \frac{dz}{dx} = \frac{1}{x}$$

따라서 $\dfrac{dy}{dx} = \dfrac{1}{3x\sqrt[3]{\log_\varepsilon^2 x}}$

(12) $y = \left(\dfrac{1}{a^x}\right)^{ax}$ 을 미분해보자.

$\log_\varepsilon y = ax(\log_\varepsilon 1 - \log_\varepsilon a^x) = -ax\log_\varepsilon a^x$

$\dfrac{1}{y}\dfrac{dy}{dx} = -ax \times a^x \log_\varepsilon a - a\log_\varepsilon a^x$

따라서 $\dfrac{dy}{dx} = -\left(\dfrac{1}{a^x}\right)^{ax}(x \times a^{x+1}\log_\varepsilon a + a\log_\varepsilon a^x)$

이번에는 아래의 연습문제를 풀어보라.

연습문제 XII

해답은 321~322쪽을 보라.

(1) $y = b(\varepsilon^{ax} - \varepsilon^{-ax})$을 미분하라.

(2) 수식 $u = at^2 + 2\log_\varepsilon t$를 t에 대해 미분해서 그 미분계수를 구하라.

(3) $y = n^t$이라고 할 때 $\dfrac{d(\log_\varepsilon y)}{dt}$를 구하라.

(4) $y = \dfrac{1}{b} \cdot \dfrac{\varepsilon^{bx}}{\log_\varepsilon a}$라면 $\dfrac{dy}{dx} = \varepsilon^{bx}$임을 보여라.

(5) $w = pv^n$이라고 할 때 $\dfrac{dw}{dv}$를 구하라.

다음을 미분하라.

(6) $y = \log_\varepsilon x^n$

(7) $y = 3\varepsilon^{-\frac{x}{x-1}}$

(8) $y = (3x^2 + 1)\varepsilon^{-5x}$

(9) $y = \log_\varepsilon(x^a + a)$

(10) $y = (3x^2 - 1)(\sqrt{x} + 1)$

(11) $y = \dfrac{\log_\varepsilon(x+3)}{x+3}$

(12) $y = a^x \times x^a$

(13) 해저 케이블로 신호를 보낼 때 그 전송속도는 케이블 속에 들어있는 구리선의 지름에 대한 케이블 코어 부분의 바깥지름의 비율에 따라 달라진다는 사실이 켈빈 경[33]에 의해 밝혀졌다. 이 비율을 y라고 하

---

[33] (역주)William Thomson, First Baron Kelvin. 1824~1907. 영국의 수리물리학자, 공학자.

면 1분당 전송될 수 있는 신호의 수는 다음과 같은 공식으로 표현될 수 있다고 한다.

$$s = ay^2 \log_\varepsilon \frac{1}{y}$$

여기서 a는 케이블의 길이와 그것을 만드는 데 사용된 재료의 품질에 따라 다른 값을 갖는 상수다. $y = 1 \div \sqrt{\varepsilon}$일 때 s가 극대값을 갖게 됨을 보여라.

(14) $y = x^3 - \log_\varepsilon x$의 극대값 또는 극소값을 구하라.

(15) $y = \log_\varepsilon(ax\,\varepsilon^x)$을 미분하라.

(16) $y = (\log_\varepsilon ax)^3$을 미분하라.

로그곡선

방정식 $y = bp^x$으로 표현되는 곡선과 같이 x가 증가함에 따라 그에 대응하는 곡선 위의 점이 갖는 세로좌표를 축차적으로 늘어놓으면 기하급수가 되는 곡선으로 돌아가 그것을 다시 살펴보자.

$x = 0$으로 놓으면 처음에 y가 갖는 높이는 b임을 우리는 알 수 있다.

그리고 $x = 1$이면 $y = bp$, $x = 2$면 $y = bp^2$, $x = 3$이면 $y = bp^3$이 되는 식으로 이어진다.

또한 p는 곡선 위의 각 점이 갖는 세로좌표(높이) 대 바로 그 앞의 점이 갖는 세로좌표의 비율임을 알 수 있다. 그림 40의 곡선은 p를 $\frac{6}{5}$으로 잡고 그린 것이다. 따라서 이 곡선 위의 각 점이 갖는 세로좌표는 바로 그 앞 점이 갖는 세로좌표의 $\frac{6}{5}$이 된다.

인접한 점 두 개의 세로좌표가 언제나 위와 같이 고정된 비율을 이루는 관계라면 인접한 점 두 개의 세로좌표는 언제나 고정된 상수만큼 차

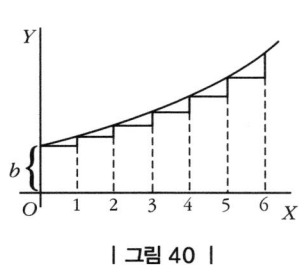

| 그림 40 |

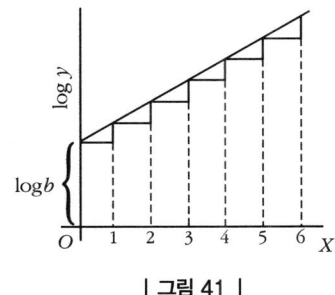

| 그림 41 |

이가 날 것이다. 따라서 세로좌표를 $\log_\varepsilon y$ 값으로 바꾸어 그림 41과 같이 새로운 그래프를 그리면 x가 증가하는 각 단계마다 동일한 폭으로 상승하는 직선이 된다. 이런 사실은 애초의 방정식으로부터도 도출된다.

$\log_\varepsilon y = \log_\varepsilon b + x \cdot \log_\varepsilon p$

이것은 다음과 같이 바꿔 쓸 수 있다.

$\log_\varepsilon y - \log_\varepsilon b = x \cdot \log_\varepsilon p$

그런데 $\log_\varepsilon p$는 단지 어떤 수일 뿐이므로 $\log_\varepsilon p = a$로 놓을 수 있다. 그러면 다음과 같이 된다.

$\log_\varepsilon \frac{y}{b} = ax$

따라서 애초의 방정식은 다음과 같은 새로운 방정식으로 그 형태가 바뀐다.

$y = b\varepsilon^{ax}$

점점 더 완만해지는 곡선

p를 진분수(1보다 작은 분수)로 잡으면 곡선이 점점 더 가라앉되 그림 42와 같은 형태로 가라앉게 되는 것이 분명하다. 그림 42는 x가 증가함에

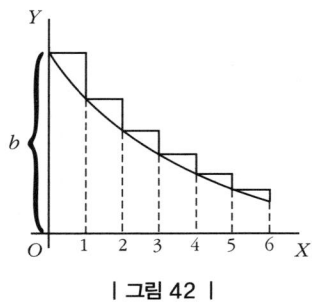

| 그림 42 |

따라 각 단계의 높이가 바로 앞 단계의 높이에 비해 $\frac{3}{4}$이 되면서 가라앉는 곡선을 그려본 것이다.

곡선의 방정식은 여전히 $y=bp^x$이나 p가 1보다 작으므로 $\log_\varepsilon p$의 값이 음수가 될 것이고, 따라서 우리는 그 값을 $-a$로 놓아볼 수 있다. 그러면 $p=\varepsilon^{-a}$이 되고, 곡선의 방정식은 이제 다음과 같이 된다.

$y=b\varepsilon^{-ax}$

독립변수가 시간일 때 뭔가가 점차 소멸하는 물리적 과정이 아주 많이 존재하는데, 방금 우리가 구한 수식은 그러한 물리적 과정의 진행을 보여준다는 점에서 중요하다. 예를 들어 뜨거운 물체가 식어가는 과정은 다음과 같은 방정식으로 표현된다(이것이 바로 뉴턴의 유명한 '냉각의 법칙'이다).

$\theta_t=\theta_0\varepsilon^{-at}$

여기서 θ_0는 뜨거운 물체의 처음 온도가 그때 주위환경의 온도를 초과한 차이이고, θ_t는 시간 t가 지난 뒤의 그러한 온도 차이다. 그리고 a는 그 물체의 겉넓이 가운데 노출된 부분의 크기에 따라서도 달라지고 열이 전도되거나 방사되는 정도를 나타내는 계수에 따라서도 달라지는 온도의 감소분을 표시해주는 상수다.

이것과 비슷한 다른 공식으로 다음과 같은 것도 있다.

$Q_t = Q_0 \varepsilon^{-at}$

이 공식은 충전된 물체의 하전량을 표시할 때 사용된다. 충전된 물체는 처음에는 Q_0라는 하전량을 갖고 있지만, 누전이 일어나면서 단위 시간마다 하전량이 상수인 a의 비율로 줄어들게 된다. 이 경우에 상수 a의 값은 충전된 물체의 하전용량과 누전이 일어나는 경로의 전기저항에 따라 달라진다.

탄력성 있는 용수철을 튕기면 그것이 늘어났다 줄어들었다 하는 진동을 하게 되는데, 일정한 시간이 지난 뒤에는 그 진동이 멈춘다. 그 사이에 진동의 폭이 줄어드는 과정도 앞에서 본 경우와 비슷한 방식으로 표시할 수 있다.

사실 ε^{-at}은 감소하는 양의 감소율이 항상 그 양의 크기에 비례하는 모든 현상에 대해 그 감소의 정도를 나타내는 계수가 된다. 우리가 흔히 사용하는 기호를 이용해 다시 말하면, 모든 순간에 $\frac{dy}{dt}$가 그때그때 y가 갖는 값에 비례하는 경우에 ε^{-at}은 y가 감소하는 정도를 나타낸다. 왜 이렇게 되느냐면, 앞의 그림 42에 그려진 곡선을 찬찬히 들여다보기만 해도 알 수 있지만, 그 곡선의 모든 부분에서 기울기 $\frac{dy}{dx}$가 높이 y에 비례하기 때문이다. y의 값이 작아질수록 곡선은 점점 더 수평에 가까워진다. 기호를 이용해 수식으로 다시 살펴보면 다음과 같다.

$y = b\varepsilon^{-ax}$

$\log_\varepsilon y = \log_\varepsilon b - ax \log_\varepsilon \varepsilon = \log_\varepsilon b - ax$

이것을 미분하면 다음과 같이 된다.

$$\frac{1}{y}\frac{dy}{dx} = -a$$

따라서 $\frac{dy}{dx} = b\varepsilon^{-ax} \times (-a) = -ay$

이것을 말로 풀어 설명하면, 이 곡선은 우하향하며 그 기울기는 y와 상수 a에 비례한다.

곡선의 방정식을 다음과 같은 형태로 바꿔서 미분을 해봐도 우리는 똑같은 결과를 얻게 된다.

$y = bp^x$

이것을 미분하면 다음과 같이 된다.

$\frac{dy}{dx} = bp^x \times \log_\varepsilon p$

그런데 $\log_\varepsilon p = -a$이므로

$\frac{dy}{dx} = y \times (-a) = -ay$

이것은 앞에서 얻은 결과와 똑같다.

시간상수

감소계수(또는 감쇠계수)의 수식 ε^{-at}에서 a라는 양은 '시간상수'로 알려진 다른 양의 역수다. 그 시간상수를 우리는 기호 T로 표시할 수 있다. 그러면 감소계수는 $\varepsilon^{-\frac{t}{T}}$라고 쓸 수 있다. 그리고 $t=T$로 놓고 보면 T(즉 $\frac{1}{a}$)는 애초의 양(앞에서 살펴본 예에서는 θ_0 또는 Q_0로 부른 것)이 그 양의 $\frac{1}{\varepsilon}$, 즉 0.3678배로 감소하는 데 걸리는 시간의 길이라는 의미를 갖는다는 것을 알 수 있다.

ε^x와 ε^{-x}의 값은 물리학의 여러 상이한 분야에서 지속적으로 필요하다. 그러나 그 값을 숫자로 보여주는 표를 실어놓은 수학책이 거의 없으

므로 독자의 편의를 위해 아래에 그 값의 일부를 표로 정리해 놓는다.

이 표를 이용하는 법을 설명하기 위해 예를 들어보겠다. 어떤 뜨거운 물체가 냉각되고 있다고 하자. 실험을 시작할 때(즉 $t=0$일 때) 이 물체는 주위의 다른 물체들에 비해 온도가 $72°$ 더 높다. 이 물체의 냉각과 관련

x	ε^x	ε^{-x}	$1-\varepsilon^{-x}$
0.00	1.0000	1.0000	0.0000
0.10	1.1052	0.9048	0.0952
0.20	1.2214	0.8187	0.1813
0.50	1.6487	0.6065	0.3935
0.75	2.1170	0.4724	0.5276
0.90	2.4596	0.4066	0.5934
1.00	2.7183	0.3679	0.6321
1.10	3.0042	0.3329	0.6671
1.20	3.3201	0.3012	0.6988
1.25	3.4903	0.2865	0.7135
1.50	4.4817	0.2231	0.7769
1.75	5.755	0.1738	0.8262
2.00	7.389	0.1353	0.8647
2.50	12.183	0.0821	0.9179
3.00	20.085	0.0498	0.9502
3.50	33.115	0.0302	0.9698
4.00	54.598	0.0183	0.9817
4.50	90.017	0.0111	0.9889
5.00	148.41	0.0067	0.9933
5.50	244.69	0.0041	0.9959
6.00	403.43	0.00248	0.99752
7.50	1808.04	0.00055	0.99947
10.00	22026.5	0.000045	0.999955

된 시간상수가 20분이라고 하자(즉 이 물체의 초과온도가 72°의 $\frac{1}{\varepsilon}$로 떨어지는 데 20분이 걸린다고 하자). 그러면 우리는 어떤 주어진 시간 동안 이 물체의 온도가 얼마나 떨어질 것인지를 계산할 수 있다. 예를 들어 t가 60분이라고 하자. 그러면 $\frac{t}{T}=60\div 20=3$이므로 우리는 ε^{-3}의 값을 구해서 그것을 애초의 온도 72°에 곱해줘야 한다. 앞의 표를 보면 ε^{-3}은 0.0498임을 알 수 있다. 따라서 60분이 다 지난 시점에 물체의 초과온도는 $72°\times 0.0498=3.586°$로 떨어져 있을 것이다.

예를 좀 더 들어보자.

(1) 어떤 기전력이 작용해 전도체에 전류가 흐르게 한 지 t초 뒤에 그 전도체를 흐르는 전류의 세기는 다음과 같은 수식으로 나타낼 수 있다.

$$C=\frac{E}{R}(1-\varepsilon^{-\frac{Rt}{L}})$$

이 수식에서 시간상수는 $\frac{L}{R}$이다.

$E=10$, $R=1$, $L=0.01$이라고 하면 t가 아주 긴 시간일 경우에 $1-\varepsilon^{-\frac{Rt}{L}}$의 값이 1이 된다. 그러면 $C=\frac{E}{R}=10$이 되고, $\frac{L}{R}=T=0.01$이 된다.

따라서 C의 값은 다음과 같이 쓸 수 있다.

$$C=10-10\varepsilon^{-\frac{t}{0.01}}$$

여기서 시간상수는 0.01이다. 이는 곧 가변항 $10\varepsilon^{-\frac{t}{0.01}}$이 처음의 값 $10\varepsilon^{-\frac{0}{0.01}}=10$의 $\frac{1}{\varepsilon}=0.3678$배로 감소하는 데 0.01초가 걸린다는 뜻이다.

$t=0.001$초, 즉 $\frac{t}{T}=0.1$일 때 $\varepsilon^{-0.1}=0.9048$(이것은 앞의 표에서 얻을 수 있다)임을 안다고 하고 전류의 세기 C의 값을 구해보자.

0.001초 뒤의 시점에 가변항의 값은 0.9048×10=9.048이고, 전류의 세기는 10−9.048=0.952가 된다.

마찬가지로 0.1초 뒤의 시점에는 $\frac{t}{T}=10$, $\varepsilon^{-10}=0.000045$이므로 가변항의 값은 10×0.000045=0.00045가 되고, 따라서 전류의 세기는 9.9995가 된다.

(2) 광선이 두께 $l$cm의 투명체를 통과한 직후에 그 강도는 $I=I_0\varepsilon^{-Kl}$이다. 여기서 I_0는 투명체를 통과하기 전의 광선의 강도이고, K는 '흡수상수'다.

흡수상수는 보통 실험을 통해 구한다. 예를 들어 광선이 10cm 두께의 어떤 투명체를 통과하는 동안에 그 강도가 18% 감소한다는 사실을 실험을 통해 알게 됐다면, 그런 사실은 곧 $82=100\times\varepsilon^{-K\times10}$, 즉 $\varepsilon^{-10K}=0.82$라는 뜻이다. 앞의 표를 이용해 계산하면 대략 $10K=0.20$, 즉 $K=0.02$가 된다.

이 경우에 광선의 세기를 절반으로 줄이는 투명체의 두께를 구해보자. 그렇게 하려면 등식 $50=100\times\varepsilon^{-0.02l}$, 즉 $0.5=\varepsilon^{-0.02l}$을 충족시키는 l의 값을 구해야 한다. 그 값은 이 등식을 다음과 같은 로그식의 형태로 바꿔서 구할 수 있다.

$\log 0.5 = -0.02 \times l \times \log \varepsilon$ [34]

이것을 풀면 대략 다음과 같은 답을 얻게 된다.

$l = \dfrac{-0.3010}{-0.02\times 0.4343} = 34.7$cm

---

34 _ (역주)여기서 사용된 로그는 상용로그다.

(3) 붕괴의 과정에 들어간 어떤 방사성 물질의 양 Q는 처음의 양 Q_0와 $Q=Q_0\varepsilon^{-\lambda t}$으로 표현되는 관계를 갖는다고 알려져 있다. 여기서 λ는 상수이고, t는 붕괴가 시작된 뒤로 경과한 시간을 초 단위로 표시한 것이다.

'라듐 A'라는 방사성 물질의 경우에는 시간을 초 단위로 측정하면 $\lambda=3.85\times10^{-3}$이 된다는 사실이 실험을 통해 밝혀졌다. 이 방사성 물질의 절반이 붕괴하는 데 걸리는 시간을 구하라(이런 시간을 해당 방사성 물질의 '평균수명'[35]이라고 한다).

주어진 정보로부터 우리는 $0.5=\varepsilon^{-0.00385t}$임을 알 수 있다.

$\log 0.5 = -0.00385t \times \log\varepsilon$

따라서 t는 대략 3분이 된다.

---

35 _ (역주) mean life. 이것은 흔히 '반감기(half life)'로도 불린다.

연습문제 XIII

해답은 322~323쪽을 보라.

(1) 곡선 $y=b\varepsilon^{-\frac{t}{T}}$을 그려라. 단 $b=12$, $T=8$이고, t는 0부터 20까지의 값을 갖는다.

(2) 어떤 뜨거운 물체의 초과온도가 24분 만에 절반으로 떨어졌다고 할 때 시간상수를 도출하고, 그 초과온도가 처음에 비해 1퍼센트에 해당하는 온도까지 냉각되는 데 걸리는 시간을 구하라.

(3) 곡선 $y=100(1-\varepsilon^{-2t})$을 그려라.

(4) 다음 세 개의 방정식을 그래프로 그리면 서로 매우 비슷한 곡선이 된다.

 (i) $y=\dfrac{ax}{x+b}$

 (ii) $y=a(1-\varepsilon^{-\frac{x}{b}})$

 (iii) $y=\dfrac{a}{90°}\arctan\left(\dfrac{x}{b}\right)$

$a=100$밀리미터, $b=30$밀리미터로 잡고 이 세 개의 곡선을 그려보라.

(5) (a) $y=x^x$, (b) $y=(\varepsilon^x)^x$, (c) $y=\varepsilon^{x^x}$이라고 할 때 x에 대한 y의 미분계수가 각각 어떻게 되는가?

(6) '토륨 A'는 λ의 값이 5다. 이 방사성 물질의 '평균수명'을 구하라. 즉 그 양 Q가 처음의 양 Q_0에 비해 절반이 되는 데 걸리는 시간을 다음 수식을 이용해 구하라.

$Q=Q_0\varepsilon^{-\lambda t}$, 단 t는 초 단위의 시간.

(7) 축전용량이 $K=4\times10^{-6}$인 축전기의 전위가 $V_0=20$이 되도록 충전된 전기가 10,000옴의 전기저항을 거슬러 방전된다고 하자. 전위의 하락이 $V=V_0\varepsilon^{-\frac{t}{KR}}$이라는 법칙에 따른다고 할 때 (a) 0.1초 뒤와 (b) 0.01

초 뒤의 전위 V를 구하라.

(8) 금속으로 이루어진 구형 절연체의 하전량 Q가 10분 만에 20단위에서 16단위로 감소한다고 하자. 처음의 하전량을 Q_0, 경과한 시간을 초 단위로 t로 놓으면 $Q=Q_0 \times \varepsilon^{-\mu t}$이 된다고 할 때 누전계수 μ의 값을 구하라. 그런 다음에 누전으로 하전량이 절반으로 줄어드는 데 걸리는 시간을 구하라.

(9) 전화선을 통해 흐르는 전화전류의 파동은 진폭이 점차 감소하는 감쇠진동을 하며, 이는 전화전류의 방정식 $i=i_0\varepsilon^{-\beta l}$로부터 확인할 수 있다. 여기서 i_0는 새로 발생한 전화전류가 처음에 갖는 세기이고, i는 t초 뒤에 그 전화전류가 갖는 세기다. 또 l은 전화선의 길이를 킬로미터 단위로 표시한 것이고, β는 상수다. 1910년에 프랑스와 영국 사이에 부설된 해저 케이블의 경우에는 $\beta=0.0114$였다. 길이가 40킬로미터인 이 케이블의 한 쪽 끝에서 출발한 전화전류가 반대편 끝에 도달하면 그 파동의 진폭은 얼마나 줄어들게 되는가? 또 i가 i_0의 8퍼센트(전화의 음질이 양호한 수준을 유지하기 위해 최소한으로 필요한 전류의 세기) 이상을 유지하는 케이블의 최대 길이는 얼마인가?

(10) 고도가 h인 곳의 기압 p는 $p=p_0\varepsilon^{-kh}$으로 주어진다. 여기서 p_0는 해수면에서의 기압(760mmHg)이다.

고도가 10킬로미터, 20킬로미터, 50킬로미터인 곳의 기압이 차례로 199.2mmHg, 42.2mmHg, 0.32mmHg라고 할 때 각각의 경우에 k가 얼마인지를 구하라. 아울러 k의 평균값을 기준으로 삼는다면 각각의 경우에 상대오차가 몇 퍼센트가 되는지를 구하라.

(11) $y=x^x$의 극소값 또는 극대값을 구하라.

(12) $y=x^{\frac{1}{x}}$의 극소값 또는 극대값을 구하라.

(13) $y=xa^{\frac{1}{x}}$의 극소값 또는 극대값을 구하라.

15장
사인과 코사인을 다루는 법

각도를 표시하는 데는 그리스 문자를 사용하는 것이 보통이므로 우리도 변수로서의 각도를 가리키는 기호로 그리스 문자 θ(세타)를 사용하겠다.

다음과 같은 함수를 검토해보자.

$y = \sin\theta$

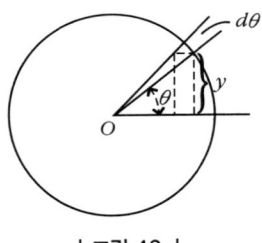

| 그림 43 |

우리가 찾아야 할 것은 $\frac{d(\sin\theta)}{d\theta}$의 값이다. 달리 말하면, 각도 θ가 변동할 때 그 사인 값의 증가분과 그 각도 자체의 증가분 사이의 관계를 우리는 찾아야 한다. 물론 이때 그 두 개의 증가분은 무한히 작다고 가정한다. 그림 43을 살펴보라. 원의 반지름이 1이라고 하면 높이 y가 바로 사

인 값이고, θ는 그 사인 값에 대응하는 각도다. 이제 아주 작은 각도 $d\theta$ (각도의 작은 한 조각)만큼 덧붙여져 θ가 그만큼 증가한다고 가정하면 높이 y, 즉 사인 값은 y의 작은 한 조각인 dy만큼 증가할 것이다. 그러면 새로운 높이 $y+dy$는 새로운 각도 $\theta+d\theta$의 사인 값이 된다. 이를 방정식으로 표현하면 다음과 같다.

$$y+dy=\sin(\theta+d\theta)$$

이 방정식에서 앞의 방정식을 빼면

$$dy=\sin(\theta+d\theta)-\sin\theta$$

우변 전체의 양은 사인 두 개의 차다. 삼각법에 관한 책은 모두 이것을 계산하는 방법을 우리에게 알려준다. 그 내용에 따르면 M과 N이 서로 다른 두 개의 각도라고 하면 다음과 같이 된다.

$$\sin M-\sin N=2\cos\frac{M+N}{2}\cdot\sin\frac{M-N}{2}$$

두 개의 각도 가운데 하나를 $M=\theta+d\theta$, 다른 하나를 $N=\theta$로 놓으면 이 수식은 다음과 같이 바꿔 쓸 수 있다.

$$dy=2\cos\frac{\theta+d\theta+\theta}{2}\cdot\sin\frac{\theta+d\theta-\theta}{2},$$

즉 $dy=2\cos(\theta+\frac{1}{2}d\theta)\cdot\sin\frac{1}{2}d\theta$

그런데 우리는 $d\theta$를 무한히 작은 것으로 간주하므로 그러한 극한에서는 θ에 비해 $\frac{1}{2}d\theta$는 무시할 수 있고, $\sin\frac{1}{2}d\theta$는 $\frac{1}{2}d\theta$와 같은 것으로 간주할 수 있다. 그렇다면 위 방정식은 다음과 같이 바꿔 쓸 수 있다.

$$dy=2\cos\theta\times\frac{1}{2}d\theta$$

$$dy=\cos\theta\cdot d\theta$$

따라서 우리는 마침내 다음과 같은 결과를 얻게 된다.

$$\frac{dy}{d\theta} = \cos\theta$$

좌표의 눈금에 맞춰 그려서 나란히 놓아본 그림 44와 그림 45는 각각의 θ값에 대응하는 $y=\sin\theta$의 값과 $\frac{dy}{d\theta}=\cos\theta$의 값을 보여준다.

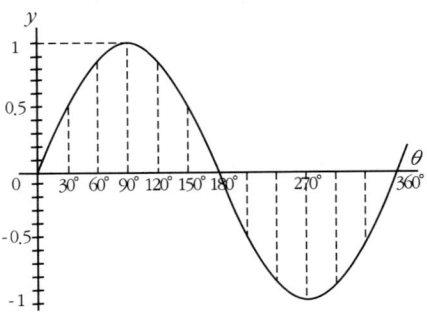

| 그림 44 |

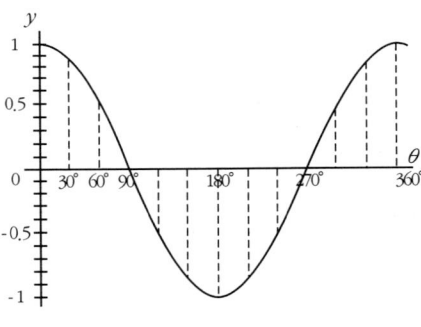

| 그림 45 |

다음으로 코사인을 살펴보자.

$y=\cos\theta$라고 하자.

$\cos\theta = \sin\left(\frac{\pi}{2}-\theta\right)$이므로

$dy = d\left(\sin\left(\frac{\pi}{2}-\theta\right)\right) = \cos\left(\frac{\pi}{2}-\theta\right) \times d(-\theta)$

$$= \cos\left(\frac{\pi}{2} - \theta\right) \times (-d\theta)$$

$$\frac{dy}{d\theta} = -\cos\left(\frac{\pi}{2} - \theta\right)$$

이것은 다음과 같이 바꿔 쓸 수 있다.

$$\frac{dy}{d\theta} = -\sin\theta$$

마지막으로 탄젠트를 살펴보자.

$y = \tan\theta$ 라고 하자.

$dy = \tan(\theta + d\theta) - \tan\theta$

우변의 첫 번째 항을 삼각법에 관한 책에 나오는 대로 전개해서 정리하면 다음과 같이 된다.

$$\tan(\theta + d\theta) = \frac{\tan\theta + \tan d\theta}{1 - \tan\theta \cdot \tan d\theta}$$

따라서 다음과 같이 쓸 수 있다.

$$dy = \frac{\tan\theta + \tan d\theta}{1 - \tan\theta \cdot \tan d\theta} - \tan\theta$$

$$= \frac{(1 + \tan^2\theta)\tan d\theta}{1 - \tan\theta \cdot \tan d\theta}$$

여기서 $d\theta$가 무한히 작아지면 $\tan d\theta$의 값은 $d\theta$와 같아지고, $\tan\theta \cdot d\theta$는 1에 비해 무시할 수 있을 정도로 작아진다. 그렇다면 위 수식은 다음과 같은 간략한 수식으로 바꿔 쓸 수 있다.

$$dy = \frac{(1 + \tan^2\theta)d\theta}{1}$$

따라서 $\frac{dy}{d\theta} = 1 + \tan^2\theta$, 즉 $\frac{dy}{d\theta} = \sec^2\theta$

지금까지 얻은 결과들을 모아보면 다음 표와 같다.

y	$\dfrac{dy}{d\theta}$
$\sin\theta$	$\cos\theta$
$\cos\theta$	$-\sin\theta$
$\tan\theta$	$\sec^2\theta$

단진동[36]이나 파동 등과 관련된 기계공학이나 물리학의 문제에서는 시간에 비례해 증가하는 각도를 다뤄야 하는 경우를 종종 만나게 된다. T가 한 번의 주기가 완성되는 데 걸리는 시간, 보다 구체적으로 예를 들어 말하면 원을 한 바퀴 도는 운동이 완료되는 데 걸리는 시간이라고 할 때 원을 한 바퀴 도는 각도는 2π라디안 또는 $360°$이므로 시간 t 동안에 움직인 각도의 크기는 다음과 같다.

라디안(호도)으로는 $\theta = 2\pi \dfrac{t}{T}$

도(°)로는 $\theta = 360 \dfrac{t}{T}$

진동수(또는 주파수), 즉 1초에 주기가 반복되는 회수를 n이라고 표시하면 $n = \dfrac{1}{T}$이므로 우리는 다음과 같이 쓸 수 있다.

$\theta = 2\pi nt$

그렇다면 θ의 사인 값은 다음과 같다.

$y = \sin 2\pi nt$

이제 우리가 시간의 변화에 따라 이 방정식의 사인 값이 어떻게 변화하는지를 알고자 한다면 각도 θ에 대해서가 아니라 시간 t에 대해 이 방정식을 미분해야 한다. 그런데 시간 t에 대해 미분하려면 앞의 9장(80쪽

---

[36] _ (역주)單振動. 원점으로부터의 변위에 비례하는 복원력의 작용을 받는 물체가 보여주는 진동의 형태.

이하)에서 설명된 기법을 이용해야 한다. 그러니 우선 다음과 같이 쓰자.

$$\frac{dy}{dt} = \frac{dy}{d\theta} \cdot \frac{d\theta}{dt}$$

여기서 $\frac{d\theta}{dt}$ 는 $2\pi n$인 게 분명하므로

$$\frac{dy}{dt} = \cos\theta \times 2\pi n$$

$$= 2\pi n \cdot \cos 2\pi nt$$

마찬가지로 하면 우리는 다음 수식도 얻게 된다.

$$\frac{d(\cos 2\pi nt)}{dt} = -2\pi n \cdot \sin 2\pi nt$$

사인과 코사인의 2차 미분계수

앞에서 우리는 $\sin\theta$를 θ에 대해 미분하면 $\cos\theta$가 되고, 이렇게 해서 얻은 $\cos\theta$를 θ에 대해 다시 미분하면 $-\sin\theta$가 된다는 것을 알게 됐다. 이런 과정을 기호로 압축해 쓰면 다음과 같다.

$$\frac{d^2(\sin\theta)}{d\theta^2} = -\sin\theta$$

그렇다면 우리는 하나의 흥미로운 결과를 얻게 된 셈이다. 즉 잇달아 두 번 미분하면 그렇게 하기 전의 함수가 그대로 유지되고 단지 그 전체의 부호만 +에서 −로 바뀌는 함수를 방금 발견하게 된 것이다.

코사인에 대해서도 똑같은 말을 할 수 있다. 왜냐하면 $\cos\theta$를 미분하면 $-\sin\theta$를 얻게 되고, 이 $-\sin\theta$를 다시 미분하면 $-\cos\theta$를 얻게 되기 때문이다. 이것을 기호로 압축해 쓰면 다음과 같다.

$$\frac{d^2(\cos\theta)}{d\theta^2} = -\cos\theta$$

사인과 코사인은 다른 모든 함수와 달리 2차 미분계수가 원래의 함수와 같고 부호만 반대가 되는 함수다.

예

지금까지 배운 것을 가지고 이제는 우리가 보다 복잡한 내용의 수식을 미분할 수 있다.

(1) $y=\arcsin x$를 미분해보자.

이것은 y가 역함수인데 그 사인 값이 x라는 뜻이므로 $x=\sin y$.

$$\frac{dx}{dy}=\cos y$$

이제 역함수에서 원래의 함수로 돌아가면 다음과 같은 수식을 얻게 되다.

$$\frac{dy}{dx}=\frac{1}{\frac{dx}{dy}}=\frac{1}{\cos y}$$

$$\cos y=\sqrt{1-\sin^2 y}=\sqrt{1-x^2}$$

따라서 다음과 같이 된다.

$$\frac{dy}{dx}=\frac{1}{\sqrt{1-x^2}}$$

이것은 예상하기 어려웠을 법한 결과다.

(2) $y=\cos^3\theta$를 미분해보자.

이것은 $y=(\cos\theta)^3$과 같은 것이다.

$\cos\theta=v$로 놓으면 $y=v^3$, $\frac{dy}{dv}=3v^2$

또한 $\frac{dv}{d\theta}=-\sin\theta$

따라서 다음과 같이 된다.

$$\frac{dy}{d\theta} = \frac{dy}{dv} \times \frac{dv}{d\theta} = -3\cos^2\theta\sin\theta$$

(3) $y=\sin(x+a)$를 미분해보자.

$x+a=v$로 놓으면 $y=\sin v$

$$\frac{dy}{dv} = \cos v$$

$$\frac{dv}{dx} = 1$$

따라서 $\frac{dy}{dx} = \cos(x+a)$

(4) $y=\log_\varepsilon \sin\theta$를 미분해보자.

$\sin\theta = v$로 놓으면 $y=\log_\varepsilon v$

$$\frac{dy}{dv} = \frac{1}{v}$$

$$\frac{dv}{d\theta} = \cos\theta$$

따라서 $\frac{dy}{d\theta} = \frac{1}{\sin\theta} \times \cos\theta = \cot\theta$

(5) $y=\cot\theta = \dfrac{\cos\theta}{\sin\theta}$를 미분해보자.

$$\frac{dy}{d\theta} = \frac{-\sin^2\theta - \cos^2\theta}{\sin^2\theta}$$
$$= -(1+\cot^2\theta) = -\csc^2\theta$$

(6) $y=\tan 3\theta$를 미분해보자.

$3\theta = v$로 놓으면 $y=\tan v$

$$\frac{dy}{dv} = \sec^2 v$$

$$\frac{dv}{d\theta} = 3$$

따라서 $\dfrac{dy}{d\theta} = 3\sec^2 3\theta$

(7) $y=\sqrt{1+3\tan^2\theta}$, 즉 $y=(1+3\tan^2\theta)^{\frac{1}{2}}$을 미분해보자.

$3\tan^2\theta = v$로 놓으면 $y=(1+v)^{\frac{1}{2}}$, $\dfrac{dy}{dv} = \dfrac{1}{2\sqrt{1+v}}$ (81쪽을 보라)

$$\frac{dv}{d\theta} = 6\tan\theta\sec^2\theta$$

[왜냐하면 $\tan\theta = u$라고 놓으면 다음과 같이 되기 때문이다.

$v=3u^2$, $\dfrac{dv}{du}=6u$, $\dfrac{du}{d\theta}=\sec^2\theta$

$\dfrac{dv}{d\theta} = 6\tan\theta \times \sec^2\theta$]

따라서 $\dfrac{dy}{d\theta} = \dfrac{6\tan\theta\sec^2\theta}{2\sqrt{1+3\tan^2\theta}}$

(8) $y=\sin x \cos x$를 미분해보자.

$$\frac{dy}{dx} = \sin x(-\sin x) + \cos x \times \cos x$$
$$= \cos^2 x - \sin^2 x$$

연습문제 XIV

해답은 323~324쪽을 보라.

(1) 다음 함수를 미분하라.

(ⅰ) $y = A\sin\left(\theta - \dfrac{\pi}{2}\right)$

(ⅱ) $y = \sin^2\theta$ 와 $y = \sin 2\theta$

(ⅲ) $y = \sin^3\theta$ 와 $y = \sin 3\theta$

(2) $\sin\theta \times \cos\theta$ 가 극대값이 되게 하는 θ 의 값을 구하라.

(3) $y = \dfrac{1}{2\pi}\cos 2\pi nt$ 를 미분하라.

(4) $y = \sin a^x$ 이라고 할 때 $\dfrac{dy}{dx}$ 를 구하라.

(5) $y = \log_\varepsilon \cos x$ 를 미분하라.

(6) $y = 18.2\sin(x + 26°)$ 를 미분하라.

(7) 곡선 $y = 100\sin(\theta - 15°)$ 를 그래프로 그려라. 아울러 $\theta = 75°$ 일 때 이 곡선의 기울기가 기울기의 극대값에 비해 절반임을 보여라.

(8) $y = \sin\theta \cdot \sin 2\theta$ 라고 할 때 $\dfrac{dy}{d\theta}$ 를 구하라.

(9) $y = a \cdot \tan^m(\theta^n)$ 이라고 할 때 θ 에 대한 y 의 미분계수를 구하라.

(10) $y = \varepsilon^x \sin^2 x$ 의 1차, 2차 미분계수를 구하라.

(11) 연습문제 XIII(183쪽)의 문제 (4)에 나온 세 개의 방정식을 각각 미분하라. 그런 다음 x 의 값이 아주 작을 경우, x 의 값이 아주 클 경우, x 의 값이 30 근처일 경우의 미분계수 세 개를 비교해서 그것들이 서로 똑같거나 거의 같은지를 살펴보라.

(12) 다음 함수를 미분하라.

(ⅰ) $y = \sec x$

(ii) $y=\arccos x$

(iii) $y=\arctan x$

(iv) $y=\operatorname{arcsec} x$

(v) $y=\tan x \times \sqrt{3\sec x}$

(13) $y=\sin(2\theta+3)^{2.3}$을 미분하라.

(14) $y=\theta^3+3\sin(\theta+3)-3^{\sin\theta}-3^\theta$을 미분하라.

(15) $y=\theta\cos\theta$의 극대값과 극소값을 구하라.

16장
편미분

우리는 독립변수가 두 개 이상인 함수로 표현되는 양을 종종 만나게 된다. 예를 들어 y의 양이 두 개의 변화할 수 있는 다른 양에 따라 달라지는 경우를 만날 수 있다. 이런 경우에는 두 개의 변량 가운데 하나를 u, 다른 하나를 v로 놓아보자. 그러면 다음과 같은 기호식을 얻게 된다.

$y = f(u, v)$

가장 단순한 예를 들어보겠다.

$y = u \times v$라고 하자.

이 수식을 미분하려면 어떻게 해야 할까? v를 상수로 간주하고 u에 대해 미분하면 다음과 같이 된다.

$dy_v = v\,du$

반대로 우리가 u를 상수로 간주하고 v에 대해 미분하면 다음과 같이 된다.

$dy_u = u\,dv$

여기서 아래첨자로 작게 쓴 문자는 연산의 과정에서 상수로 취급되는 양이 무엇인지를 보이기 위한 것이다.

미분이 단지 부분적으로(partially)만, 즉 복수의 독립변수 가운데 어느 하나에 대해서만 이루어졌음을 밝히는 또 다른 방법이 있다. 그것은 미분계수를 기호로 쓸 때 영어 알파벳 가운데 '디'의 소문자인 d를 사용하는 대신에 그리스어에서 '델타'를 나타내는 여러 개의 문자 가운데 하나인 ∂를 사용하는 것이다. 이렇게 하면 다음과 같이 쓸 수 있다.

$$\frac{\partial y}{\partial u} = v$$

$$\frac{\partial y}{\partial v} = u$$

이 두 개의 값을 앞에서 본 두 가지 미분의 결과에 각각 대입하면 다음과 같이 된다.

$$\left. \begin{array}{l} dy_v = \frac{\partial y}{\partial u} du \\ dy_u = \frac{\partial y}{\partial v} dv \end{array} \right\} \text{이것이 바로 편미분(partial differential)이다.}$$

그런데 잘 생각해보면 y의 전체 변화(total variation)는 이 두 가지에 동시에 의존한다. 다시 말해 u와 v가 둘 다 변화한다면 우리는 dy를 다음과 같이 써야 한다.

$$dy = \frac{\partial y}{\partial u} du + \frac{\partial y}{\partial v} dv$$

이것을 우리는 전미분(total differential)이라고 부른다. 이것을 다음과 같이 쓴 책들도 있다.

$$dy = \left(\frac{dy}{du} \right) du + \left(\frac{dy}{dv} \right) dv$$

예 1

수식 $w = 2ax^2 + 3bxy + 4cy^3$의 편미분계수를 구하라.

해답은 다음과 같다.

$$\begin{cases} \dfrac{\partial w}{\partial x} = 4ax + 3by \\ \dfrac{\partial w}{\partial y} = 3bx + 12cy^2 \end{cases}$$

첫 번째 것은 y가 상수라고 가정하고 미분을 해서 구한 것이고, 두 번째 것은 x가 상수라고 가정하고 미분을 해서 구한 것이다. 따라서 y의 변화 전체는 다음과 같다.

$$dw = (4ax + 3by)dx + (3bx + 12cy^2)dy$$

예 2

$z = x^y$라고 하자. 먼저 y를, 그 다음에는 x를 각각 상수로 간주하면 우리는 미분을 하는 일반적인 방법에 따라 다음과 같은 미분의 결과를 얻게 된다.

$$\dfrac{\partial z}{\partial x} = yx^{y-1}$$

$$\dfrac{\partial z}{\partial y} = x^y \times \log_\varepsilon x$$

따라서 $dz = yx^{y-1}dx + x^y \log_\varepsilon x\, dy$

예 3

높이가 h, 밑면의 반지름이 r인 원뿔의 부피는 $V = \dfrac{1}{3}\pi r^2 h$다. 높이는 변함없이 유지되고 밑면의 반지름만 변화할 때 밑면의 반지름에 대한 부피의 변화율과 높이만 변화하고 밑면의 반지름은 변함없이 유지될 때 높이에 대한 부피의 변화율은 서로 다르다. 이는 각각의 편미분계수가 다음과 같이 되는 데서 알 수 있다.

$$\frac{\partial V}{\partial r} = \frac{2\pi}{3}rh$$

$$\frac{\partial V}{\partial h} = \frac{\pi}{3}r^2$$

높이와 밑면의 반지름 둘 다가 변화할 때에는 부피의 변화가 다음과 같이 된다.

$$dV = \frac{2\pi}{3}rh\,dr + \frac{\pi}{3}r^2 dh$$

예 4

어떤 형태의 함수이든 상이한 함수 두 개를 각각 가리키는 기호로 F와 f를 사용하겠다. 그 두 개의 함수는 예를 들어 사인함수일 수도 있고, 지수함수일 수도 있으며, 그냥 일반적인 대수적 함수일 수도 있다. 어쨌든 그 두 개의 함수가 t와 x라는 두 개의 독립변수를 갖고 있다고 하자. 이런 가정을 염두에 두고 다음과 같은 수식을 검토해보자.

$$y = F(x+at) + f(x-at)$$

$w = x+at$, $v = x-at$로 놓으면 다음과 같이 된다.

$$y = F(w) + f(v)$$

이것을 x에 대해 미분해보자.

$$\frac{dy}{dx} = \frac{\partial F(w)}{\partial w} \cdot \frac{dw}{dx} + \frac{\partial f(v)}{\partial v} \cdot \frac{dv}{dx}$$

$$= F'(w) \cdot 1 + f'(v) \cdot 1$$

(여기서 숫자 1은 x에 대한 w와 v의 미분계수다.)

그리고 또 다시 미분하면

$$\frac{d^2y}{dx^2} = F''(w) + f''(v)$$

또한 y를 t에 대해 미분하면

$$\frac{dy}{dt} = \frac{\partial F(w)}{\partial w} \cdot \frac{dw}{dx} + \frac{\partial f(v)}{\partial v} \cdot \frac{dv}{dt}$$

$$= F'(w)a - f'(v)a$$

$$\frac{d^2y}{dt^2} = F''(w)a^2 + f''(v)a^2$$

따라서 다음과 같이 됨을 알 수 있다.

$$\frac{d^2y}{dt^2} = a^2 \frac{d^2y}{dx^2}$$

이 미분방정식은 수리물리학에서 대단히 중요하다.

독립변수가 두 개인 함수의 극대값과 극소값

예 5

125쪽의 연습문제 Ⅸ의 (4)[37]를 다시 살펴보자.

세 변 가운데 두 변의 길이가 x와 y라면 나머지 한 변의 길이는 $30 - (x+y)$다. 삼각형의 둘레 길이는 30이므로 그 절반인 15를 s로 놓으면 삼각형의 넓이 A는 다음과 같이 된다.

$$A = \sqrt{s(s-x)(s-y)(s-30+x+y)}^{[38]}$$

---

37 _ (역주)길이가 30인치인 노끈의 양 끝을 이어준 뒤에 못 3개에 그것을 팽팽하게 걸어 삼각형을 만들었다고 할 때 노끈에 의해 둘러싸인 삼각형의 최대 넓이를 구하는 문제.

38 _ (역주)이것은 헤론의 공식(Heron's formula)이다. 이 공식은 삼각형의 높이를 알지 못해도 세 변의 길이만 알면 넓이를 구할 수 있게 해주기 때문에 건설 분야의 측량 등에서 유용하게 이용된다. 기원후 1세기에 활동했던 고대 그리스의 수학자 헤론이 처음으로 제시

$A=\sqrt{15P}$로 놓으면

$P=(15-x)(15-y)(x+y-15)$

$=xy^2+x^2y-15x^2-15y^2-45xy+450x+450y-3375$

한 것이라고 해서 헤론의 공식으로 불린다. 피타고라스의 정리를 이용해 이 공식을 증명해보면 다음과 같다. 그림과 같이 삼각형의 밑변이 c, 높이가 h라고 하면 피타고라스의 정리에 의해 다음과 같이 된다.

$x^2+h^2=b^2$ (1)

$(c-x)^2+h^2=a^2$ (2)

(1)에서 (2)를 빼면

$x^2-(c-x)^2=b^2-a^2$

이것을 x에 대해 풀면

$x=\dfrac{b^2+c^2-a^2}{2c}$

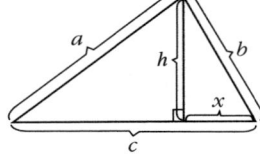

이것을 (2)에 대입하면 다음과 같이 된다.

$h^2=a^2-\left(\dfrac{a^2-b^2+c^2}{2c}\right)^2$

$=\dfrac{1}{4c^2}\{4a^2c^2-(a^2-b^2+c^2)^2\}$

$=\dfrac{1}{4c^2}(2ac-a^2+b^2-c^2)(2ac+a^2-b^2+c^2)$

$=\dfrac{1}{4c^2}\{b^2-(a-c)^2\}\{(a+c)^2-b^2\}$

$=\dfrac{1}{4c^2}(b-a+c)(b+a-c)(a+c-b)(a+c+b)$ (3)

$\dfrac{a+b+c}{2}=s$로 놓고 (3)을 다시 정리하면

$h^2=\dfrac{1}{4c^2}(2s-2a)(2s-2c)(2s-2b)(2s)$

$=\dfrac{4}{c^2}s(s-a)(s-b)(s-c)$

따라서 $h=\dfrac{2}{c}\sqrt{s(s-a)(s-b)(s-c)}$ 이고, 이 높이를 이용해 삼각형의 넓이를 계산하면 다음과 같이 된다.

넓이$=\dfrac{1}{2}ch=\sqrt{s(s-a)(s-b)(s-c)}$, 단 $s=\dfrac{1}{2}(a+b+c)$

P가 극댓값을 가질 때 A가 극댓값을 갖는 게 분명하다.

$$dP = \frac{\partial P}{\partial x} dx + \frac{\partial P}{\partial y} dy$$

P가 극댓값을 갖기 위해서는 다음 두 가지 조건이 동시에 충족돼야 한다(이 경우에는 다음 두 가지가 극솟값을 갖기 위한 조건이 아님이 분명하다).

$$\frac{\partial P}{\partial x} = 0, \quad \frac{\partial P}{\partial y} = 0$$

따라서 다음과 같이 돼야 한다.

$$\begin{cases} 2xy - 30x + y^2 - 45y + 450 = 0 \\ 2xy - 30y + x^2 - 45x + 450 = 0 \end{cases}$$

이로부터 우리는 $x = y$가 됨을 곧바로 알 수 있다.

이것을 P의 값에 대입하면 다음과 같이 된다.

$$P = (15 - x)^2 (2x - 15) = 2x^3 - 75x^2 + 900x - 3375$$

이것이 극댓값이나 극솟값을 갖기 위해서는

$$\frac{dP}{dx} = 6x^2 - 150x + 900 = 0$$

따라서 $x = 15$ 또는 $x = 10$.

$\frac{d^2 P}{dx^2} = 12x - 150$이 $x = 15$일 때 $+30$이고 $x = 10$일 때 -30이므로 $x = 15$일 때 P가 극소가 되고 $x = 10$일 때 P가 극대가 됨을 알 수 있다.

예 6

석탄을 수송하는 데 사용되는 보통의 석탄열차는 각 차량이 직육면체 모양이다. 일정하게 주어진 석탄열차 차량의 부피 V에 대해 그 옆면과 바닥을 합친 면적이 가능한 한 작으려면 석탄열차 차량의 규격은 어떻게 돼야 할까?

석탄열차 차량은 윗면이 열려있는 직육면체 모양의 상자로 볼 수 있다. 그 길이가 x, 너비가 y라면 깊이는 $\frac{V}{xy}$가 된다. 따라서 그 겉넓이는 $S=xy+\frac{2V}{x}+\frac{2V}{y}$가 된다.

$$dS=\frac{\partial S}{\partial x}dx+\frac{\partial S}{\partial y}dy=\left(y-\frac{2V}{x^2}\right)dx+\left(x-\frac{2V}{y^2}\right)dy$$

S가 극소값(이 경우에는 극대값이 아닌 게 분명하다)을 가지려면 다음 조건이 충족돼야 한다.

$$y-\frac{2V}{x^2}=0,\ x-\frac{2V}{y^2}=0$$

여기서도 $x=y$가 해가 됨을 곧바로 알 수 있다. 따라서 $S=x^2+\frac{4V}{x}$가 되며, 이것이 극대값을 가지려면 $\frac{dS}{dx}=2x-\frac{4V}{x^2}=0$이 돼야 한다.

$$x=\sqrt[3]{2V}$$

연습문제 XV

해답은 324~325쪽을 보라.

(1) 수식 $\frac{x^3}{3} - 2x^3y - 2y^2x + \frac{y}{3}$를 x에 대해서만 미분하고, 그 다음에는 y에 대해서만 미분하라.

(2) x, y, z 각각에 대한 수식 $x^2yz + xy^2z + xyz^2 + x^2y^2z^2$의 편미분계수를 구하라.

(3) $r^2 = (x-a)^2 + (y-b)^2 + (z-c)^2$이라고 하자. $\frac{\partial r}{\partial x} + \frac{\partial r}{\partial y} + \frac{\partial r}{\partial z}$와 $\frac{\partial^2 r}{\partial x^2} + \frac{\partial^2 r}{\partial y^2} + \frac{\partial^2 r}{\partial z^2}$의 값을 구하라.

(4) $y = u^v$을 전미분하라.

(5) $y = u^3 \sin v$, $y = (\sin x)^u$, $y = \frac{\log_\varepsilon u}{v}$를 각각 전미분하라.

(6) x, y, z의 곱이 상수 k라면 x, y, z이 서로 같을 때 그 합이 극대가 됨을 보여라.

(7) 함수 $u = x + 2xy + y$의 극대값 또는 극소값을 구하라.

(8) 우체국의 규정에 따르면 소포는 길이와 종단면 둘레의 합이 6피트를 넘어서는 안 된다고 한다. (a) 종단면이 직사각형인 소포의 경우와 (b) 종단면이 원인 소포의 경우에 우체국에서 보낼 수 있는 최대의 부피는 얼마인가?

(9) π를 세 부분으로 나누되 그 세 부분의 사인 값을 곱한 결과가 극대값 또는 극소값이 되도록 해보라.

(10) $u = \frac{\varepsilon^{x+y}}{xy}$의 극대값 또는 극소값을 구하라.

(11) $u = y + 2x - 2\log_\varepsilon y - \log_\varepsilon x$의 극대값 또는 극소값을 구하라.

(12) 적재용량이 일정하게 주어진 어떤 화물용 케이블카가 종단면이 이등변삼각형인 프리즘을 거꾸로 매달아놓은 형태를 갖고 있다. 즉 프

리즘의 모서리를 밑으로 향하게 하고 모서리의 맞면을 열어놓은 모양이다. 이 화물용 케이블카를 제작하는 데 철판이 가장 적게 소요되도록 하려면 그 규격이 어떠해야 할까?

17장
적분

신비로운 기호 $\int$의 비밀, 즉 알고 보면 그것은 S자를 길게 늘여 쓴 것이며 그 의미는 '~의 합' 또는 '~과 같은 양들 전부의 합'일 뿐이라는 사실은 이미 앞에서 밝혀졌다. 그렇다면 그것은 역시 합의 의미를 갖고 있는 다른 기호 Σ(그리스 문자 가운데 하나인 시그마)와 비슷하다. 그러나 두 기호의 사용에 관한 수학자들의 관행에서는 두 기호 사이에 차이가 있다. Σ는 일반적으로 크기가 유한한 다수의 양을 더하는 것을 가리키는 데 사용되는 반면에 적분기호 $\int$은 일반적으로 크기가 무한히 작은 수많은 양을 더하는 것을 가리키는 데 사용된다. 즉 적분기호 $\int$은 사실상 알아내고자 하는 것 전부를 구성하는 작은 부분요소들을 다 더한다는 뜻이다. 따라서 $\int dy = y$가 되고, $\int dx = x$가 된다.

어떤 것이든 그것의 전부가 어떻게 해서 수많은 작은 조각으로 구성됐다고 생각할 수 있는지, 그리고 어떻게 해서 그 작은 조각이 더 작아질수록 그 작은 조각의 수가 많아진다고 생각할 수 있는지는 누구나 이해할 수 있을 것이다. 예를 들어 길이가 1인치인 하나의 선은 길이가 각각 $\frac{1}{10}$인치인 작은 조각 10개로 구성됐다고 생각할 수도 있고, 길이가 각각

$\frac{1}{1,000,000}$ 인치인 작은 조각 1,000,000개로 구성됐다고 생각할 수도 있다. 더 나아가 생각할 수 있는 영역의 극한까지 생각을 밀고 나아가면 그 선은 각각의 길이가 무한히 작은 조각 무한 개로 구성됐다고 생각할 수 있다.

물론 당신은 어떤 것에 대해서든 위와 같이 생각하는 것이 무슨 쓸모가 있느냐고 물을 수 있다. 생각해야 할 것이 있다면 직접 그 전부를 생각하면 되는 것 아닌가? 위와 같이 생각해야 하는 이유는 간단히 말해 이렇다. 수많은 작은 조각을 더하는 과정을 거치지 않고서는 전부의 크기를 계산해낼 수 없는 경우가 아주 많기 때문이다. '적분'의 과정은 어떤 것의 전부를 직접 계산할 수 있는 방법이 없는 경우에 그 전부를 계산해낼 수 있게 해준다.

수많은 부분들을 더한다는 개념에 익숙해지기 위해 우선 단순한 예를 들어보자.

다음과 같은 급수를 살펴보겠다.

$1 + \frac{1}{2} + \frac{1}{4} + \frac{1}{8} + \frac{1}{16} + \frac{1}{32} + \frac{1}{64} + etc.$

이 급수는 각 항을 바로 앞의 항에 나온 수의 절반으로 잡는 방식으로 만들어졌다. 이 급수의 항을 무한히 많은 수까지 이어갈 수 있다면 그 전부의 값은 얼마나 될까? 중학생 정도면 누구나 이 질문에 대한 정답이 2

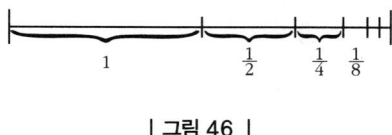

| 그림 46 |

임을 알 것이다. 이 급수를 하나의 직선으로 보고 싶다면 그렇게 해도 된다. 우선 1인치에서 시작한 뒤 2분의 1인치를 더하고, 이어 4분의 1인치, 그 다음에는 8분의 1인치 등을 잇달아 더하는 식으로 진행해보라.

그렇게 하는 과정에서 우리가 어느 지점에서 멈춰 서서 보더라도 2인치 전부를 채우려면 아직 한 조각이 모자라고, 그 모자란 한 조각은 방금 마지막으로 더한 한 조각과 언제나 크기가 똑같을 것이다. 그래서 예를 들어 1, $\frac{1}{2}$, $\frac{1}{4}$까지 더하고 멈춰 서서 보면 $\frac{1}{4}$이 더 채워져야 하고, $\frac{1}{64}$까지 더하고 멈춰 서서 보면 $\frac{1}{64}$이 더 채워져야 한다. 남은 부분은 언제나 방금 마지막으로 더한 항과 크기가 똑같다. 이렇게 더하는 과정을 무한히 계속해야만 우리는 2인치의 끝에 도달할 수 있을 것이다. 실제로는 우리가 종이 위에 그릴 수 없을 정도로 작은 조각에 이르게 되면 그러한 지점에 거의 도달한 셈이 될 것이다. 그러한 지점은 대략 10개의 항을 지나 11번째 항, 즉 $\frac{1}{1,024}$이라는 항일 것이다. 우리가 만약 휘트워스[39]의 측장기로도 파악해낼 수 없을 정도까지 더 나아가고자 한다면 대략 20번째 항까지 나아가기만 하면 될 것이다. 현미경도 18번째 항조차 당신에게 보여주지 못할 것이다! 따라서 위와 같은 계산을 무한한 횟수만큼 계속한다는 것이 그렇게 끔찍한 일은 결코 아닌 것이다. 간단히 말하면 적분이란 바로 그런 것이다.

다만 우리가 앞으로 보게 되겠지만 적분은 '무한' 한 횟수의 계산을 한 결과로서 존재하는 전부의 정확한 양을 구할 수 있게 해주는 경우가 많다. 그러한 경우에 적분은 다른 방법으로는 정교한 계산을 수도 없이 많

---

39 _ (역주) Joseph Whitworth. 1803~1887. 영국의 기계기술자. 1만분의 1인치까지 측정할 수 있는 측장기(測長機, 오늘날의 마이크로미터에 해당)를 발명했다.

이 해야만 구할 수 있는 결과를 신속하게 구할 수 있게 해주는 간편한 방법이 된다. 그러니 우물쭈물하지 말고 빨리 적분하는 법을 배우는 것이 좋다.

곡선의 기울기와 곡선 그 자체

적분에 대해 본격적으로 이야기하기 전에 곡선의 기울기에 대해 예비적인 탐구를 조금 해보자. 곡선의 방정식을 미분하는 것은 곡선의 기울기(또는 곡선 위의 상이한 여러 점에서 곡선이 갖는 기울기)를 나타내는 수식을 구하는 것과 같은 의미임을 우리는 앞에서 보았다. 그렇다면 곡선의 기울기(또는 여러 점에서의 기울기)가 주어졌다면 그 역의 과정, 즉 그 기울기를 가지고 원래의 곡선 전부를 복원해내는 과정을 수행할 수 있을까?

97~98쪽의 예 (2)로 돌아가자. 거기서 우리는 가장 단순한 형태의 곡선, 즉 다음과 같은 방정식으로 표현되는 곡선을 다루었다.

$y=ax+b$

여기서 b는 $x=0$일 때 y가 갖는 값, 즉 처음의 높이를 나타내고, a는

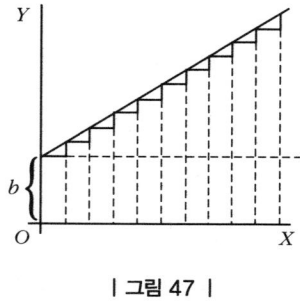

| 그림 47 |

$\frac{dy}{dx}$와 같으며 곡선의 '기울기'를 나타낸다는 것을 우리는 알고 있다.

이 곡선은 기울기가 일정하다. 다시말해, 곡선의 전부에 걸쳐 삼각형 요소 의 높이 대 밑변의 비율이 똑같다. dx와 dy가 유한한 크기를 갖고 있고 10개의 dx를 더하면 1인치가 된다고 가정하고 작은 삼각형 요소 10개를 늘어놓으면 다음과 같이 될 것이다.

이제 우리가 $\frac{dy}{dx}=a$라는 정보만 갖고 시작해 '곡선'을 복원하라는 지시를 받았다고 가정해보자. 우리는 어떻게 해야 '곡선'을 복원할 수 있을까? 유한한 크기의 d, 즉 dx와 dy를 밑변과 높이로 하는 작은 삼각형 10개를 머릿속에 떠올리고 그것들을 그림 48과 같이 꼭짓점이 겹치게끔 이어 놓으면, 모든 삼각형에 걸쳐 빗변의 기울기가 똑같으므로 정확하게 $\frac{dy}{dx}=a$라는 기울기를 가진 선이 만들어질 것이다. 그리고 우리가

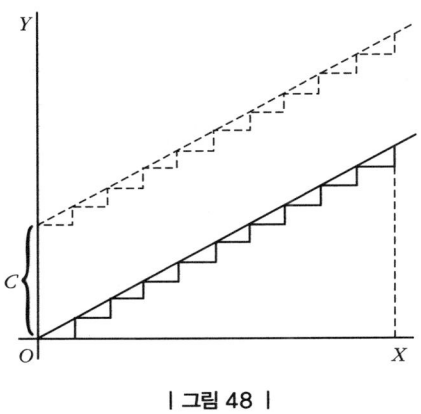

| 그림 48 |

dy와 dx를 유한한 크기로 작게 잡든 무한하게 작게 잡든 모든 dy는 서로 같고 모든 dx도 서로 같으므로 모든 dy의 총합을 y, 모든 dx의 총합을 x라고 보면 $\frac{y}{x}=a$가 될 것이 분명하다.

그런데 우리는 이 기울어진 선을 어느 위치에 놓아야 할까? 원점 O에서 출발하도록 선을 놓아야 할까? 아니면 그보다 더 높은 위치에 선을 놓아야 할까? 우리가 갖고 있는 정보는 기울기에 관한 정보 한 가지뿐이며, 원점 O보다 얼마나 더 높은 어떤 특정한 위치에서 출발하도록 선을 놓아야 하는지에 관한 지침은 우리에게 주어져 있지 않다. 사실 이 선의 처음 높이는 미정이다. 그러나 처음의 높이가 어떻든 간에 이 선의 기울기는 똑같을 것이다. 그러니 우리가 갖고 있지 못한 정보에 대해 일단 어림짐작을 해서 원점 위로 높이가 C인 곳에서 출발하도록 선을 놓아보자. 이는 곧 우리가 다음 방정식을 갖게 된다는 뜻이다.

$y=ax+C$

이때 더해진 상수 C는 $x=0$일 때 y가 갖는 특정한 값을 의미한다는 사실이 이제는 분명해졌을 것이다.

이번에는 좀 더 어려운 예를 들어보자. 즉 기울기가 일정하지 않고 갈수록 더 가팔라지는 곡선을 예로 들어보자. 우상향하는 그 곡선의 기울기는 x가 커짐에 따라 점점 더 커진다고 가정하자. 이런 사실을 기호로 표시하면 다음과 같다.

$\frac{dy}{dx}=ax$

이것을 보다 구체적인 예로 바꾸기 위해 $a=\frac{1}{5}$이라고 하자. 그러면 다음과 같이 된다.

$$\frac{dy}{dx} = \frac{1}{5}x$$

이제는 x의 상이한 여러 값에서 이 기울기의 값이 얼마가 되는지를 알아보기 위해 계산을 해보고, 그렇게 해서 구해진 값을 가지고 작은 삼각형을 몇 개 그려보는 것이 좋겠다.

$x=0$일 때 $\frac{dy}{dx}=0$,

$x=1$일 때 $\frac{dy}{dx}=0.2$,

$x=2$일 때 $\frac{dy}{dx}=0.4$,

$x=3$일 때 $\frac{dy}{dx}=0.6$,

$x=4$일 때 $\frac{dy}{dx}=0.8$,

$x=5$일 때 $\frac{dy}{dx}=1.0$,

방금 그린 삼각형 조각들을 그 밑변의 중간점들이 각각 오른쪽으로 적정한 거리에 있게 하는 동시에 삼각형 조각의 꼭짓점들이 서로 겹치도록 이어 놓아보면 그림 49와 같이 될 것이다.

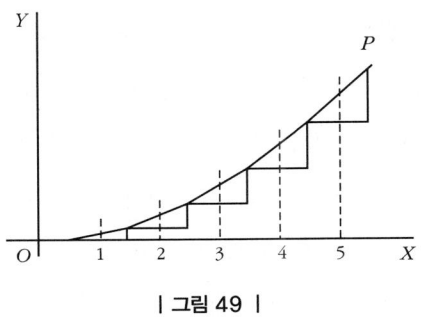

| 그림 49 |

그 결과는 물론 부드럽게 구부러지는 곡선이 아니다. 그러나 그러한 곡선에 근접한 곡선이기는 할 것이다. 우리가 만약 그림 50과 같이 작은 삼각형 조각의 밑변 길이를 절반으로 줄이는 대신에 그 수를 두 배로 늘려 잡는다면 부드럽게 구부러지는 곡선에 보다 더 근접하게 될 것이다. 그러나 완전한 곡선을 얻기 위해서는 각각의 dx와 그것에 대응하는 dy를 무한하게 작게 잡는 대신에 그 수를 무한하게 늘려 잡아야 한다.

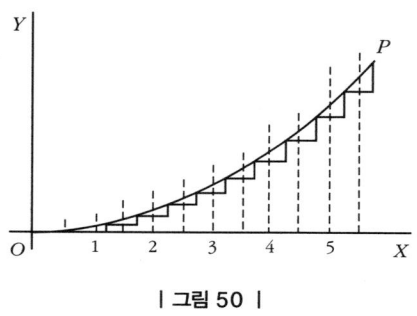

| 그림 50 |

그렇다면 y의 값은 어떻게 될까? 곡선 위의 어떤 점이든 그 점을 P라고 하면 P의 y 값은 0부터 그 지점까지의 사이에 존재하는 모든 dy의 합이 될 것이 분명하다. 다시 말해 $\int dy = y$가 되는 것이다. 그리고 각각의 dy는 $\frac{1}{5}x \cdot dx$와 같으므로 결국 y 전부는 $\frac{1}{5}x \cdot dx$로 표현되는 작은 조각들 전부의 합과 같다. 이런 사실을 우리는 $\int \frac{1}{5} x \cdot dx$라고 쓸 수 있다.

여기서 만약 x가 상수라면 $\int \frac{1}{5}x \cdot dx$가 $\frac{1}{5}x \int dx$와 같을 것이므로 $\frac{1}{5}x^2$이 될 것이다. 그러나 사실은 x가 0에서 시작해 점 P에 대응하는 특정한 값을 가질 때까지 증가하며, 따라서 0부터 그곳까지의 구간에서 x의 평균값은 $\frac{1}{2}x$다. 그렇다면 $\int \frac{1}{5}xdx = \frac{1}{10}x^2$이므로 $y = \frac{1}{10}x^2$이

된다.

그런데 앞의 예에서와 마찬가지로 이번 예에서도 미정의 상수 C를 더해줄 필요가 있다. 왜냐하면 우리는 $x=0$일 때 곡선이 원점 위의 어떤 높이에서 출발하는지에 대해서는 아무 말도 듣지 못했기 때문이다. 따라서 우리는 그림 51에 그려진 것과 같은 곡선의 방정식을 다음과 같이 써야 한다.

$y = \frac{1}{10}x^2 + C$

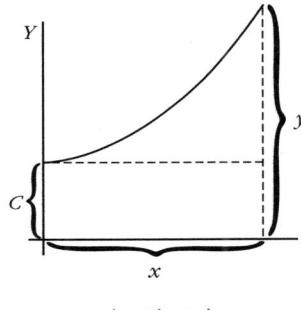

| 그림 51 |

17장 적분 215

연습문제 XVI

해답은 326쪽을 보라.

(1) 합 $\dfrac{2}{3} + \dfrac{1}{3} + \dfrac{1}{6} + \dfrac{1}{12} + \dfrac{1}{24} + etc.$ 의 궁극적인 값을 구하라.

(2) 급수 $1 - \dfrac{1}{2} + \dfrac{1}{3} - \dfrac{1}{4} + \dfrac{1}{5} - \dfrac{1}{6} + \dfrac{1}{7} + etc.$ 가 궁극적으로 수렴함을 보이고, 그 8번째 항까지만의 값을 구하라.

(3) $\log_{\varepsilon}(1+x) = x - \dfrac{x^2}{2} + \dfrac{x^3}{3} - \dfrac{x^4}{4} + etc.$ 라고 할 때 $\log_{\varepsilon} 1.3$ 의 값을 구하라.

(4) 이 장에서 설명된 추론의 과정을 적용해 다음 각 경우에 y 값이 얼마가 되는지를 구하라.

  (a) $\dfrac{dy}{dx} = \dfrac{1}{4}x$ 인 경우.

  (b) $\dfrac{dy}{dx} = \cos x$ 인 경우.

  (c) $\dfrac{dy}{dx} = 2x + 3$ 인 경우.

18장
미분의 역과정으로서의 적분

미분은 y가 우리에게 주어졌을 때(x의 함수로서) $\frac{dy}{dx}$를 구하는 데 이용되는 과정이다.

수학에 나오는 다른 모든 연산과 마찬가지로 미분의 과정도 거꾸로 뒤집을 수 있다. 따라서 $y=x^4$을 미분한 결과가 $\frac{dy}{dx}=4x^3$이라고 한다면 우리가 $\frac{dy}{dx}=4x^3$에서 출발해 그 과정을 거꾸로 뒤집어 밟으면 $y=x^4$을 얻게 된다고 말할 수 있다. 그런데 여기서 우리의 관심을 끄는 사실 하나가 끼어든다. x^4, x^4+a, x^4+c는 물론이고 x^4에 그 어떤 상수를 더한 것이 주어졌다고 해도 우리는 $\frac{dy}{dx}=4x^3$이라는 결과를 얻게 된다. 그렇다면 $\frac{dy}{dx}$에서 출발해 y로 되돌아가는 일을 할 때에는 어떤 상수가 더해질 가능성을 감안해야 한다. 그리고 그 상수는 어떤 다른 방법으로 그 값이 확인되기 전에는 미정인 상태로 남아있게 될 것이다. 따라서 x^n을 미분한 결과가 nx^{n-1}이라면 $\frac{dy}{dx}=nx^{n-1}$에서 출발해 반대방향으로 되돌아가면 그 결과는 $y=x^n+C$가 된다. 여기서 C는 상수이지만 그 값이 아직은 미정인 것을 가리킨다.

따라서 x의 거듭제곱을 다룰 때에는 위와 같이 미분하기 전으로 돌아가는 역연산의 규칙이 다음과 같음이 분명하다. "거듭제곱 지수에 1을 더하는 동시에 그렇게 해서 증가된 거듭제곱 지수로 나누어준 다음에 미정의 상수를 더하라."

따라서 $\frac{dy}{dx}=x^n$인 경우에 역연산을 하면 다음 수식을 얻게 된다.

$$y=\frac{1}{n+1}x^{n+1}+C$$

그리고 방정식 $y=ax^n$을 미분하면 다음과 같이 된다.

$$\frac{dy}{dx}=anx^{n-1}$$

그렇다면 $\frac{dy}{dx}=anx^{n-1}$에서 출발해 미분의 과정을 거꾸로 뒤집어 밟으면 다음과 같은 결과를 얻게 된다는 것은 상식에 속하는 문제일 것이다.

$$y=ax^n$$

따라서 상수가 곱해진 경우를 다룰 때에는 그 상수를 적분의 결과에 곱해지는 승수로 놓아주기만 하면 된다.

예를 들어 $\frac{dy}{dx}=4x^2$이라는 수식이 주어졌을 때 이것을 역연산하는 과정을 밟으면 $y=\frac{4}{3}x^3$이라는 결과를 얻게 된다.

그런데 이 결과는 불완전한 것이다. 왜냐하면 우리가 $y=ax^n+C$(여기서 C는 어떠한 양도 가질 수 있는 상수)에서 출발하더라도 마찬가지로 $\frac{dy}{dx}=anx^{n-1}$이라는 미분의 결과에 도달하게 되기 때문이다. 우리는 이런 사실을 잊지 말아야 한다.

따라서 우리가 미분의 과정을 거꾸로 뒤집어 밟을 때에는 언제나 잊지 말고 미정의 상수를 더해줘야 한다. 비록 우리가 그 상수의 값이 얼마가 될지를 아직 모른다고 하더라도 그렇게 해야 한다.

이런 과정, 즉 미분의 역과정을 적분이라고 부른다. 왜냐하면 그것은 dy 또는 $\frac{dy}{dx}$의 값을 나타내는 수식만 주어졌을 때 y 전부의 값을 구하는 과정이기 때문이다. 지금까지는 우리가 가능한 한 dy와 dx를 묶어 동시에 사용해서 미분계수를 표기하려고 했다. 그러나 이제부터는 dy와 dx를 분리해 따로 표기하는 경우가 보다 많을 것이다.

우선 다음과 같은 단순한 예를 가지고 적분을 시작해보자.

$$\frac{dy}{dx} = x^2$$

우리가 원한다면 이것을 다음과 같이 바꿔 써도 된다.

$$dy = x^2 dx$$

이것은 일종의 '미분방정식'이며, y의 구성요소 한 개는 그것에 대응하는 x의 구성요소 한 개에 x^2을 곱해준 것과 같다는 정보를 우리에게 준다. 그런데 지금 우리가 구하고자 하는 것은 그런 것들을 모두 더한 전부의 값이다. 그러니 양변을 적분하라는 지시를 적절한 기호로 표시해야 한다. 그것은 다음과 같이 쓰면 된다.

$$\int dy = \int x^2 dx$$

(적분 기호를 읽는 법에 관한 메모: 위 표현은 다음과 같이 읽는다. '인테그럴 디 와이는 인테그럴 엑스 제곱 디 엑스와 같다.')

아직은 우리가 적분을 한 것이 아니다. 방금 우리가 한 일은 적분을 할 수 있다면 해보라는 지시를 기호로 써놓은 것뿐이다. 이제부터 적분을 해보자. 바보인 다른 많은 사람들이 그것을 할 수 있다. 그렇다면 우리가 그것을 하지 못할 이유가 없다. 좌변은 매우 단순하다. y의 조각들을 모두 다 더하면 y 그 자체가 된다. 따라서 우리는 곧바로 다음과 같이 쓸 수 있다.

$$y = \int x^2 dx$$

그러나 우변을 다룰 때에는 우리가 더해야 하는 것이 모든 dx가 아니라 모든 $x^2 dx$라는 사실과 x^2은 상수가 아니므로 모든 $x^2 dx$의 합은 $x^2 \int dx$와 같지 않다는 사실을 잊지 말아야 한다. x가 어떤 값을 갖느냐에 따라 dx 가운데 어떤 것에는 x^2의 큰 값이 곱해지고, 또 어떤 것에는 x^2의 작은 값이 곱해지게 된다. 따라서 적분은 미분의 역과정이라는 측면에서 우리가 알고 있는 것들을 머릿속에 떠올려야 한다. x^n을 다루는 경우에 그와 같은 역과정에 대한 우리의 규칙(218쪽을 보라)은 '거듭제곱 지수에 1을 더하고 증가된 거듭제곱 지수와 같은 수로 나누어주기'다. 이 규칙을 적용하면 $x^2 dx$는 $\frac{1}{3}x^3$으로 바뀐다.[40] 이것, 즉 $\frac{1}{3}x^3$을 위 방정식에 대입하라. 그리고 마지막에 '적분상수' C를 더해줘야 한다는 것을 잊지 말라. 따라서 우리는 다음과 같은 결과를 얻게 된다.

$$y = \frac{1}{3}x^3 + C$$

방금 당신은 적분을 실제로 해보았다. 얼마나 쉬운가!

단순한 예를 하나 더 들어보자.

$\frac{dy}{dx} = ax^{12}$이라고 하자.

여기서 승수 a는 상수다. 우리는 미분을 할 때 y의 값에 포함됐던 상수인 인수는 그게 무엇이든 변화하지 않고 $\frac{dy}{dx}$의 값에 그대로 다시 나타난다는 것을 앞에서 보아 알고 있다(39쪽을 보라). 따라서 그 역과정인

---

[40] _ (원주) 뒤에 달렸던 작은 조각의 표시인 dx는 어떻게 된 것이냐는 질문을 당신이 던질 수도 있겠다. 그런데 그것은 사실 미분계수의 일부였다는 점을 상기하라. 그것이 우변으로 넘어가 $x^2 dx$와 같이 쓰어지면 x는 독립변수이며 그것에 대해 미분이 이루어졌음을 상기시키는 표시의 역할을 하게 된다. 그리고 x^2이라는 거듭제곱의 값을 모두 더한 결과로 x의 거듭제곱 지수가 1만큼 더 커졌다는 점에 주목하라. 당신은 이 모든 것에 곧 익숙해질 것이다.

적분의 과정에서도 그 인수는 y의 값에 그대로 다시 나타나게 될 것이다. 따라서 앞에서 했던 대로 적분을 하면 다음과 같이 된다.

$$dy = ax^{12} \cdot dx$$
$$\int dy = \int ax^{12} \cdot dx$$
$$\int dy = a \int x^{12} dx$$
$$y = a \times \frac{1}{13} x^{13} + C$$

이것으로 적분이 된 것이다. 얼마나 쉬운가!

이제 우리는 미분과 비교해 말하면 적분은 되돌아가는 길을 찾아 그 길로 가는 과정임을 알아차리기 시작했다. 미분을 하는 과정에서 어떤 특정한 수식(방금 살펴본 예에서는 ax^{12})을 만나게 됐다면 우리는 언제나 그 수식으로부터 y로 되돌아가는 길을 찾을 수 있다. 이 두 가지 과정을 비교하면 서로 어떠한 관계에 있고 서로 어떻게 다른지는 어느 유명한 교사가 처음 말했다고 하는 다음과 같은 이야기로 잘 설명된다. 어떤 사람을 런던 시내의 트라팔가 광장에 내려놓고 유스턴 전철역으로 가는 길을 찾으라고 했을 경우에 만약 그가 런던 시내의 지리에 어두운 이방인이라면 그렇게 주어진 과제를 풀어낼 도리가 없을 것이다. 그러나 그가 예전에 유스턴 전철역에서 트라팔가 광장까지 직접 걸어 가본 적이 있는 사람이라면 유스턴 전철역까지 되돌아가는 길을 찾는 과제가 비교적 쉬운 일일 것이다.

두 함수의 합이나 차의 적분

$\frac{dy}{dx} = x^2 + x^3$이라고 하자. 그러면 다음과 같이 된다.

$$dy = x^2 dx + x^3 dx$$

각각의 항을 따로따로 적분하지 말아야 할 이유가 없다. 왜냐하면 46~47쪽에서 볼 수 있었듯이 서로 별개인 함수 두 개의 합을 미분한 결과는 그 두 함수의 미분계수의 합과 같다는 것을 우리는 이미 알고 있기 때문이다. 따라서 우리가 되돌아가는 일을 할 때, 즉 적분을 할 때에는 서로 별개인 두 개의 적분의 합이 곧 전부의 적분이 된다.

방금 우리가 얻은 지침을 적용하면 다음과 같이 된다.

$$\int dy = \int (x^2 + x^3) dx$$
$$= \int x^2 dx + \int x^3 dx$$
$$y = \frac{1}{3}x^3 + \frac{1}{4}x^4 + C$$

애초에 주어진 두 개의 항 가운데 어느 것이든 음의 양이라면 적분한 결과에서 그것에 대응하는 항도 음의 양일 것이다. 따라서 두 항의 차에 대해서도 두 항의 합에 대해 적분하는 경우에 적용한 방법을 그대로 적용하면 된다.

상수항을 다루는 법

적분해야 할 수식에 다음과 같이 상수항이 포함돼있다고 하자.

$$\frac{dy}{dx} = x^n + b$$

이것을 적분하는 것은 웃어줄 수 있을 정도로 쉽다. 왜냐하면 $y = ax$ 라는 수식을 미분했을 때 그 결과가 $\frac{dy}{dx} = a$였음을 상기하기만 하면 되기 때문이다. 따라서 역방향으로 적분을 하면 상수항이 x가 곱해진 상태로 다시 나타나게 된다. 그 결과는 다음과 같다.

$$dy = x^n dx + b \cdot dx$$
$$\int dy = \int x^n dx + \int b dx$$

$$y = \frac{1}{n+1}x^{n+1} + bx + C$$

이제 당신이 새로 얻게 된 능력을 시험해볼 수 있는 예를 아래에 여러 개 제시하겠다.

예

(1) $\frac{dy}{dx} = 24x^{11}$이 주어졌을 때 y를 구하라. 답: $y = 2x^{12} + C$

(2) $\int (a+b)(x+1)dx$를 구하라.

이것은 $(a+b)\int(x+1)dx$와 같으므로 $(a+b)\left[\int xdx + \int dx\right]$가 된다.

따라서 답은 $(a+b)\left(\frac{x^2}{2} + x\right) + C$다.

(3) $\frac{du}{dt} = gt^{\frac{1}{2}}$이 주어졌을 때 u를 구하라. 답: $u = \frac{2}{3}gt^{\frac{3}{2}} + C$

(4) $\frac{dy}{dx} = x^3 - x^2 + x$일 때 y를 구하라.

$dy = (x^3 - x^2 + x)dx$

$dy = x^3 dx - x^2 dx + xdx$

$y = \int x^3 dx - \int x^2 dx + \int xdx$

$y = \frac{1}{4}x^4 - \frac{1}{3}x^3 + \frac{1}{2}x^2 + C$

(5) $9.75x^{2.25}dx$를 적분하라. 답: $y = 3x^{3.25} + C$

위의 예는 모두 아주 쉽다. 다음과 같은 또 다른 예를 다뤄보자.

$\frac{dy}{dx} = ax^{-1}$

앞에서 했던 대로 이것을 다음과 같이 써보자.

$dy = ax^{-1} \cdot dx$

$\int dy = a\int x^{-1}dx$

여기까지는 좋다. 그런데 $x^{-1}dx$를 적분하면 어떻게 될까?

앞에서 x^2, x^3, x^n 등을 미분해본 결과들을 돌이켜보면 그 가운데 어느 것으로부터도 $\frac{dy}{dx}$의 값으로 x^{-1}을 얻은 적이 없음을 알게 된다. 우리는 x^3으로부터는 $3x^2$을 얻었고, x^2으로부터는 $2x$를 얻었으며, x^1(즉 x 그 자체)으로부터는 1을 얻었다. 그러나 x^0으로부터 x^{-1}을 얻게 되지는 않았다. 그 이유에는 두 가지가 있는데, 두 가지 다 충분히 납득되는 이유다. 첫째, x^0은 그냥 =1이니 상수이며, 따라서 미분계수를 가질 수 없다. 둘째, 만약 그것이 미분될 수 있다고 한다면 그 미분계수(일반적인 미분의 규칙을 맹목적으로 그대로 적용한다고 할 때 얻어지는 것)가 $0 \times x^{-1}$이 돼야 하지만 이렇게 영이 곱해지면 그 값이 영이 된다! 따라서 이제 우리가 $x^{-1}dx$를 적분하는 일로 돌아가 다시 생각해보면, $\int x^n dx = \frac{1}{n+1} x^{n+1}$이라는 규칙에 따라 얻어지는 x의 거듭제곱들 가운데서는 그러한 적분의 값을 결코 찾을 수 없음을 알 수 있다. $x^{-1}dx$의 적분은 일반적인 규칙이 적용되지 않는 예외적인 경우인 것이다.

그렇다고 하더라도 그 적분을 시도해보자. 다양한 x의 함수로부터 얻은 다양한 미분계수를 전부 다 훑어보고 그 가운데서 x^{-1}이 나오는 것을 찾아보자. 이런 탐색을 충분히 한다면 $y=\log_\varepsilon x$라는 함수를 미분한 결과로 $\frac{dy}{dx}=x^{-1}$을 실제로 얻었던 사실(167쪽을 보라)을 새삼스럽게 발견하게 될 것이다.

그렇다면 당연히 우리는 이런 말을 할 수 있다. $\log_\varepsilon x$를 미분하면 x^{-1}을 얻게 된다는 사실을 우리가 알고 있으니 그 역과정에 의해 $dy=x^{-1}dx$를 적분하면 $y=\log_\varepsilon x$를 얻게 된다는 사실도 우리가 아는 것이다. 그런데 상수 a가 곱해진 상태로 우리에게 주어졌다는 점을 잊어서는 안 되고, 미정의 적분상수를 더해줘야 한다는 점도 잊어서는 안 된다. 이런 점들을 고려하면 우리가 지금 풀고자 하는 문제의 해답은 다음과 같다.

$$y = a\log_\varepsilon x + C$$

주의 위의 예에서 우리에게 주어진 적분의 과제에 대응하는 미분계수를 마침 알고 있지 않았다면 우리는 그 적분을 할 수 없었을 것이라는 주목할 만한 사실을 여기서 음미해보자. 만약 $\log_\varepsilon x$를 미분하면 그 결과가 x^{-1}이 됨을 알아낸 사람이 그동안 아무도 없었다면 우리는 $x^{-1}dx$를 어떻게 적분할 것인가 하는 문제에 완전히 발목을 잡혀 움직이지 못했을 것이다. 사실 이런 점은 적분의 기묘한 특징 가운데 하나임을 우리는 솔직하게 인정해야 한다. 당신이 어떤 수식을 적분하고자 하는 경우에 그것과 다른 어떤 수식을 미분하는 과정, 즉 적분의 역과정이 바로 그 수식을 낳아준다는 사실이 미리 밝혀져 있지 않다면 그 수식을 적분할 수 없다. $\frac{dy}{dx} = a^{-x^2}$이라는 수식의 일반적인 적분 결과는 오늘날에도 아는 사람이 아무도 없다. 왜냐하면 다른 어떤 수식을 미분한 결과에서도 a^{-x^2}이라는 형태가 발견된 적이 없기 때문이다.

단순한 예를 하나 더 들어보자.

$\int (x+1)(x+2)dx$를 구해보기로 한다.

우리가 방금 적분하기로 한 함수를 들여다보는 순간에 당신은 그것이 두 개의 상이한 x의 함수가 곱해진 것임을 알 수 있을 것이다. 그리고 곧이어 당신은 $(x+1)dx$만을 따로 적분하거나 $(x+2)dx$만을 따로 적분할 수 있겠다고 생각할 것이다. 물론 당신은 그렇게 할 수 있다. 그런데 곱으로 돼있는 부분은 어떻게 처리해야 할까? 지금까지 당신이 배워 알게 된 미분의 과정 가운데 이와 같은 곱의 형태를 미분계수로 낳아주는 것은 하나도 없다. 그러한 것이 없다면 이 문제를 푸는 가장 간단한 방법은 두 함수를 곱하는 연산을 하고 난 뒤에 적분을 하는 것이다. 그렇게 하면 다음과 같이 된다.

$\int (x^2+3x+2)dx$

이것은 다음과 같이 써도 된다.

$\int x^2 dx + \int 3x dx + \int 2 dx$

각각의 적분을 하면 우리는 다음과 같은 결과를 얻게 된다.

$\frac{1}{3}x^3 + \frac{3}{2}x^2 + 2x + C$

다른 몇 가지 적분의 형태

이제는 우리가 적분은 미분의 역과정이라는 사실을 알게 됐으니 우리가 이미 알고 있는 미분계수들을 다시 살펴보면 그것들이 어떤 함수를 미분한 결과인지도 알 수 있다. 이렇게 하면 우리는 다음과 같은 여러 가지 적분의 공식을 얻게 된다.

x^{-1}(166쪽); $\int x^{-1}dx = \log_\varepsilon x + C$

$\frac{1}{x+a}$(167쪽); $\int \frac{1}{x+a}dx = \log_\varepsilon(x+a) + C$

ε^x(161쪽); $\int \varepsilon^x dx = \varepsilon^x + C$

ε^{-x}; $\int \varepsilon^{-x}dx = -\varepsilon^{-x} + C$

(왜 이렇게 되느냐면, $y = -\frac{1}{\varepsilon^x}$로 놓으면 $\frac{dy}{dx} = -\frac{\varepsilon^x \times 0 - 1 \times \varepsilon^x}{\varepsilon^{2x}} = \varepsilon^{-x}$ 이기 때문이다.)

$\sin x$(187쪽); $\int \sin x dx = -\cos x + C$

$\cos x$(188쪽); $\int \cos x dx = \sin x + C$

또한 우리는 다음과 같은 적분의 결과도 도출할 수 있다.

$\log_e x$; $\int \log_e x dx = x(\log_e x - 1) + C$

(왜 이렇게 되느냐면, $y = x\log_e x - x$로 놓으면 $\dfrac{dy}{dx} = \dfrac{x}{x} + \log_e x - 1 = \log_e x$가 되기 때문이다.)

$\log_{10} x$; $\int \log_{10} x dx = 0.4343 x(\log_e x - 1) + C$

a^x(168쪽) ; $\int a^x dx = \dfrac{a^x}{\log_e a} + C$

$\cos ax$; $\int \cos ax dx = \dfrac{1}{a}\sin ax + C$

(왜 이렇게 되느냐면, $y = \sin ax$로 놓으면 $\dfrac{dy}{dx} = a\cos ax$가 되고, 따라서 $\cos ax$를 얻기 위해서는 $y = \dfrac{1}{a}\sin ax$를 미분해야 하기 때문이다.)

$\sin ax$; $\int \sin ax dx = -\dfrac{1}{a}\cos ax + C$

$\cos^2\theta$의 적분도 시도해보자. 조금 우회하는 기법을 사용하면 문제를 단순화할 수 있다.

$\cos 2\theta = \cos^2\theta - \sin^2\theta = 2\cos^2\theta - 1$이므로

$\cos^2\theta = \dfrac{1}{2}(\cos 2\theta + 1)$

이것을 적분하면 다음과 같이 된다.

$$\int \cos^2\theta d\theta = \dfrac{1}{2}\int(\cos 2\theta + 1)d\theta$$

$$= \dfrac{1}{2}\int \cos 2\theta d\theta + \dfrac{1}{2}\int d\theta$$

$$= \dfrac{\sin 2\theta}{4} + \dfrac{\theta}{2} + C \text{ (253~254쪽의 설명도 참고하라.)}$$

311~313쪽에 실려 있는 표 '미분과 적분의 표준형태'도 살펴보라. 당신 스스로 그와 같은 표를 만들어보라. 그 표에는 당신이 미분하고 적분

하는 데 성공한 일반적인 함수만 집어넣어야 한다. 그 표의 내용이 점점 더 많아지도록 꾸준히 노력해보라.

이중적분과 삼중적분에 대해

어떤 수식을 그 안에 들어있는 두 개 이상의 변수에 대해 적분해야 할 필요가 있는 경우가 많다. 그리고 그런 경우에는 적분의 기호를 두 개 이상 겹쳐 써야 한다. 예를 들어 다음과 같이 쓰면 된다.

$$\iint f(x,y)dxdy$$

이것은 x와 y라는 두 개의 변수를 갖고 있는 어떤 함수가 그 두 개의 변수 각각에 대해 잇달아 적분돼야 한다는 뜻이다. 어느 변수에 대한 적분을 먼저 해야 하느냐는 순서는 중요하지 않다. x^2+y^2이라는 함수를 예로 들어보자. 이것을 x에 대해 적분하면 다음과 같이 된다.

$$\int (x^2+y^2)dx = \frac{1}{3}x^3 + xy^2$$

이것을 이번에는 y에 대해 적분하자.

$$\int (\frac{1}{3}x^3 + xy^2)dy = \frac{1}{3}x^3y + \frac{1}{3}xy^3$$

물론 여기에 적분상수가 추가로 더해져야 한다. 우리가 순서를 앞뒤로 바꾸어 적분을 했어도 같은 결과를 얻었을 것이다.

평면 위에 그려진 도형의 넓이나 공간 속에 놓여진 입체의 겉넓이를 구하는 과정에서 길이와 너비 둘 다에 대해 적분을 해야 하는 경우를 우리는 종종 만나게 된다. 이런 경우의 적분은 다음과 같은 형태를 취한다.

$$\iint u \cdot dxdy$$

여기서 u는 각 지점에서 x와 y 둘 다에 의존하는 것의 어떤 특성을 나타내는 함수다. 이 적분은 면적분[41]이라고 불린다. 이것은 $u \cdot dx \cdot dy$라는 요소의 값(즉 길이가 dx이고 너비가 dy인 작은 직사각형에 대응하는 u의 값)을 길이 전부와 너비 전부에 걸쳐 더하는 것을 가리킨다.

3개의 차원을 다뤄야 하는 입체의 경우도 마찬가지다. 부피의 어떤 요소, 이를테면 각 차원의 크기가 dx, dy, dz인 작은 정육면체를 머릿속에 떠올려보자. 우리가 다뤄야 할 입체의 형태가 함수 $f(x, y, z)$로 표현된다고 하면 그 입체 전부의 크기는 부피적분[42]으로 구할 수 있다.

$$부피 = \iiint f(x, y, z) \cdot dx \cdot dy \cdot dz$$

이러한 적분은 당연히 각 차원별로 적절한 한계 안의 범위 전체에 걸쳐 이루어져야 한다.[43] 그리고 입체의 경계를 이루는 곡면이 x, y, z에 어떤 방식으로 의존하는지를 알지 못하고서는 이러한 적분을 할 수가 없다. x의 범위가 x_1부터 x_2까지, y의 범위가 y_1부터 y_2까지, z의 범위가 z_1부터 z_2까지라고 하면 우리는 분명히 다음과 같이 쓸 수 있다.

$$부피 = \int_{z_1}^{z_2} \int_{y_1}^{y_2} \int_{x_1}^{x_2} f(x, y, z) \cdot dx \cdot dy \cdot dz$$

적분의 내용이 복잡하고 어려운 경우도 물론 많이 있다. 그러나 일반적으로는 우리가 해야 할 적분을 어떤 주어진 곡면에 걸쳐 해야 하거나 어떤 주어진 입체적 공간에 걸쳐 해야 함을 우리에게 알려줄 의도로 적분의 기호가 사용됐을 때에는 그 기호의 의미를 이해하기가 아주 쉽다.

---

41 _ (역주) surface integral. 곡면적분이라고도 한다.
42 _ (역주) volume integral. 체적적분이라고도 한다.
43 _ (원주) 어떤 한계 안의 범위 전체에 걸쳐 적분을 하는 방법에 대해서는 233쪽 이하를 보라.

연습문제 XVII

해답은 326쪽을 보라.

(1) $y^2 = 4ax$ 일 때 $\int y \, dx$ 를 구하라.

(2) $\int \dfrac{3}{x^4} dx$ 를 구하라.

(3) $\int \dfrac{1}{a} x^3 \, dx$ 를 구하라.

(4) $\int (x^2 + a) dx$ 를 구하라.

(5) $5x^{-\frac{7}{2}}$ 을 적분하라.

(6) $\int (4x^3 + 3x^2 + 2x + 1) dx$ 를 구하라.

(7) $\dfrac{dy}{dx} = \dfrac{ax}{2} + \dfrac{bx^2}{3} + \dfrac{cx^3}{4}$ 일 때 y 를 구하라.

(8) $\int \left(\dfrac{x^2 + a}{x + a} \right) dx$ 를 구하라.

(9) $\int (x+3)^3 dx$ 를 구하라.

(10) $\int (x+2)(x-a) dx$ 를 구하라.

(11) $\int (\sqrt{x} + \sqrt[3]{x}) 3a^2 dx$ 를 구하라.

(12) $\int (\sin \theta - \dfrac{1}{2}) \dfrac{d\theta}{3}$ 를 구하라.

(13) $\int \cos^2 a\theta \, d\theta$ 를 구하라.

(14) $\int \sin^2 \theta \, d\theta$ 를 구하라.

(15) $\int \sin^2 a\theta \, d\theta$ 를 구하라.

(16) $\int \varepsilon^{3x} dx$ 를 구하라.

(17) $\int \dfrac{dx}{1+x}$ 를 구하라.

(18) $\int \dfrac{dx}{1-x}$ 를 구하라.

19장
적분으로 넓이 구하기

적분의 용도 가운데 하나는 곡선으로 둘러싸인 도형의 넓이를 구하는 방법으로 사용하는 것이다. 이 주제를 단계적으로 살펴보자.

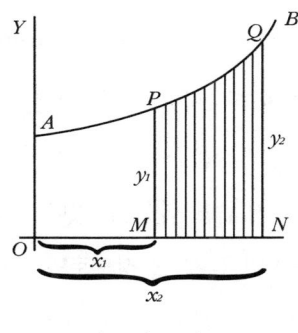

| 그림 52 |

AB(그림 52)를 그 방정식이 알려져 있는 곡선이라고 하자. 즉 이 곡선 위의 y는 어떤 알려진 x의 함수다. 점 P부터 점 Q까지 이어지는 이 곡선의 일부에 초점을 맞춰 생각해보자. 점 P에서 수직선 PM을 내려 긋고, 점 Q에서 또 다른 수직선 QN을 내려 긋자. 그런 다음에 $OM=x_1$, $ON=x_2$라고 하고, 세로좌표의 높이는 $PM=y_1$, $QN=y_2$라고 하자. 이렇게 하면

곡선의 일부인 PQ의 아래로 PQNM이라는 영역이 만들어진다. 여기서 문제는 우리가 그 영역의 넓이를 어떻게 하면 계산해낼 수 있느냐다.

이 문제를 푸는 비결은 그 영역이 각각 dx의 너비를 가진 길고 가느다란 수많은 띠 조각으로 나누어진다고 생각하는 것이다. 우리가 dx를 작게 잡을수록 x_1과 x_2 사이에 그러한 띠 조각이 더 많이 존재하게 될 것이다. 이렇게 생각하면 영역 전체의 넓이는 그러한 작은 띠 조각들의 넓이를 모두 더한 것과 같다는 사실이 분명해진다. 그렇다면 우리가 해야 할 일은 작은 띠 조각들 가운데 어느 하나의 넓이를 나타내는 수식을 찾아낸 다음에 그 수식을 적분함으로써 띠 조각들의 넓이의 합을 구하는 것이다. 우선 작은 띠 조각들 가운데 어느 하나를 머릿속에 떠올려 보자. 그것은 오른쪽과 같은 모양일 것이다. 즉 그것은 두 개의 수직선, 수평으로 평평한 바닥 dx, 약간 구부러지며 우상향하는 지붕으로 둘러싸인 모양이다. 평균 높이를 y라고 하자. 그러면 너비가 dx이므로 조각의 면적은 ydx가 될 것이다. 띠 조각의 너비는 우리가 원하는 대로 얼마든지 좁게 잡을 수 있다. 그러나 평균 높이가 좌우로 한가운데 위치의 높이와 같게 될 정도로만 너비를 좁게 잡아도 충분하다. 영역 PQNM 전체의 넓이는 아직 우리에게 알려져 있지 않지만 그 넓이를 S라고 하자. 그러면 작은 띠 조각 하나의 넓이는 S의 일부일 것이며, 따라서 그것을 dS라고 불러도 될 것이다. 그렇다면 우리는 다음과 같이 쓸 수 있다.

띠 조각 한 개의 넓이 $= dS = y \cdot dx$

띠 조각들을 전부 더하면 다음과 같이 된다.

전체 넓이 $S = \int dS = \int y dx$

이렇게 써놓고 보면 우리가 y의 값을 x의 함수 형태로 알고 있을 때 S의 값을 구할 수 있는지의 여부는 우리에게 주어진 특정한 경우에 $y \cdot dx$를 적분할 수 있는지에 따라 좌우된다는 것을 알 수 있다.

예를 들어 문제가 된 특정한 곡선의 방정식이 $y = b + ax^2$임을 알게 됐다면 당신은 그것을 위의 수식에 집어넣고 "그렇다면 $\int (b + ax^2) dx$를 구하면 되겠군"하고 말할 수 있을 게 틀림없다.

여기까지는 모든 게 다 잘 됐다. 그러나 조금만 더 생각해보면 뭔가 추가로 해야 할 일이 있다는 것을 알게 된다. 우리가 넓이를 구하고자 하는 영역은 곡선의 길이 전체에 걸쳐 그 곡선의 아래에 생겨나는 영역 전부가 아니라 왼쪽으로는 PM, 오른쪽으로는 QN으로 가로막힌 제한된 영역일 뿐이다. 따라서 우리가 넓이를 구하고자 하는 영역을 이 두 개의 '한계' 사이에 있는 것으로 정의하기 위한 조치를 뭔가 취해야 한다.

이런 생각은 우리에게 하나의 새로운 개념, 즉 '한계 사이의 적분'이라는 개념을 가져다준다. 우리는 x가 변화한다고 가정한다. 그러나 지금 우리의 목적 아래서는 x_1(즉 OM)보다 작은 x의 값도 필요하지 않고, x_2(즉 ON)보다 큰 x의 값도 필요하지 않다. 이와 같이 적분이 두 한계 사이에서 정의된다면 그 가운데 작은 쪽의 한계는 '하한', 큰 쪽의 한계는 '상한'으로 각각 부를 수 있다. 이렇게 한계가 설정된 적분을 우리는 '정적분(definite integral)'이라고 부른다. 이는 한계가 설정되지 않은 '일반적분(general integral)'과 그것을 구분하기 위한 호칭이다.

적분을 하라고 지시하는 기호에 한계를 표시할 수 있다. 그 방법은 적분 기호의 윗부분과 아랫부분에 각각 상한과 하한을 써넣는 것이다. 따라서 그 표시는 다음과 같이 된다.

$$\int_{x=x_1}^{x=x_2} y \cdot dx$$

이것은 이렇게 읽는다. "하한 x_1과 상한 x_2 사이에서 $y \cdot dx$의 적분을 구하라."

때로는 보다 간단하게 다음과 같이 쓰기도 한다.

$$\int_{x_1}^{x_2} y \cdot dx$$

여기까지는 좋다. 그런데 위와 같은 지시를 받았을 때 어떻게 해야 두 한계 사이의 적분을 구할 수 있을까?

그림 52(231쪽)를 다시 살펴보자. 곡선에서 상대적으로 큰 부분인 A부터 Q까지, 다시 말해 $x=0$부터 $x=x_2$까지의 구간에 해당하는 곡선이 그 아래쪽으로 만드는 영역의 넓이를 구할 수 있다고 가정하고, 그 영역을 $AQNO$라고 표시하자. 그런 다음에 우리가 곡선의 상대적으로 작은 부분인 A부터 P까지, 다시 말해 $x=0$부터 $x=x_1$까지의 구간에 해당하는 곡선이 그 아래쪽으로 만드는 영역의 넓이를 구할 수 있다고 가정하고, 그 영역을 $APMO$라고 표시하자. 그리고 나서 상대적으로 큰 영역의 넓이에서 상대적으로 작은 영역의 넓이를 빼면 $PQNM$이라는 영역이 남게 되는데, 이 영역의 넓이가 바로 우리가 구하고자 하는 것이다. 이제 우리는 어떻게 해야 하는지에 대한 단서를 얻었다. 두 한계 사이의 정적분은 상한까지의 적분과 하한까지의 적분의 차인 것이다.

그렇다면 앞에서 하던 일을 계속 진행해보자. 먼저 일반적분을 구해보자.

$$\int y dx$$

곡선(그림 52)의 방정식은 $y=b+ax^2$이므로 다음과 같이 된다.

$$\int (b+ax^2)dx$$

이것이 우리가 일단 구해야 하는 일반적분이다.

규칙(217~218쪽)에 따라 적분을 하면 우리는 이 일반적분의 결과를 다음과 같이 얻게 된다.

$$bx + \frac{a}{3}x^3 + C$$

이것은 x가 영인 곳에서부터 우리가 x에 어떤 값을 부여하든 x가 그 값을 갖는 곳까지의 곡선 아래 영역 전부의 넓이다.

따라서 상한인 x_2까지에 해당하는 상대적으로 큰 영역의 넓이는 다음과 같이 된다.

$$bx_2 + \frac{a}{3}x_2^3 + C$$

그리고 하한인 x_1까지에 해당하는 상대적으로 작은 영역의 넓이는 다음과 같이 된다.

$$bx_1 + \frac{a}{3}x_1^3 + C$$

이제 큰 영역의 넓이에서 작은 영역의 넓이를 빼자. 그러면 우리가 구하는 영역의 넓이 S의 값을 다음과 같이 구할 수 있다.

$$S = b(x_2 - x_1) + \frac{a}{3}(x_2^3 - x_1^3)$$

이것이 바로 우리가 찾고자 한 답이다. 이 답에 구체적인 숫자를 대입해보자.

$b=10$, $a=0.06$, $x_2=8$, $x_1=6$이라고 해보자. 그러면 넓이 S는 다음과 같이 된다.

$$10(8-6) + \frac{0.06}{3}(8^3 - 6^3)$$
$$= 20 + 0.02(512 - 216)$$
$$= 20 + 0.02 \times 296$$
$$= 20 + 5.92$$

=25.92

지금까지 우리가 적분의 한계에 관해 알게 된 것을 기호로 표시하면 다음과 같다.

$$\int_{x=x_1}^{x=x_2} y\,dx = y_2 - y_1$$

여기서 y_2는 ydx를 x_2까지 적분한 값이고, y_1은 ydx를 x_1까지 적분한 값이다.

두 한계 사이의 적분은 모두 이렇게 두 값의 차를 구할 것을 요구한다. 그리고 이런 차를 구하기 위해 뺄셈을 하는 과정에서 적분상수 C는 사라진다는 점에 유의하라.

예

(1) 위에서 설명한 과정에 익숙해지기 위해 우리가 답을 사전에 알고 있는 예를 하나 들어보겠다. 밑변 $x=12$, 높이 $y=4$인 삼각형(그림 53)의 넓이를 구해보자. 우리는 삼각형의 넓이를 계산하는 방법을 적용하면 이 문제의 답이 24임을 이미 알고 있다.

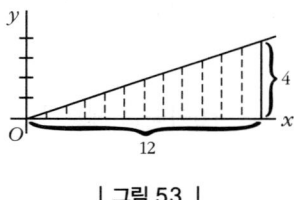

| 그림 53 |

그림에서 삼각형의 빗변은 다음과 같은 방정식으로 표현되는 '곡선'이다.

$$y = \frac{x}{3}$$

그렇다면 우리가 구해야 할 넓이는 다음과 같다.

$$\int_{x=0}^{x=12} y \cdot dx = \int_{x=0}^{x=12} \frac{x}{3} \cdot dx$$

$\frac{x}{3}dx$를 적분(219쪽을 참고하라)해서 구한 일반적분의 값을 각이 진 괄호 안에 넣고 그 괄호의 윗부분과 아랫부분에 각각 상한과 하한을 표시하라. 그리고 나서 계산을 하면 다음과 같이 된다.

$$\begin{aligned}
\text{넓이} &= \left[\frac{1}{3} \cdot \frac{1}{2} x^2\right]_{x=0}^{x=12} + C \\
&= \left[\frac{x^2}{6}\right]_{x=0}^{x=12} + C \\
&= \left[\frac{12^2}{6}\right] - \left[\frac{0^2}{6}\right] \\
&= \frac{144}{6} = 24 \text{ (답)}
\end{aligned}$$

다소 놀라운 위와 같은 계산의 우회기법에 대해 우리 스스로 만족할 수 있도록 그 우회기법이 내놓은 결과를 점검해보자. 그래프를 그릴 수 있는 모눈종이를 구하자. 가로눈금과 세로눈금이 둘 다 8분의 1인치나 10분의 1인치의 간격으로 그어져 모눈이 작은 정사각형을 이루고 있는 모눈종이가 편리할 것이다.

그 모눈종이 위에 다음 방정식의 그래프를 그려보자.

$y = \frac{x}{3}$

그래프를 그리기 위해 위 방정식을 충족시키는 x와 y의 값을 몇 쌍 구해보면 다음과 같다.

x	0	3	6	9	12
y	0	1	2	3	4

이것을 이용해 그린 그래프가 그림 54다.

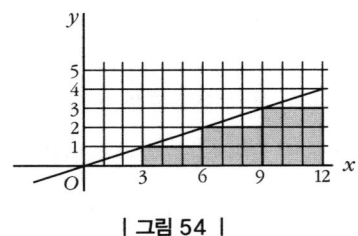

| 그림 54 |

이번에는 $x=0$부터 오른쪽으로 $x=12$까지의 구간에서 곡선의 아래쪽에 위치한 작은 정사각형의 수를 세어보는 것을 통해 곡선의 아래쪽에 형성된 영역의 넓이를 계산해보자. 온전한 작은 정사각형이 18개 있고, 각각의 넓이가 작은 정사각형의 $1\frac{1}{2}$배인 삼각형이 4개 있다. 따라서 넓이로 치면 작은 정사각형이 24개 있는 것과 같다. 이렇게 계산하면 하한 $x=0$과 상한 $x=12$ 사이에서 $\frac{x}{3}dx$를 적분한 값은 숫자로 24가 된다.

연습을 좀 더 할 수 있도록 문제를 하나 내보겠다. 위의 예에서 하한이 $x=3$, 상한이 $x=15$라면 주어진 함수를 적분한 값은 36이 됨을 보여보라.

(2) 하한 $x=0$과 상한 $x=x_1$ 사이에서 곡선 $y=\dfrac{b}{x+a}$의 아래로 형성되는 영역의 넓이를 구하라.

$$\text{넓이} = \int_{x=0}^{x=x_1} y \cdot dx = \int_{x=0}^{x=x_1} \frac{b}{x+a} dx$$
$$= b\left[\log_\varepsilon(x+a)\right]_0^{x_1} + C$$
$$= b\left[\log_\varepsilon(x_1+a) - \log_\varepsilon(0+a)\right]$$

$$= b \log_{\varepsilon} \frac{x_1 + a}{a} \text{ (답)}$$

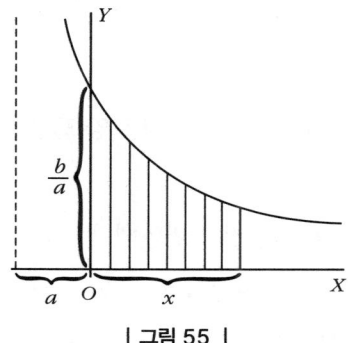

| 그림 55 |

주의 정적분을 할 때에는 뺄셈을 하는 과정에서 언제나 적분상수 C 가 소거된다는 점에 유의하라.

상대적으로 큰 부분에서 작은 부분을 빼서 차를 구하는 이러한 과정은 실제로 아주 흔하게 이용된다. 평면에 바깥쪽 원의 반지름이 r_2, 안쪽 원의 반지름이 r_1인 반지 모양의 도형(환형, 그림 56)이 그려져 있을 때 그 넓이를 구하려면 어떻게 해야 할까? 넓이를 계산하는 공식을 적용하면

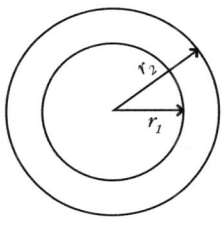

| 그림 56 |

바깥쪽 원의 넓이는 πr_2^2이고, 안쪽 원의 넓이는 πr_1^2임을 당신은 안다. 그렇다면 바깥쪽 원의 넓이에서 안쪽 원의 넓이를 빼면 반지 모양의 도형은 그 넓이가 $\pi(r_2^2-r_1^2)$이 됨을 알 수 있다. 이것은 다음과 같이 바꿔 쓸 수 있다.

$\pi(r_2+r_1)(r_2-r_1)$=평균 원둘레×반지 모양 도형의 너비

(3) 또 하나의 예로 기울기가 점차 완만해지는 곡선(175쪽 이하)을 살펴보자. 이런 곡선(그림 57)의 방정식이 $y=b\varepsilon^{-x}$으로 주어졌을 때 $x=0$과 $x=a$ 사이에서 그 곡선의 아래쪽에 형성되는 영역의 넓이를 구하라.

넓이$=b\int_{x=0}^{x=a}\varepsilon^{-x}\cdot dx$

이것을 적분하면(226쪽) 다음과 같이 된다.

$$=b\left[-\varepsilon^{-x}\right]_0^a$$
$$=\left[-\varepsilon^{-a}-(-\varepsilon^{-0})\right]$$
$$=b(1-\varepsilon^{-a})$$

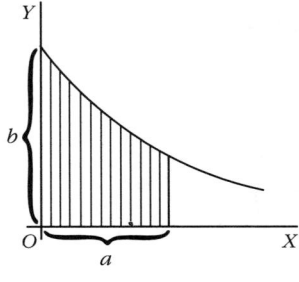

| 그림 57 |

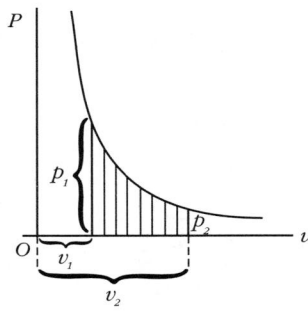

| 그림 58 |

(4) 이상기체의 단열과정[44]을 나타내는 곡선을 또 하나의 예로 들 수 있다. 그 방정식은 $pv^n = c$이며, 여기서 p는 압력, v는 부피, n은 1.42다(그림 58).

이 곡선의 아래쪽으로 형성되는 영역 가운데 부피가 v_2에서 v_1으로 줄어드는 동안에 해당하는 부분의 넓이(이 넓이는 기체를 갑자기 압축할 때 이루어지는 일의 양에 비례한다)를 구해보자.

이 문제는 다음과 같이 풀면 된다.

$$\begin{aligned}
\text{넓이} &= \int_{v=v_1}^{v=v_2} cv^{-n} \cdot dv \\
&= c \left[\frac{1}{1-n} v^{1-n} \right]_{v_1}^{v_2} \\
&= c \frac{1}{1-n} (v_2^{1-n} - v_1^{1-n}) \\
&= \frac{-c}{0.42} \left(\frac{1}{v_2^{0.42}} - \frac{1}{v_1^{0.42}} \right)
\end{aligned}$$

연습으로 예를 하나 더 들어보겠다.

반지름이 R인 원의 넓이 A는 πR^2과 같다. 누구나 아는 이 계산공식을 증명해보자.

중심점에서 r만큼 떨어진 곳에 너비가 dr인 평면 띠가 놓여있다고 생각하자. 그러면 원 전체는 너비가 좁은 그러한 평면 띠들이 많이 모여 이루어진 것으로 볼 수 있고, 원 전체의 넓이 A는 중심점으로부터 원주에 해당하는 지점까지의 구간에서 그러한 평면 띠들의 넓이를 모두 더한

---

[44] _ (역주) 이상기체(perfect gas)는 기체를 구성하는 입자 또는 분자가 매우 작아 그 작용을 무시할 수 있다고 가정된 가상의 기체로, 완전기체라고도 불린다. 단열과정(adiabatic process)은 외부와의 열교환이 없는 상태에서 일어나는 변화의 과정을 말한다.

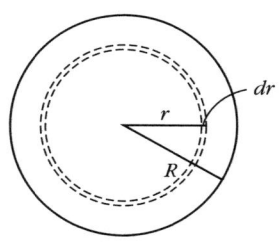

| 그림 59 |

값, 다시 말해 $r=0$으로부터 $r=R$까지의 구간에서 평면 띠의 방정식을 적분한 값일 것이다.

따라서 우리는 먼저 좁은 평면 띠의 넓이 dA를 나타내는 수식을 구해야 한다. 좁은 평면 띠는 너비가 dr이고 길이는 반지름이 r인 원의 둘레, 즉 $2\pi r$과 같은 길쭉한 직사각형 모양의 조각으로 봐도 된다. 그렇다면 좁은 평면 띠의 넓이는 다음과 같다.

$dA = 2\pi r dr$

따라서 원 전체의 넓이는 다음과 같이 계산하면 될 것이다.

$A = \int dA = \int_{r=0}^{r=R} 2\pi r \cdot dr = 2\pi \int_{r=0}^{r=R} r \cdot dr$

여기서 $r \cdot dr$의 일반적분은 $\frac{1}{2}r^2$이므로

$A = 2\pi \left[\frac{1}{2}r^2\right]_{r=0}^{r=R}$

$ = 2\pi \left[\frac{1}{2}R^2 - \frac{1}{2}(0)^2\right]$

이로부터 다음과 같이 됨을 알 수 있다.

$A = \pi R^2$

또 하나의 연습용 예

그림 60은 곡선 $y=x-x^2$을 그린 것이다. 이 곡선에서 높이가 영보다 큰 부분의 평균 높이를 구해보자. 평균 높이를 구하기 위해서는 영역 OMN의 넓이를 구한 다음에 그것을 밑변의 길이 ON으로 나눠주어야 한다. 그런데 OMN의 넓이를 구할 수 있기 위해서는 밑변의 길이를 먼저 알아내야 한다. 그래야 우리가 어떤 한계 안에서 적분을 해야 하는지를 알게 되기 때문이다. N에서 곡선의 높이는 영의 값을 갖는다. 따라서 우리는 곡선의 방정식을 들여다보고 x의 어떤 값이 y를 영으로 만드는지를 파악해야 한다. 곡선이 원점 O를 통과하므로 x가 영일 때 y가 영이 되는 것은 자명하다. 그런데 $x=1$일 때에도 $y=0$이 됨을 우리는 알 수 있다. 그렇다면 $x=1$은 우리에게 점 N의 위치를 알려준다.

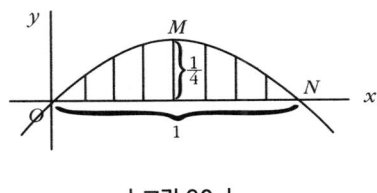

| 그림 60 |

따라서 우리가 구하고자 하는 넓이는 다음과 같다.

$$\begin{aligned}
\text{넓이} &= \int_{x=0}^{x=1} (x-x^2)dx \\
&= \left[\frac{1}{2}x^2 - \frac{1}{3}x^3\right]_0^1 \\
&= \left[\frac{1}{2} - \frac{1}{3}\right] - \left[0-0\right] \\
&= \frac{1}{6}
\end{aligned}$$

밑변의 길이는 1이다.

결국 곡선의 평균 높이는 $\frac{1}{6}$이다.

주의   미분을 해서 세로좌표의 최대 높이를 구하는 문제는 극대값이나 극소값을 구하는 내용의 연습용 문제 가운데 가장 간단하고 쉬운 문제에 해당한다. 그 최대 높이는 평균 높이보다 반드시 크다.

$x=0$과 $x=x_1$ 사이의 구간에서 어떤 곡선이든 곡선의 평균 높이는 다음과 같은 수식으로 주어진다.

$$y\text{의 평균} = \frac{1}{x_1}\int_{x=0}^{x=x_1} y \cdot dx$$

회전체의 겉넓이도 앞에서 설명한 것과 같은 방법으로 구할 수 있다. 다음 예를 보라.

예

곡선 $y=x^2-5$가 x축을 중심으로 회전하고 있다. $x=0$과 $x=6$ 사이에서 이 곡선이 만들어내는 표면의 넓이를 구해보자.

세로좌표가 y인 곡선 위의 한 점은 길이가 $2\pi y$인 원둘레를 만들고, 그 원둘레를 따라 너비가 dx인 좁은 띠가 만들어졌다고 보면 그 넓이는 $2\pi y dx$가 될 것이다. 따라서 우리가 구하는 표면의 넓이 전체는 다음과 같다.

$$2\pi\int_{x=0}^{x=6} y dx = 2\pi\int_{x=0}^{x=6}(x^2-5)dx = 2\pi\left[\frac{x^3}{3}-5x\right]_0^6$$
$$=6.28\times 42=263.76$$

극좌표 공간에서 넓이 구하기

어떤 영역의 경계를 나타내는 방정식이 r과 θ의 함수, 즉 '경계 위의 한 점이 극(極, pole)으로 불리는 하나의 고정된 점 O로부터 떨어진 거리를 나타내는 선'인 r과 'r이 수평 방향의 직선 OX와 만드는 각도'인 θ의 함수로 주어지는 경우(그림 61을 보라)에도 약간의 조정만 가하면 방금

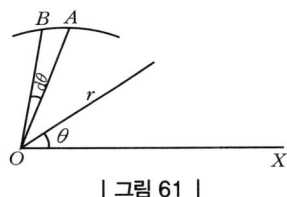

| 그림 61 |

설명한 과정을 쉽게 적용할 수 있다. 이런 경우에는 길쭉한 직사각형 모양의 조각 대신에 OAB와 같이 O에서 만들어지는 각도가 $d\theta$인 작은 삼각형 모양의 조각을 머릿속에 떠올려야 한다. 그러한 작은 삼각형들의 넓이를 모두 더하면 극좌표 공간에서의 넓이를 구할 수 있다.

그러한 작은 삼각형 하나의 넓이는 대략 $\frac{AB}{2} \times r$, 즉 $\frac{rd\theta}{2} \times r$이 된다. 따라서 곡선 부분과 각각 θ_1과 θ_2라는 각도에 대응하는 두 개의 r을 경계로 한 영역의 넓이는 다음과 같다.

$$\frac{1}{2} \int_{\theta=\theta_1}^{\theta=\theta_2} r^2 d\theta$$

예

(1) 반지름이 a인치인 원에서 호도 1라디안에 해당하는 부분의 넓이를 구하라.

원둘레를 나타내는 극방정식은 $r=a$임이 분명하다. 따라서 호도 1라

디안에 해당하는 부분의 넓이는 다음과 같다.
$$\frac{1}{2}\int_{\theta=\theta_1}^{\theta=\theta_2} a^2 d\theta = \frac{a^2}{2}\int_{\theta=0}^{\theta=1} d\theta = \frac{a^2}{2}$$

(2) $r=a(1+\cos\theta)$라는 극방정식으로 표현되는 곡선(이것은 '파스칼의 달팽이'라는 이름으로 알려진 곡선이다)이 1사분면에 만드는 영역의 넓이를 구하라.

$$\begin{aligned}\text{넓이} &= \frac{1}{2}\int_{\theta=0}^{\theta=\frac{\pi}{2}} a^2(1+\cos\theta)^2 d\theta \\ &= \frac{a^2}{2}\int_{\theta=0}^{\theta=\frac{\pi}{2}}(1+2\cos\theta+\cos^2\theta)d\theta \\ &= \frac{a^2}{2}\left[\theta+2\sin\theta+\frac{\theta}{2}+\frac{\sin2\theta}{4}\right]_0^{\frac{\pi}{2}} \\ &= \frac{a^2(3\pi+8)}{8}\end{aligned}$$

적분으로 부피 구하기

우리가 앞에서 평면의 도형을 다룰 때 그 작은 조각에 대해서 했던 일은 입체를 다룰 때 그 작은 조각에 대해서도 마찬가지로 쉽게 할 수 있다. 우리가 앞에서 평면의 영역을 구성하는 작은 조각들의 넓이를 모두 더해서 그 영역 전부의 넓이를 구했던 것과 마찬가지로 공간 속의 입체를 구성하는 조각들의 부피를 모두 더하면 그 입체 전부의 부피를 구할 수 있다.

예

(1) 반지름이 r인 구의 부피를 구하라.

반지름이 x인 구의 얇은 껍질은 그 부피가 $4\pi x^2 dx$다(242쪽의 그림 59

를 보라). 중심을 공유하며 전체 구를 구성하는 작은 구들의 껍질을 모두 더하면 그 부피가 다음과 같이 될 것이다.

구의 부피 $= \int_{x=0}^{x=r} 4\pi x^2 dx = 4\pi \left[\dfrac{x^3}{3} \right]_0^r = \dfrac{4}{3}\pi r^3$

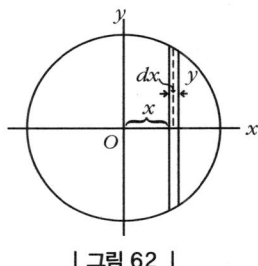

| 그림 62 |

우리는 이 문제를 다음과 같은 방법으로도 풀 수 있다.

구를 구성하는 작은 원 모양의 조각 하나의 두께가 dx라면 그 조각의 부피는 $\pi y^2 dx$가 된다(그림 62). 그리고 x와 y는 다음 수식으로 표현되는 관계를 갖는다.

$y^2 = r^2 - x^2$

따라서 구의 부피 $= 2\int_{x=0}^{x=r} \pi(r^2 - x^2) dx$

$= 2\pi \left[\int_{x=0}^{x=r} r^2 dx - \int_{x=0}^{x=r} x^2 dx \right]$

$= 2\pi \left[r^2 x - \dfrac{x^3}{3} \right]_0^r = \dfrac{4\pi}{3} r^3$

(2) 곡선 $y^2 = 6x$가 x축을 중심으로 회전할 때 $x=0$과 $x=4$ 사이에서 만들어지는 입체의 부피를 구하라.

입체를 구성하는 조각 하나의 부피는 $\pi y^2 dx$다.

따라서 입체의 부피 $= \int_{x=0}^{x=4} \pi y^2 dx = 6\pi \int_{x=0}^{x=4} x dx$

$$=6\pi\left[\frac{x^2}{2}\right]_0^4=48\pi=150.8$$

이차평균[45]

물리학의 몇몇 분야, 특히 교류전기에 대해 연구하는 분야는 변량의 이차평균을 계산할 줄 아는 능력을 필요로 한다. '이차평균'이라는 말은 고려의 대상이 되는 한계 내 값들의 제곱의 평균의 제곱근을 가리킨다. 어떤 변량의 이차평균을 가리켜 그 '유효값'이라고 부르기도 하고, '아르 엠 에스(R.M.S.)'(이것은 '루트 민 스퀘어(root-mean-square)'의 약자다) 라고 부르기도 한다. 프랑스어로는 '발뢰르 에피카스(valeur efficace)'라고 한다. y가 고려의 대상이 되는 함수라고 할 때 $x=0$과 $x=l$ 사이의 구간에서 그 함수의 이차평균을 구한다고 하자. 그러면 그 이차평균은 다음과 같은 수식으로 표현된다.

$$\sqrt[2]{\frac{1}{l}\int_0^l y^2 dx}$$

예

(1) 함수 $y=ax$(그림 63)의 이차평균을 구하라.

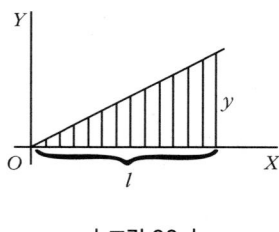

| 그림 63 |

---

45 _ (역주) quadratic mean. 평방평균, 제곱평균, 제곱평균제곱근, 유효값, 실효값(실효치) 등으로도 불린다.

주어진 함수를 제곱한 뒤 적분하면 $\int_0^l a^2x^2 dx = \frac{1}{3}a^2l^3$

이것을 l로 나눈 다음에 제곱근을 구하면 다음과 같은 결과를 얻게 된다.

$$\text{이차평균} = \frac{1}{\sqrt{3}}al$$

이 경우에 산술평균은 $\frac{1}{2}al$이다. 따라서 이차평균 대 산술평균의 비율(이 비율은 '형태계수'[46]라고 불린다)은 $\frac{2}{\sqrt{3}} = 1.155$가 된다.

(2) 함수 $y=x^a$의 이차평균을 구하라.

제곱한 뒤 적분하면 $\int_{x=0}^{x=l} x^{2a} dx$, 즉 $\frac{l^{2a+1}}{2a+1}$.

따라서 이차평균 $= \sqrt[2]{\dfrac{l^{2a}}{2a+1}}$

(3) 함수 $y = a^{\frac{x}{2}}$의 이차평균을 구하라.

제곱한 뒤 적분하면 $\int_{x=0}^{x=l} (a^{\frac{x}{2}})^2 dx$, 즉 $\int_{x=0}^{x=l} a^x dx$가 된다.

이것은 다음과 같이 쓸 수 있다.

$$\left[\frac{a^x}{\log_\varepsilon a} \right]_{x=0}^{x=l}$$

상한과 하한의 값을 대입하면 $\dfrac{a^l - 1}{\log_\varepsilon a}$

따라서 이차평균은 $\sqrt[2]{\dfrac{a^l - 1}{l \log_\varepsilon a}}$이다.

---

46 _ (역주) form factor. 형태인자, 형태요인, 형체인자, 형체비율, 파형률 등으로도 불린다.

연습문제 XVIII

해답은 327~328쪽을 보라.

(1) 곡선 $y=x^2+x-5$가 $x=0$과 $x=6$ 사이에 만드는 영역의 넓이를 구하라. 아울러 상한과 하한 사이에서 이 곡선의 평균 높이가 얼마가 되는지를 구하라.

(2) 포물선 $y=2a\sqrt{x}$가 $x=0$과 $x=a$ 사이에 만드는 영역의 넓이를 구하라. 또한 그 넓이가 상한과 하한에 의해 가로좌표와 세로좌표의 경계가 설정되는 직사각형의 넓이에 비해 3분의 2가 됨을 보여라.

(3) 사인 곡선의 양의 부분이 만드는 영역의 넓이와 이 곡선의 평균 높이를 구하라.

(4) 곡선 $y=\sin^2 x$가 $x=0°$와 $x=180°$ 사이에 만드는 영역의 넓이와 이 곡선의 평균 높이를 구하라.

(5) 곡선 $y=x^2 \pm x^{\frac{5}{2}}$의 두 갈래가 $x=0$과 $x=1$ 사이에서 둘러싸는 영역의 넓이를 구하라. 또 이 곡선의 두 갈래 가운데 아래쪽 갈래의 양의 부분이 만드는 영역의 넓이를 구하라(123쪽의 그림 30을 보라).

(6) 밑면의 반지름이 r이고 높이가 h인 원뿔의 부피를 구하라.

(7) 곡선 $y=x^3 - \log_e x$가 $x=0$과 $x=1$ 사이에 만드는 영역의 넓이를 구하라.

(8) 곡선 $y=\sqrt{1+x^2}$이 x축을 중심으로 회전할 때 $x=0$와 $x=4$ 사이에서 만들어지는 입체의 부피를 구하라.

(9) 사인 곡선이 x축을 중심으로 회전할 때 만들어지는 입체의 부피를 구하라. 아울러 그 입체의 겉넓이도 구하라.

(10) 곡선 $xy=a$가 $x=1$과 $x=a$ 사이에 만드는 영역의 넓이를 구하라.

아울러 상한과 하한 사이에서 이 곡선의 평균 세로좌표가 얼마인지도 구하라.

(11) 하한 0과 상한 π라디안 사이에서 함수 $y=\sin x$의 이차평균이 $\frac{\sqrt{2}}{2}$가 됨을 보여라. 아울러 같은 하한과 상한 사이에서 이 함수의 산술평균이 얼마가 되는지를 구하라. 그런 다음에 형태계수가 1.11이 됨을 보여라.

(12) $x=0$과 $x=3$ 사이에서 함수 x^2+3x+2의 산술평균과 이차평균이 얼마가 되는지를 구하라.

(13) 함수 $y=A_1\sin x+A_3\sin 3x$의 이차평균과 산술평균을 구하라.

(14) 어떤 곡선의 방정식이 $y=3.42\varepsilon^{0.21x}$이라고 한다. 가로좌표 $x=2$와 $x=8$ 사이에서 이 곡선과 x축에 의해 둘러싸이는 영역의 넓이를 구하라. 아울러 주어진 두 가로좌표 사이의 구간에서 이 곡선의 평균 높이가 얼마가 되는지를 구하라.

(15) 어떤 극도형[47]에 비해 넓이가 두 배인 원의 반지름은 그 극도형의 모든 r값의 이차평균과 같음을 보여라.

(16) 곡선 $y=\pm\frac{x}{6}\sqrt{x(10-x)}$가 x축을 중심으로 회전할 때 만들어지는 입체의 부피를 구하라.

---

47 _ (역주)polar diagram. 극좌표 공간에 그려진 도형.

20장
우회기법, 함정, 그리고 승리

우회기법

적분을 하는 일의 대부분은 적분의 대상을 적분이 되는 형태로 변형시키는 작업으로 구성된다. 적분에 관한 책들(여기서 '책'은 진지한 책을 가리킨다)에는 바로 이런 종류의 작업을 하기 위한 계획, 방법, 우회기법, 책략 등이 가득 들어있다. 그 가운데 몇 가지를 아래에 소개한다.

부분적분

다음과 같은 공식으로 표현되는 우회기법을 부분적분이라고 부른다.

$$\int u\,dx = ux - \int x\,du + C$$

곧바로 직접 다룰 수 없는 적분의 대상이 주어졌을 경우에는 이 공식이 유용하다. 왜냐하면 $\int x\,du$를 구할 수 있는 경우라면 언제든 $\int u\,dx$도 구할 수 있음을 이 공식은 보여주고 있기 때문이다. 이 공식은 다음과 같은 과정으로 도출된다.

49쪽에서 우리는 아래와 같이 된다는 것을 알았다.

$$d(ux) = u\,dx + x\,du$$

이것은 다음과 같이 바꿔 쓸 수 있다.

$u\,dx = d(ux) - x\,du$

이것을 적분하면 위에서 소개한 공식과 같은 수식이 얻어진다.

예

(1) $\int w \cdot \sin w\, dw$를 구하라.

$u=w$라고 하고, $\sin w \cdot dw$는 dx와 같다고 하자. 그러면 $du=dw$가 되고, $\int \sin w \cdot dw = -\cos w = x$가 된다.

이것을 부분적분의 공식에 대입하면 다음과 같이 된다.

$$\int w \cdot \sin w\, dw = w(-\cos w) - \int -\cos w\, dw$$
$$= -w\cos w + \sin w + C$$

(2) $\int x\varepsilon^x dx$를 구하라.

$u=x$, $\varepsilon^x dx = dv$라고 놓자.

그러면 $du=dx$, $v=\varepsilon^x$가 된다.

$\int x\varepsilon^x dx = x\varepsilon^x - \int \varepsilon^x dx$ (공식에 의해)
$\qquad = x\varepsilon^x - \varepsilon^x = \varepsilon^x(x-1) + C$

(3) $\int \cos^2\theta\, d\theta$를 구하라.

$u=\cos\theta$, $\cos\theta\, d\theta = dv$라고 하면

$du = -\sin\theta\, d\theta$, $v = \sin\theta$

$\int \cos^2\theta\, d\theta = \cos\theta \sin\theta + \int \sin^2\theta\, d\theta$

$$= \frac{2\cos\theta\sin\theta}{2} + \int(1-\cos^2\theta)d\theta$$

$$= \frac{\sin 2\theta}{2} + \int d\theta - \int\cos^2\theta \, d\theta$$

따라서 $2\int\cos^2\theta \, d\theta = \frac{\sin 2\theta}{2} + \theta$ 이므로 $\int\cos^2\theta \, d\theta = \frac{\sin 2\theta}{4} + \frac{\theta}{2} + C$

(4) $\int x^2\sin x \, dx$를 구하라.

$x^2 = u$, $\sin x \, dx = dv$로 놓으면 다음과 같이 된다.

$du = 2x \, dx$, $v = -\cos x$.

$\int x^2\sin x \, dx = -x^2\cos x + 2\int x\cos x \, dx$

$\int x\cos x \, dx$를 부분적분에 의해 구하면(위의 예 (1)에서와 같이 하면) 다음과 같다.

$\int x\cos x \, dx = x\sin x + \cos x + C$

따라서 다음과 같이 쓸 수 있다.

$\int x^2\sin x \, dx = -x^2\cos x + 2x\sin x + 2\cos x + C'$

$$= 2\left[x\sin x + \cos x\left(1 - \frac{x^2}{2}\right)\right] + C'$$

(5) $\int\sqrt{1-x^2}\,dx$를 구하라.

$u = \sqrt{1-x^2}$, $dx = dv$로 놓고 위의 공식을 적용하자.

$du = -\dfrac{x \, dx}{\sqrt{1-x^2}}$ (9장, 81쪽을 보라)

그리고 $x = v$이므로

$\int\sqrt{1-x^2}\,dx = x\sqrt{1-x^2} + \int\dfrac{x^2 \, dx}{\sqrt{1-x^2}}$

또한 우회기법을 적용하면 다음과 같은 방정식도 얻게 된다.

$$\int \sqrt{1-x^2}\,dx = \int \frac{(1-x^2)dx}{\sqrt{1-x^2}} = \int \frac{dx}{\sqrt{1-x^2}} - \int \frac{x^2\,dx}{\sqrt{1-x^2}}$$

이 방정식과 바로 앞의 방정식을 더해서 $\int \frac{x^2\,dx}{\sqrt{1-x^2}}$를 소거하면 다음과 같은 결과를 얻을 수 있다.

$$2\int \sqrt{1-x^2}\,dx = x\sqrt{1-x^2} + \int \frac{dx}{\sqrt{1-x^2}}$$

앞에서 $\frac{dx}{\sqrt{1-x^2}}$를 만났던 것을 당신은 기억하는가? 이것은 $y=\arcsin x$를 미분해서 얻어졌던 것이다(192쪽을 보라). 따라서 $\frac{dx}{\sqrt{1-x^2}}$를 적분하면 $\arcsin x$가 된다. 그렇다면 우리는 위 수식을 다음과 같이 쓸 수 있다.

$$\int \sqrt{1-x^2}\,dx = \frac{x\sqrt{1-x^2}}{2} + \frac{1}{2}\arcsin x + C$$

이제는 당신이 혼자서도 연습문제를 풀어볼 수 있겠다. 이 장의 끝부분에 부분적분을 연습하게 해줄 문제가 몇 개 실려 있다.

치환

치환은 9장(80쪽 이하)에 설명해놓은 것과 같은 우회기법을 말한다. 몇 가지 예를 통해 이것을 적분에는 어떻게 적용하면 되는가를 살펴보자.

(1) $\int \sqrt{3+x}\,dx$를 구해보자.

$3+x=u$, $dx=du$로 놓자. 이것을 대입하면 다음과 같이 된다.

$$\int u^{\frac{1}{2}}\,du = \frac{2}{3}u^{\frac{3}{2}} = \frac{2}{3}(3+x)^{\frac{3}{2}}$$

(2) $\int \frac{dx}{\varepsilon^x + \varepsilon^{-x}}$를 구해보자.

$\varepsilon^x = u$로 놓으면 $\dfrac{du}{dx} = \varepsilon^x$, $dx = \dfrac{du}{\varepsilon^x}$가 된다.

$$\int \frac{dx}{\varepsilon^x + \varepsilon^{-x}} = \int \frac{du}{\varepsilon^x(\varepsilon^x + \varepsilon^{-x})} = \int \frac{du}{u\left(u + \dfrac{1}{u}\right)} = \int \frac{du}{u^2 + 1}$$

$\dfrac{du}{1+u^2}$는 $\arctan u$를 미분한 결과다.

따라서 위 적분의 결과는 $\arctan \varepsilon^x$이다.

(3) $\int \dfrac{dx}{x^2 + 2x + 3} = \int \dfrac{dx}{x^2 + 2x + 1 + 2} = \int \dfrac{dx}{(x+1)^2 + (\sqrt{2})^2}$를 구해보자.
$x + 1 = u$, $dx = du$로 놓자.

그러면 주어진 적분은 $\int \dfrac{du}{u^2 + (\sqrt{2})^2}$가 된다.

그런데 $\dfrac{du}{u^2 + a^2}$는 $\dfrac{1}{a}\arctan \dfrac{u}{a}$를 미분한 결과다.

따라서 주어진 적분의 값은 결국 $\dfrac{1}{\sqrt{2}}\arctan \dfrac{x+1}{\sqrt{2}}$이 된다.

환원공식(reduction formula)

환원공식은 이항식이나 삼각함수식을 적분해야 할 때 주로 이용되는 특수한 형태의 여러 가지 공식을 말한다. 환원공식은 이항식이나 삼각함수식을 적분의 값이 이미 알려져 있는 형태로 환원시키기 위해 이용된다.

유리화(rationalization)와 분모의 인수분해

이것은 특수한 경우들에 적용되는 우회기법이다. 이것에 대해서는 그 어떤 간단한 설명이나 일반적인 설명도 가능하지 않다. 이것과 같은 적분의 예비적 과정에 익숙해지기 위해서는 많은 연습을 해야 할 필요가 있다.

우리는 13장(136쪽 이하)에서 분수식을 부분분수식으로 쪼개는 과정을 배웠다. 다음의 예는 그러한 과정이 적분에서 어떻게 이용되는지를 보여준다.

앞에서 살펴본 $\int \frac{dx}{x^2+2x+3}$ 라는 적분을 다시 살펴보자. $\frac{1}{x^2+2x+3}$ 을 부분분수식으로 쪼개면 이 적분은 다음과 같이 된다(259쪽을 보라).

$$\frac{1}{2\sqrt{-2}}\left[\int \frac{dx}{x+1-\sqrt{-2}} - \int \frac{dx}{x+1+\sqrt{-2}}\right]$$
$$= \frac{1}{2\sqrt{-2}} \log_\varepsilon \frac{x+1-\sqrt{-2}}{x+1+\sqrt{-2}}$$

때로는 동일한 적분이 두 가지 이상의(그러나 서로 같은 값을 갖는) 수식으로 표현될 수 있다는 사실에 주목하라.

함정

숙련된 사람은 피해가는 함정을 초보자는 눈치도 채지 못하곤 한다. 그래서 초보자는 예를 들어 영이나 무한대의 값을 갖는 인수를 사용하기도 하고, $\frac{0}{0}$ 과 같이 정해질 수 없는 양을 등장시키기도 한다. 모든 가능한 경우에 두루 들어맞는 황금의 법칙은 존재하지 않는다. 연습을 하고 머리를 써가며 주의를 기울이는 것 말고는 다른 도리가 없다. 18장, 224쪽에서 $x^{-1}dx$를 적분하는 문제를 다룰 때 피해가야 할 함정의 한 가지 예를 만난 적이 있다.

승리

여기서 승리라는 말은 다른 방법으로는 도저히 풀어낼 수 없는 문제를 미적분의 방법으로 풀어내는 데 성공한 경우를 가리키기 위한 말로 이해해달라. 물리학적 관계를 검토할 때에는 부분들 사이의 상호작용이나 부분들을 좌우하는 힘들 사이의 상호작용을 지배하는 법칙을 나타내는 수식을 세울 수 있는 경우가 종종 있다. 그 수식은 당연히 미분방정식, 즉 미분계수는 반드시 포함되지만 다른 대수적인 양은 포함될 수도 있고 포함되지 않을 수도 있는 방정식의 형태를 취한다. 그리고 일단 그러한 미분방정식이 세워지고 나면 그것을 적분하기 전에는 앞으로 더 나아갈 수가 없다. 일반적으로 말하면, 적절한 미분방정식을 세우는 것이 그것을 푸는 것보다 훨씬 더 쉽다. 그렇기 때문에 미분방정식을 적분해야 할 때가 돼야 비로소 우리는 정말로 난관에 봉착하게 되는 것이다. 다만 미분방정식이 우리에게 그 적분의 값이 알려져 있는 어떤 표준적인 형태로 돼있다면 우리는 쉽게 승리를 거둘 수 있다. 어떤 미분방정식을 적분한 결과로 얻어지는 방정식을 그 미분방정식의 '해(解, solution)' 라고 부른다.[48] 그런데 많은 경우에 해라는 것이 그것을 결과로 얻기 위한 적분을 하기 전의 미분방정식과 아무런 관계도 없는 것처럼 보인다는 사실이 놀라울 수 있다. 마치 나비가 변태의 과정을 거치기 전의 형태인 애벌레와 다르게 보이는 것처럼 미분방정식의 해가 그 미분방정식과 다르게 보이는 경우가 흔히 있다. 예를 들어 $\dfrac{dy}{dx} = \dfrac{1}{a^2 - x^2}$ 과 같은 단순한 것이

---

48 _ (원주) 이는 미분방정식의 적분을 다 해서 얻은 최종의 결과를 그 미분방정식의 '해' 라고 부른다는 뜻이다. 그러나 많은 수학자들이 포시스(Andrew Russell Forsyth, 1858~1942, 스코틀랜드의 수학자—옮긴이) 교수와 마찬가지로 다음과 같이 말하곤 한다. "어떤 미분방정식의 경우든 종속변수의 값이 독립변수의 함수로 표현되기만 하면 그 미분방정식은 풀린 것으로 간주된다. 이때 독립변수의 함수는 우리에게 알려진 함수들로 구성된 것일 수도 있고 적분의 수식들로 구성된 것일 수도 있으며, 뒤의 경우에 적분의 수식들은 우리에게 이미 알려져 있는 함수들로 표현된 것이어도 되고 그렇지 않은 것이어도 된다."

$y = \frac{1}{2a} \log_\varepsilon \frac{a+x}{a-x} + C$와 같은 복잡한 결과를 낳으리라고 누가 예상할 수 있겠는가? 그러나 뒤엣것은 분명히 앞엣것의 해다.

방금 소개한 수식을 마지막 예로 삼아 적분을 해보자. 위의 수식을 부분분수로 쪼개면 다음과 같이 된다.

$$\frac{1}{a^2-x^2} = \frac{1}{2a(a+x)} + \frac{1}{2a(a-x)}$$

따라서 $dy = \frac{dx}{2a(a+x)} + \frac{dx}{2a(a-x)}$

$$y = \frac{1}{2a} \left(\int \frac{dx}{a+x} + \int \frac{dx}{a-x} \right)$$

$$= \frac{1}{2a} (\log_\varepsilon(a+x) - \log_\varepsilon(a-x))$$

$$= \frac{1}{2a} \log_\varepsilon \frac{a+x}{a-x} + C$$

알고 보면 그 변태의 과정이 그리 어렵지 않다!

다양한 형태의 미분방정식에 대해 이런 식으로 해를 구하는 것만을 주제로 해서 씌어진 책도 많이 출판됐다. 불[49]의 《미분방정식》도 그러한 책 가운데 하나다.

---

49 _ (역주)영국의 수학자이자 철학자였던 조지 불(George Boole, 1815~1864)을 가리킨다.

연습문제 XIX

해답은 328~329쪽을 보라.

(1) $\int \sqrt{a^2 - x^2}\, dx$ 를 구하라.

(2) $\int x \log_\varepsilon x\, dx$ 를 구하라.

(3) $\int x^a \log_\varepsilon x\, dx$ 를 구하라.

(4) $\int \varepsilon^x \cos \varepsilon^x\, dx$ 를 구하라.

(5) $\int \dfrac{1}{x} \cos(\log_\varepsilon x)\, dx$ 를 구하라.

(6) $\int x^2 \varepsilon^2\, dx$ 를 구하라.

(7) $\int \dfrac{(\log_\varepsilon x)^a}{x}\, dx$ 를 구하라.

(8) $\int \dfrac{dx}{x \log_\varepsilon x}$ 를 구하라.

(9) $\int \dfrac{5x+1}{x^2+x-2}\, dx$ 를 구하라.

(10) $\int \dfrac{(x^2-3)\, dx}{x^3-7x+6}$ 를 구하라.

(11) $\int \dfrac{b\, dx}{x^2-a^2}$ 를 구하라.

(12) $\int \dfrac{4x\, dx}{x^4-1}$ 를 구하라.

(13) $\int \dfrac{dx}{1-x^4}$ 를 구하라.

(14) $\int \dfrac{dx}{x\sqrt{a-bx^2}}$ 를 구하라.

21장
몇 가지 미분방정식의 해 구하기

　이 장에서 우리는 몇 가지 중요한 형태의 미분방정식에 대해 그 해를 구하는 일을 할 것이다. 그리고 이런 목적을 위해 앞의 여러 장에서 소개한 방법들을 이용할 것이다.

　초보자도 이제는 그러한 방법들의 대부분이 그 자체로 아주 쉽다는 것을 알게 됐을 것이고, 더 나아가 지금부터는 적분이라는 것이 하나의 기술이라는 사실을 알아차리기 시작할 것이다. 모든 기술이 다 그렇듯이 적분이라는 기술의 경우에도 그것에 능숙해지는 길은 오로지 부지런히, 그리고 시간을 정해놓고 규칙적으로 연습을 하는 것밖에 없다. 적분에 능숙해지고자 하는 사람은 예를 다뤄보고, 더 많은 예를 다뤄보고, 그러고도 다시 더 많은 예를 다뤄봐야 한다. 예는 미적분에 관한 보통의 책이라면 어느 책에나 풍부하게 실려 있다. 이 장의 목적은 가장 단순한 형태의 적분 문제를 다루어봄으로써 독자가 보다 어려운 본격적인 적분 문제를 다룰 수 있도록 안내하는 것이다.

예

1. 다음과 같은 미분방정식의 해를 구하라.

$$ay + b\frac{dy}{dx} = 0$$

항의 위치를 바꾸어 다음과 같이 써보자.

$$b\frac{dy}{dx} = -ay$$

이 관계식을 잘 살펴보기만 해도 $\frac{dy}{dx}$가 y에 비례하는 경우를 우리가 다루게 됐음을 알 수 있을 것이다. 이것을 y가 x의 함수로 표현된 곡선의 방정식이라고 본다면, 곡선 위의 어느 점에서나 곡선의 기울기가 그 점의 세로좌표에 비례할 것이다. 그리고 y가 양의 값을 갖는 점에서는 곡선의 기울기가 음의 값을 가질 것이다. 따라서 그 곡선은 기울기가 점점 더 완만해지는 곡선(175~176쪽)일 것이 분명하다. 그리고 위 미분방정식의 해에는 ε^{-x}가 하나의 인수로 포함돼있을 것이다. 그러나 예민한 감각에 의한 이런 추측에 근거해서 해에 대한 어떤 가정이나 추측을 하기보다 실제로 적분을 해서 해를 구해보자.

y와 dy가 동시에 방정식에 들어있지만 따로 떨어져 양변에 하나씩 위치해 있다. 이 y와 dy를 어느 한 변에 모아놓고 dx를 다른 한 변에 놓지 않고서는 우리는 아무 일도 할 수 없다. 그렇게 하기 위해서는 보통은 서로 떼어놓을 수 없는 동반자 관계인 dy와 dx를 서로 떼어놓아야 한다. 그러면 다음과 같이 된다.

$$\frac{dy}{y} = -\frac{a}{b}dx$$

해야 할 일을 해놓고 보니 양변이 모두 적분할 수 있는 형태가 돼있음을 알 수 있다. 우변은 당연히 적분할 수 있는 형태이고, 좌변의 $\frac{dy}{y}$, 즉 $\frac{1}{y}dy$도 우리가 앞(167쪽)에서 로그함수를 미분할 때 만났던 미분계수이니 이 역시 적분할 수 있는 형태다. 따라서 우리는 곧바로 적분 기호를 이용해 적분하라는 지시를 다음과 같이 쓸 수 있다.

$$\int \frac{dy}{y} = \int -\frac{a}{b} dx$$

양변의 적분을 실제로 하면 다음과 같은 결과를 얻게 된다.

$$\log_\varepsilon y = -\frac{a}{b} x + \log_\varepsilon C$$

여기서 $\log_\varepsilon C$는 아직 정해지지 않은 적분상수다.[50] 이 수식의 표현을 지수의 형태로 바꿔 로그 기호를 없애면 다음과 같이 된다.

$$y = C\varepsilon^{-\frac{a}{b}x}$$

이것이 바로 우리가 구하고자 한 해다. 이 해는 앞에서 주어진 미분방정식에서 도출된 것인데도 그 미분방정식과 형태가 크게 다르다. 그렇지만 전문적인 수학자에게는 y가 x에 어떻게 의존하는가에 관해 이 해와 애초의 미분방정식이 똑같은 정보를 말해준다.

이제 C에 대해서도 이야기해보자. C가 의미하는 바는 y가 처음에 갖는 값에 의존한다. y가 처음에 갖는 값을 알기 위해 $x=0$으로 놓으면 $y=C\varepsilon^{-0}$이 된다. 그런데 $\varepsilon^{-0}=1$이므로 C는 y가 처음에 갖는 특정한 값일 뿐[51]임을 우리는 알 수 있다. 그 값을 y_0라고 하자. 그러면 앞에서 우리가 구한 해를 다음과 같이 바꿔 쓸 수 있다.

$$y = y_0 \varepsilon^{-\frac{a}{b}x}$$

---

50 _ (원주) 우리는 어떤 형태이든 상수이기만 하다면 그것을 '적분상수'로 쓸 수 있다. 여기서는 $\log_\varepsilon C$라는 형태가 임의로 선택됐다. 왜 이렇게 했느냐면 방정식의 다른 항들이 로그이거나 로그로서 다뤄지고 있기 때문이다. 방정식에 더해지는 상수가 다른 항들과 같은 종류의 형태여야 나중에 수식연산이 복잡해지지 않는다.

51 _ (원주) 이것을 앞에서 211쪽의 그림 48 및 215쪽의 그림 51과 관련해 '적분상수'에 대해 이야기한 내용과 비교해보라.

예 2

또 하나의 예로 다음과 같은 방정식을 풀어보자.

$$ay + b\frac{dy}{dx} = g$$

여기서 g는 상수다.

이번에도 방정식을 잘 살펴보면 우리는 다음과 같은 정보를 얻을 수 있다. (1) 어떤 방식으로든 ε^x가 해에 나타날 것이다. (2) 곡선의 어느 부분에서든 y의 값이 극대가 되거나 극소가 되어 $\frac{dy}{dx} = 0$이 된다면 그곳에서 y의 값은 $\frac{g}{a}$가 될 것이다. 그러나 이런 정보에 의존하지 말고, 앞에서 해본 대로 곧바로 위 방정식을 풀어보자. 우선 미분의 기호를 분리해서 방정식을 적분할 수 있는 형태로 변형시켜보자.

$$b\frac{dy}{dx} = g - ay$$

$$\frac{dy}{dx} = \frac{a}{b}\left(\frac{g}{a} - y\right)$$

$$\frac{dy}{y - \frac{g}{a}} = -\frac{a}{b}dx$$

이제 우리는 한 쪽 변에는 y와 dy만이, 다른 쪽 변에는 dx만이 놓이게 하기 위해 우리가 할 수 있는 일을 다 한 셈이다. 그런데 좌변에 씌어 있는 결과를 적분하는 게 가능한가?

그것은 168쪽에서 도출됐던 결과와 같은 형태다. 따라서 적분하라는 지시를 기호로 써보면 다음과 같이 된다.

$$\int \frac{dy}{y - \frac{g}{a}} = -\int \frac{a}{b}dx$$

적분을 실행하고 적절한 상수를 더해주자.

$$\log_\varepsilon (y - \frac{g}{a}) = -\frac{a}{b}x + \log_\varepsilon C$$

이것은 다음과 같이 바꿔 쓸 수 있다.

$$y - \frac{g}{a} = C\varepsilon^{-\frac{a}{b}x}$$

따라서 결국 다음과 같이 된다.

$$y = \frac{g}{a} + C\varepsilon^{-\frac{a}{b}x}$$

이것이 우리가 구하고자 한 해다.

만약 $x=0$일 때 $y=0$이라는 조건이 주어졌다면 우리는 C의 값도 구할 수 있다. 그런 조건 아래서는 $\varepsilon^{-\frac{a}{b}x}$가 1이 되므로 다음과 같이 된다.

$$0 = \frac{g}{a} + C$$

$$C = -\frac{g}{a}$$

이 값을 대입하면 방금 우리가 구한 해는 다음과 같이 바꿔 쓸 수 있다.

$$y = \frac{g}{a}(1 - \varepsilon^{-\frac{a}{b}x})$$

그런데 여기서 더 나아갈 수 있다. 만약 x가 무한히 커진다면 y는 점점 더 커져서 결국은 어떤 극대값을 갖게 될 것이다. 즉 $x = \infty$이면 $\varepsilon^{-\frac{a}{b}x}$이 0이 되어 $y_{\max} = \frac{g}{a}$가 된다. 이것을 대입하면 우리는 마침내 다음과 같은 결과를 얻게 된다.

$$y_{\max}(1 - \varepsilon^{-\frac{a}{b}x})$$

이 결과도 물리학에서 중요하다.

예 3

$ay + b\frac{dy}{dt} = g \cdot \sin 2\pi nt$라고 하자.

이것은 앞의 예에 비해 다루기가 어려워 보인다. 우선 양변을 b로 나둬보자.

$$\frac{dy}{dt} + \frac{a}{b}y = \frac{g}{b}\sin 2\pi nt$$

이렇게 해놓고 봐도 좌변이 적분할 수 있는 형태가 아니다. 그러나 모든 항에 $\varepsilon^{\frac{a}{b}t}$를 곱해주는 책략을 쓰면(바로 이런 대목에서 그동안 익혀둔 기법과 연습의 경험이 어떻게 해야 하는지를 말해준다) 좌변을 적분할 수 있는 형태로 만들 수 있다.

$$\frac{dy}{dt}\varepsilon^{\frac{a}{b}t} + \frac{a}{b}y\varepsilon^{\frac{a}{b}t} = \frac{g}{b}\varepsilon^{\frac{a}{b}t} \cdot \sin 2\pi nt$$

이것은 다음과 같이 바꿔 쓸 수 있다.

$$\frac{dy}{dt}\varepsilon^{\frac{a}{b}t} + y\frac{d(\varepsilon^{\frac{a}{b}t})}{dt} = \frac{g}{b}\varepsilon^{\frac{a}{b}t} \cdot \sin 2\pi nt$$

이것은 완전한 미분방정식의 형태이므로 다음과 같이 적분할 수 있다.

$u = y\varepsilon^{\frac{a}{b}t}$로 놓으면 $\frac{du}{dt} = \frac{dy}{dt}\varepsilon^{\frac{a}{b}t} + y\frac{d(\varepsilon^{\frac{a}{b}t})}{dt}$가 되므로

$$y\varepsilon^{\frac{a}{b}t} = \frac{g}{b}\int \varepsilon^{\frac{a}{b}t} \cdot \sin 2\pi nt \cdot dt + C$$

$$y = \frac{g}{b}\varepsilon^{-\frac{a}{b}t}\int \varepsilon^{\frac{a}{b}t} \cdot \sin 2\pi nt \cdot dt + C\varepsilon^{-\frac{a}{b}t} \quad [A]$$

맨 뒤의 항은 t가 증가함에 따라 점차 소멸하는 항인 것이 분명하므로 누락시켜도 된다. 그런데 이번에는 이 수식에 곱해진 인수로 등장한 적분의 값을 알아내야 한다는 문제가 있다. 이 문제를 해결하기 위해서는 부분적분의 기법(252쪽을 보라)을 적용해야 한다. 부분적분의 일반적인 공식은 $\int u dv = uv - \int v du$이니 이 공식에 맞게 위의 수식을 변형시키기 위해 다음과 같이 놓아보자.

$$\begin{cases} u = \varepsilon^{\frac{a}{b}t} \\ dv = \sin 2\pi nt \cdot dt \end{cases}$$

그러면 다음과 같이 된다.

$$\begin{cases} du = \varepsilon^{\frac{a}{b}t} \times \dfrac{a}{b} dt \\ v = -\dfrac{1}{2\pi n} \cos 2\pi nt \end{cases}$$

이것을 위의 수식에 대입하면 위에서 문제가 된 적분의 값은 다음과 같이 된다.

$$\int \varepsilon^{\frac{a}{b}t} \cdot \sin 2\pi nt \cdot dt$$

$$= -\frac{1}{2\pi n} \cdot \varepsilon^{\frac{a}{b}t} \cdot \cos 2\pi nt - \int -\frac{1}{2\pi n} \cos 2\pi nt \cdot \varepsilon^{\frac{a}{b}t} \cdot \frac{a}{b} dt$$

$$= -\frac{1}{2\pi n} \varepsilon^{\frac{a}{b}t} \cos 2\pi nt + \frac{a}{2\pi nb} \int \varepsilon^{\frac{a}{b}t} \cdot \cos 2\pi nt \cdot dt \quad [B]$$

방금 구한 적분의 값도 더 분해되지 않기는 마찬가지다. 이런 난점을 피해가기 위해 부분적분을 다시 해보되, 이번에는 앞의 경우와 반대로 다음과 같이 놓고 해보자.

$$\begin{cases} u = \sin 2\pi nt \\ dv = \varepsilon^{\frac{a}{b}t} \cdot dt \end{cases}$$

그러면 다음과 같이 된다.

$$\begin{cases} du = 2\pi n \cdot \cos 2\pi nt \cdot dt \\ v = \dfrac{b}{a} \varepsilon^{\frac{a}{b}t} \end{cases}$$

이것을 대입하면 다음 결과를 얻게 된다.

$$\int \varepsilon^{\frac{a}{b}t} \cdot \sin 2\pi nt \cdot dt$$

$$= \frac{b}{a} \cdot \varepsilon^{\frac{a}{b}t} \cdot \sin 2\pi nt - \frac{2\pi nb}{a} \int \varepsilon^{\frac{a}{b}t} \cdot \cos 2\pi nt \cdot dt \quad [C]$$

[C]에서 가장 뒤에 나오는 항의 적분 부분은 [B]에서 가장 뒤에 나오는

항의 적분 부분과 똑같다는 점에 주목하라. 따라서 우리는 [B]에 $\frac{2\pi nb}{a}$를 곱한 것과 [C]에 $\frac{a}{2\pi nb}$를 곱한 것을 더하는 방법으로 그 적분 항을 소거할 수 있다.

그 결과를 간추리면 다음과 같은 결과를 얻게 된다.

$$\int \varepsilon^{\frac{a}{b}t} \cdot \sin 2\pi nt \cdot dt = \varepsilon^{\frac{a}{b}t} \left[\frac{ab \cdot \sin 2\pi nt - 2\pi nb^2 \cdot \cos 2\pi nt}{a^2 + 4\pi^2 n^2 b^2} \right] \quad [D]$$

이 값을 [A]에 집어넣으면 다음과 같이 된다.

$$y = g \left\{ \frac{a \cdot \sin 2\pi nt - 2\pi nb \cdot \cos 2\pi nt}{a^2 + 4\pi^2 n^2 b^2} \right\}$$

이것을 더 단순화하기 위해 $\tan ø = \frac{2\pi nb}{a}$가 되게 하는 각도 ø를 생각해보자.

그러면 다음과 같이 된다.

$$\sin ø = \frac{2\pi nb}{\sqrt{a^2 + 4\pi^2 n^2 b^2}}$$
$$\cos ø = \frac{a}{\sqrt{a^2 + 4\pi^2 n^2 b^2}}$$

이것을 대입하면 위 수식은 다음과 같이 된다.

$$y = g \frac{\cos ø \cdot \sin 2\pi nt - \sin ø \cdot \cos 2\pi nt}{\sqrt{a^2 + 4\pi^2 n^2 b^2}}$$

그리고 이것은 다음과 같이 바꿔 쓸 수 있다.

$$y = g \frac{\sin(2\pi nt - ø)}{\sqrt{a^2 + 4\pi^2 n^2 b^2}}$$

이것이 바로 우리가 구하고자 한 해다.

사실 이것은 g가 기전력의 진폭, n이 진동수, a가 저항, b가 회로의 자체 인덕턴스, ∅가 뒤짐각이라고 할 때 교류전류의 방정식이다.

예 4

$Mdx+Ndy=0$이라는 수식에 대해 생각해보자.

만약 M이 x만의 함수이고 N이 y만의 함수라면 우리는 이 수식을 곧바로 적분할 수 있다. 그러나 M과 N 둘 다가 x와 y 둘 다에 의존한다면 우리는 이 수식을 어떻게 적분해야 할까? 이 수식이 그 자체로 '완전미분'의 형태일까? 다시 말해 M과 N이 각각 어떤 공통의 함수 U를 편미분해서 얻어진 것일까? 그렇다고 한다면 다음과 같이 쓸 수 있다.

$$\begin{cases} \dfrac{\partial U}{\partial x}=M \\ \dfrac{\partial U}{\partial y}=N \end{cases}$$

그리고 그러한 공통의 함수가 존재한다면 다음 수식은 완전미분이 된다(197~198쪽과 비교해보라).

$$\frac{\partial U}{\partial x}dx+\frac{\partial U}{\partial y}dy$$

이 문제를 검증하는 일은 다음과 같이 하면 된다.

위 수식이 완전미분이라면 다음 조건을 충족해야 한다.

$$\frac{dM}{dy}=\frac{dN}{dx}$$

왜냐하면 그래야만 $\dfrac{d(dU)}{dxdy}=\dfrac{d(dU)}{dydx}$라는 필연적으로 참인 등식이 성립되기 때문이다.

다음 방정식을 예로 들어 설명해보겠다.

$(1+3xy)dx+x^2dy=0$

이것은 완전미분인가 아닌가? 검증을 해보자.

$$\begin{cases} \dfrac{d(1+3xy)}{dy}=3x \\ \dfrac{d(x^2)}{dx}=2x \end{cases}$$

이 두 가지는 일치하지 않는다. 따라서 위 방정식의 좌변은 완전미분이 아니다. 다시 말해 $1+3xy$와 x^2이라는 두 개의 함수는 어떤 공통의 함수를 미분해서 얻어진 것이 아니다.

그러나 이런 경우에도 어떤 적분인수[52], 즉 위와 같이 하나의 수식을 구성하는 두 개의 함수에 곱해주면 그 수식을 완전미분의 형태로 변형시켜주는 인수를 찾아낼 수는 있다. 그러한 적분인수를 찾아내는 데 이용할 수 있는 어떤 하나의 일반적인 법칙은 없다. 그러나 대개는 경험이 그러한 적분인수를 제시해준다. 지금 우리가 살펴보고 있는 예에서는 $2x$가 그러한 적분인수가 될 수 있다. 주어진 수식에 $2x$를 곱해주면 우리는 다음과 같은 결과를 얻게 된다.

$(2x+6x^2y)dx+2x^3dy=0$

완전미분의 조건이 충족되는지를 확인해보자.

$$\begin{cases} \dfrac{d(2x+6x^2y)}{dy}=6x^2 \\ \dfrac{d(2x^3)}{dx}=6x^2 \end{cases}$$

이 두 가지는 일치한다. 그렇다면 우리가 방금 $2x$를 곱해서 만든 새로

---

[52] _ (역주) integrating factor. 적분인자라고도 한다.

운 수식은 완전미분의 형태이고, 따라서 우리는 그것을 적분할 수 있다.

$w=2x^3y$로 놓으면

$dw=6x^2y\,dx+2x^3\,dy$

$\int 6x^2y\,dx + \int 2x^3\,dy = w = 2x^3y$

따라서 우리는 공통함수가 다음과 같음을 알 수 있다.

$U=x^2+2x^3y+C$

예 5

$\dfrac{d^2y}{dt^2}+n^2y=0$ 이라고 하자.

이 예는 이차 미분방정식이다. y가 그 자체로도 들어있지만 이차 미분계수의 형태로도 들어있다.

n^2y를 우변으로 넘기면

$\dfrac{d^2y}{dt^2}=-n^2y$

이것은 어떤 함수의 이차 미분계수가 그 함수 자신(부호는 반대로 바뀌지만)에 비례하는 경우에 그 함수를 우리가 다뤄야 함을 말해주는 것으로 보인다. 우리는 앞의 15장에서 바로 이와 같은 성질을 갖고 있는 함수를 만난 적이 있다. 그것은 사인 함수와 코사인 함수였다. 따라서 더 따져볼 것도 없이 우리는 위의 이차 미분방정식의 해가 $y=A\sin(pt+q)$라는 형태를 갖게 되리라고 추정할 수 있다. 그렇지만 이런 추정은 잠시 제쳐놓고 이차 미분방정식을 직접 풀어보자.

주어진 미분방정식의 양변에 $2\dfrac{dy}{dt}$를 곱한 다음에 적분해보자.

$2\dfrac{d^2y}{dt^2}\dfrac{dy}{dt}+2n^2y\dfrac{dy}{dt}=0$

여기서 $2\dfrac{d^2y}{dt^2}\dfrac{dy}{dt} = \dfrac{d\left(\dfrac{dy}{dt}\right)^2}{dt}$ 임을 감안해 이 수식을 적분하면 다음과 같이 된다.

$\left(\dfrac{dy}{dt}\right)^2 + n^2(y^2 - C^2) = 0$

여기서 C는 상수다.

$n^2(y^2 - C^2)$을 우변으로 넘긴 다음에 양변의 제곱근을 취하면

$\dfrac{dy}{dt} = n\sqrt{C^2 - y^2}$

이것은 다음과 같이 바꿔 쓸 수 있다.

$\dfrac{dy}{\sqrt{C^2 - y^2}} = n \cdot dt$

그런데 $\dfrac{1}{\sqrt{C^2 - y^2}} = \dfrac{d\left(\arcsin\dfrac{y}{C}\right)}{dy}$ 다(192쪽을 보라).

이것을 적분하고 각도와 사인 값의 위치를 바꾸자.

$\arcsin\dfrac{y}{C} = nt + C_1$

$y = C\sin(nt + C_1)$

여기서 C_1은 적분을 하는 과정에서 더해진 각도의 상수다.

그런데 이것은 다음과 같이 바꿔 쓰는 게 더 나을 수 있다.

$y = A\sin nt + B\cos nt$

이것이 해다.

예 6

$\dfrac{d^2y}{dx^2} - n^2y = 0$이라고 하자.

이 예에서는 함수 y의 이차 미분계수가 y 자신에 비례하며, 우리는 바로 이런 성질을 가진 함수 y를 다뤄야 하는 것이 분명하다. 이런 성질을

가진 것으로 우리가 알고 있는 함수로는 지수함수(160쪽 이하를 보라) 밖에 없다. 따라서 우리는 위 미분방정식의 해가 지수함수의 형태일 것 이라고 확신할 수 있다.

앞의 예에서 했던 대로 $2\dfrac{dy}{dx}$를 곱하고 적분을 해보자.

$$2\dfrac{d^2y}{dx^2}\dfrac{dy}{dx} - 2n^2 y\dfrac{dy}{dx} = 0$$

그런데 $2\dfrac{d^2y}{dx^2}\dfrac{dy}{dx} = \dfrac{d\left(\dfrac{dy}{dx}\right)^2}{dx}$이므로

$$\left(\dfrac{dy}{dx}\right)^2 - n^2(y^2 + c^2) = 0$$

$$\dfrac{dy}{dx} - n\sqrt{y^2 + c^2} = 0$$

여기서 c는 상수다.

따라서 $\dfrac{dy}{\sqrt{y^2 + c^2}} = n\,dx$

이제 $w = \log_\varepsilon(y + \sqrt{y^2 + c^2}) = \log_\varepsilon u$로 놓으면

$$\dfrac{dw}{du} = \dfrac{1}{u}$$

$$\dfrac{du}{dy} = 1 + \dfrac{y}{\sqrt{y^2 + c^2}} = \dfrac{y + \sqrt{y^2 + c^2}}{\sqrt{y^2 + c^2}}$$

$$\dfrac{dw}{dy} = \dfrac{1}{\sqrt{y^2 + c^2}}$$

따라서 $\dfrac{dy}{\sqrt{y^2 + c^2}} = n\,dx$를 적분하면 다음과 같이 된다.

$$\log_\varepsilon(y + \sqrt{y^2 + c^2}) = nx + \log_\varepsilon C$$

$$y + \sqrt{y^2 + c^2} = C\varepsilon^{nx} \quad (1)$$

그런데 $(y + \sqrt{y^2 + c^2}) \times (-y + \sqrt{y^2 + c^2}) = c^2$이므로

$$-y+\sqrt{y^2+c^2} = \frac{c^2}{C}\varepsilon^{-nx} \quad (2)$$

(1)에서 (2)를 빼고 나서 2로 나누어주면 우리는 다음 수식을 얻게 된다.

$$y = \frac{1}{2}C\varepsilon^{nx} - \frac{1}{2}\frac{c^2}{C}\varepsilon^{-nx}$$

이것은 다음과 같이 보다 편리한 형태로 바꿔 쓸 수 있다.

$$y = A\varepsilon^{nx} + B\varepsilon^{-nx}$$

이것은 얼핏 보아서는 애초에 주어진 미분방정식과 아무런 관계도 없는 것처럼 보이지만, 분명히 그 미분방정식의 해다. 이 해는 y가 항 두 개의 합인데 그 가운데 하나의 항은 x가 증가함에 따라 그 지수함수가 증가하는 속도로 커지고, 다른 하나의 항은 x가 증가함에 따라 점점 더 작아짐을 보여준다.

예 7

$b\frac{d^2y}{dt^2} + a\frac{dy}{dt} + gy = 0$이라고 하자.

수식을 들여다보면 $b=0$일 때에는 예 1과 같은 형태가 되고, 따라서 그 해는 지수에 음의 부호가 붙은 지수함수가 됨을 알 수 있다. 그리고 $a=0$일 때에는 예 6과 같은 형태가 되고, 따라서 그 해는 지수에 양의 부호가 붙은 지수함수와 지수에 음의 부호가 붙은 지수함수의 합이 됨을 알 수 있다. 그렇다면 지금 우리에게 주어진 미분방정식의 해가 다음과 같이 된다는 것은 놀랄 일이 아닐 것이다.

$$y = (\varepsilon^{-mt})(A\varepsilon^{nt} + B\varepsilon^{-nt})$$

여기서 $m = \frac{a}{2b}$, $n = \sqrt{\frac{a^2}{4b^2} - \frac{g}{b}}$

이 해가 도출된 과정을 여기서 설명하지는 않겠다. 그 과정은 보다 수준이 높은 미적분 관련 서적에서 찾아 볼 수 있을 것이다.

예 8

$\dfrac{d^2y}{dt^2} = a^2 \dfrac{d^2y}{dt^2}$ 라고 하자.

이 미분방정식은 F와 f가 각각 t의 임의의 함수라고 할 때 다음과 같은 함수를 미분해서 얻어진 것임을 우리는 앞(200~201쪽)에서 보았다.

$y = F(x + at) + f(x - at)$

이것을 다루는 또 하나의 방법은 변수를 $u = x + at$, $v = x - at$로 바꿔 쓰고 다음과 같이 미분하는 것이다.

$\dfrac{d^2y}{du \cdot dv} = 0$

이렇게 해도 똑같은 일반적인 해를 구할 수 있다.

F가 소거되는 경우를 생각해보면 위의 함수는 다음과 같이 된다.

$y = f(x - at)$

이것은 $t = 0$일 때 y가 x의 특정한 함수임을 가리키는 것이고, 따라서 x에 대한 y의 관계를 나타내는 곡선이 특정한 형태를 갖게 됨을 말해주는 것으로 간주할 수 있다. 그렇다면 t의 값에 일어나는 그 어떤 변화도 x의 값이 정해지는 데 기준이 되는 원점의 변화와 같은 것이 된다. 다시 말해 t의 변화는 함수의 형태가 보존되는 가운데 a라는 균일한 속도로 함수가 x의 방향으로 전파된다는 것을 의미한다. 따라서 어떤 특정한 시간 t_0에 어떤 특정한 지점 x_0에서 세로좌표 y의 값이 무엇이든 간에 바로 그 y의 값이 그 뒤의 시간 t_1에 가로좌표가 $x_0 + a(t_1 - t_0)$인 지점에서 다시 나타날 것이다. 이 경우에 위와 같은 간단한 미분방정식은 균일한 속도로 x의 방향으로 전파되는 파동(어떤 형태의 파동이든)을 나타낸다.

미분방정식이 $m\dfrac{d^2y}{dt^2} = k\dfrac{d^2y}{dx^2}$로 주어졌다고 해도 해는 마찬가지로 구해지겠지만, 전파의 속도는 $a = \sqrt{\dfrac{k}{m}}$ 라는 값을 갖게 될 것이다.

22장
곡선의 구부러짐에 대한 몇 가지 추가 설명

곡선이 어느 방향으로 구부러져 있는지, 즉 곡선이 오른쪽으로 가면서 위쪽으로 구부러져 있는지, 아니면 아래쪽으로 구부러져 있는지를 알아내는 방법을 우리는 앞의 12장에서 배웠다. 거기서 우리가 배운 것은 그러나 곡선이 얼마나 많이 구부려져 있는지, 즉 곡선의 곡률이 얼마나 되는지에 대해서는 아무것도 말해주지 않는다.

선의 곡률이라는 말로 우리가 가리키는 것은 특정한 길이의 선, 다시 말해 어떤 선의 일부가 한 단위(1인치이든, 1피트이든, 그 밖의 다른 어떤 것 한 단위이든 간에 반지름을 측정하는 데 사용되는 단위와 같은 단위)의 길이를 갖고 있다고 할 때 그 일부의 선에서 일어나는 구부러짐 또는 휘어짐의 크기다. 예를 들어 각각 O와 O'에 중심을 둔 두 원의 둘레 위에 같은 길이의 선 AB와 $A'B'$가 놓여있다고 하자(그림 64를 보라). 첫 번째 원의 호 AB를 따라 A에서 B로 걸어가는 사람이 있다고 하면 그가 걸어가는 방향은 처음에는 AP이지만 결국은 BQ로 바뀔 것이다. 왜냐하면 그가 A에서는 AP 방향을 정면으로 바라보지만 B에서는 BQ 방향을 정면으로 바라보게 되기 때문이다. 다시 말해 그는 A에서 출발해 B까지

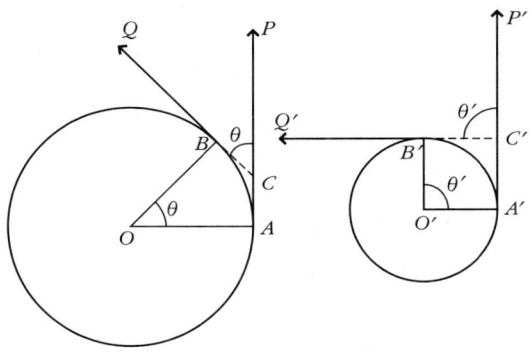

| 그림 64 |

걸어가면서 자기도 모르게 PCQ의 각도만큼 몸의 방향을 돌리게 되고, 이때 PCQ의 각도는 AOB의 각도와 같을 것이다. 이와 마찬가지로, 첫 번째 원의 호 AB와 길이가 같은 두 번째 원의 호 $A'B'$를 따라 A'에서 B'까지 걸어가는 사람은 $P'C'Q'$의 각도만큼 몸의 방향을 돌리게 되고, 이때 $P'C'Q'$의 각도는 $A'O'B'$의 각도와 같을 것이다. 여기서 $A'O'B'$의 각도는 AOB의 각도보다 큰 것이 분명하다. 따라서 두 번째 원의 호를 따라가는 경로가 첫 번째 원의 호를 따라가는 경로보다 더 많이 구부러져있다.

이런 사실은 두 번째 경로의 곡률이 첫 번째 경로의 곡률보다 더 크다는 말로 표현된다. 원이 더 클수록 구부러진 정도가 덜하게 되며, 이는 곧 곡률이 더 작아진다는 뜻이다. 첫 번째 원의 반지름이 두 번째 원의 반지름에 비해 2배, 3배, 4배 등으로 커진다면 첫 번째 원에 비해 두 번째 원에서 단위 길이를 가진 호의 구부러진 각도 또는 휘어진 각도가 2배, 3배, 4배 등으로 커지게 된다. 바꿔 말하면, 첫 번째 원의 둘레와 두 번째 원의 둘레에 같은 길이의 호를 잡아놓고 볼 때 두 번째 원의 호에 비해 첫 번째 원의 호가 구부러진 정도 또는 휘어진 정도가 $\frac{1}{2}$배, $\frac{1}{3}$배, $\frac{1}{4}$배 등으로 작아진다. 이는 곧 첫 번째 원의 곡률이 두 번째 원의 곡률에 비해 $\frac{1}{2}$배, $\frac{1}{3}$배, $\frac{1}{4}$배 등이 된다는 이야기다. 따라서 우리는 원의 반지름이 2배, 3배, 4배 등이 되면 그 원의 곡률이 $\frac{1}{2}$배, $\frac{1}{3}$배, $\frac{1}{4}$배 등이 됨을 알 수 있다. 이런 사실은 원의 곡률은 반지름에 반비례한다는 말로 표현된다. 이는 다음과 같이 쓸 수 있다.

$$곡률 = k \times \frac{1}{반지름}$$

여기서 k는 상수다. $k=1$로 잡기로 우리가 합의한다면 항상 다음과 같이 된다.

$$곡률 = \frac{1}{반지름}$$

반지름이 무한히 커진다면 곡률이 $\frac{1}{무한대}$=영이 된다. 왜냐하면 분수의 분모가 무한히 크다면 그 분수의 값은 무한히 작기 때문이다. 이런 이유에서 수학자들은 직선을 반지름이 무한히 큰, 또는 곡률이 영인 원의 호로 간주하곤 한다.

완전히 대칭적인 모양이고 구부러짐이 고른 원, 따라서 둘레 위의 모든 점에서 곡률이 일정한 원에는 곡률을 표현하는 위와 같은 방법이 완전히 들어맞는다. 그러나 그렇지 않은 다른 모든 원의 경우에는 그 둘레의 상이한 점들에서의 곡률이 동일하지 않으며, 심지어는 서로 아주 가까이에 있는 두 점에서의 곡률이 크게 다를 수도 있다. 따라서 원의 둘레 위에 있는 두 점 사이의 호가 아주 작지 않은 한, 보다 정확하게 말하면 그것이 무한히 작지 않은 한 그 두 점을 직접 비교해 측정한 구부러짐 또는 휘어짐의 크기를 그 호의 곡률을 나타내는 척도로 삼는 것은 정확하지 않을 것이다.

그러므로 AB와 같은 작은 호(그림 65를 보라)를 상정하고, 이와 별도로 다른 어떤 원보다 더 확실하게 AB와 일치하는 호를 가진 원을 겹쳐 그려보자. 그러면 우리는 그 원의 곡률을 곡선의 호 AB의 곡률로 간주해도 된다. 곡선의 호 AB가 작을수록 그 호와 가장 일치하는 호를 가진 원을 찾아내기가 더 쉬울 것이다. A와 B가 서로 아주 가까이에 있어 호 AB가 아주 작고, 따라서 AB의 길이 ds를 사실상 무시할 수 있다면 두 개의 호, 즉 원의 호와 곡선의 호가 사실상 완전하게 일치한다고 볼 수 있다. 그렇다면 점 A(또는 점 B)에서의 곡선의 곡률이 원의 곡률과 같을 것이고, 그 곡률은 앞에서 설명한 우리의 측정방법에 의해 원의 반지름의 역수, 즉 $\frac{1}{OA}$로 표현할 수 있다.

그런데 얼핏 보기에 AB가 아주 작다면 그것과 일치하는 호를 가진 원도 아주 작아야 할 것이라고 당신이 생각할지도 모르겠다. 그러나 조금만 더 생각해보면 그게 반드시 그렇지는 않음을 알게 될 것이다. 그 아주 작은 호 AB에서 곡선이 구부러진 정도에 따라 원의 크기는 얼마든지 달라질 수 있는 것이다. 사실 바로 그 부분에서 곡선이 거의 직선에 가까울 정도로 곧다면 원은 대단히 클 것이다. 어쨌든 우리는 그와 같은 원을 우리가 주목하고 있는 점에서의 곡률원 또는 접촉원이라고 부른다. 그리고 그 원의 반지름을 곡선 위의 그 특정한 점에서의 곡률반지름(곡률반경)이라고 한다.

호 AB를 ds로, AOB의 각도를 $d\theta$로 각각 표시하면 곡률반지름 r은 다음과 같이 된다.

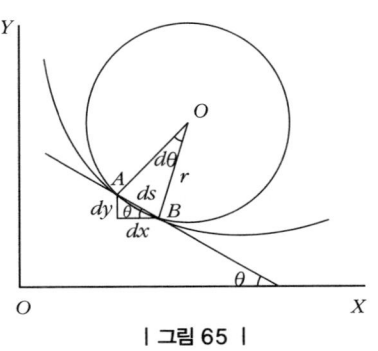

| 그림 65 |

$ds = rd\theta$, 따라서 $\dfrac{d\theta}{ds} = \dfrac{1}{r}$

원의 일부를 자르는 할선 AB는 OX 축과 만나면서 θ의 각도를 이룬다. 이때 작은 삼각형 ABC를 그려보면 $\dfrac{dy}{dx} = \tan\theta$ 임을 알 수 있다. AB가 무한히 작아서 B가 사실상 A와 일치한다면 선 AB는 점 A(또는 점 B)에서 곡선의 접선이 될 것이다.

그런데 $\tan\theta$의 값은 점 A(또는 점 A와 거의 일치한다고 가정된 점 B)의 위치에 따라 달라지며, 따라서 x에 의존한다. 다시 말해 $\tan\theta$는 x의 '함수'가 되는 것이다.

기울기를 구하기 위해 그 함수를 x에 대해 미분(127쪽 이하를 보라)하면 다음과 같이 된다.

$$\dfrac{d\left(\dfrac{dy}{dx}\right)}{dx} = \dfrac{d(\tan\theta)}{dx}, \text{ 즉 } \dfrac{d^2y}{dx^2} = \sec^2\theta \dfrac{d\theta}{dx} = \dfrac{1}{\cos^2\theta} \dfrac{d\theta}{dx}$$ (189쪽을 보라)

따라서 $\dfrac{d\theta}{dx} = \cos^2\theta \dfrac{d^2y}{dx^2}$

그런데 $\dfrac{dx}{ds} = \cos\theta$ 이고, $\dfrac{d\theta}{ds}$ 는 $\dfrac{d\theta}{dx} \times \dfrac{dx}{ds}$ 로 바꿔 쓸 수 있으므로

$$\dfrac{1}{r} = \dfrac{d\theta}{ds} = \dfrac{d\theta}{dx} \times \dfrac{dx}{ds} = \cos^3\theta \dfrac{d^2y}{dx^2} = \dfrac{\dfrac{d^2y}{dx^2}}{\sec^3\theta}$$

여기서 $\sec\theta = \sqrt{1 + \tan^2\theta}$ 이므로

$$\dfrac{1}{r} = \dfrac{\dfrac{d^2y}{dx^2}}{(\sqrt{1+\tan^2\theta})^3} = \dfrac{\dfrac{d^2y}{dx^2}}{\left\{1+\left(\dfrac{dy}{dx}\right)^2\right\}^{\frac{3}{2}}}$$

결국 우리는 다음과 같은 결과를 얻게 된다.

$$r = \frac{\left\{1 + \left(\frac{dy}{dx}\right)^2\right\}^{\frac{3}{2}}}{\frac{d^2y}{dx^2}}$$

여기서 분자는 제곱근이므로 +부호를 가질 수도 있고 −부호를 가질 수도 있다. 그러나 우리는 분모의 부호와 같은 것을 분자의 부호로 선택해야 한다. 이는 음수인 반지름은 아무런 의미도 갖지 못하므로 r을 언제나 양수가 되게 하기 위해서다.

우리는 앞(12장)에서 $\frac{d^2y}{dx^2}$가 영보다 크면 곡선이 아래로 볼록한 반면에 $\frac{d^2y}{dx^2}$가 영보다 작으면 곡선이 아래로 오목함을 증명했다. $\frac{d^2y}{dx^2}=0$이면 곡률반지름이 무한히 크며, 이는 곧 곡선의 해당 부분이 한 조각의 직선이라는 얘기다. 이런 일은 x축에 대해 곡선이 오목하다가 볼록하게, 또는 그 반대로 점진적으로 변화할 때에는 언제나 일어난다. 곡선 위의 어떤 점에서 이런 일이 일어날 때 그 점을 변곡점이라고 한다.

곡률원의 중심은 곡률중심으로 불린다. 곡률중심의 좌표가 x_1, y_1이라면 곡률원의 방정식은 다음과 같이 된다(117쪽을 보라).

$(x-x_1)^2 + (y-y_1)^2 = r^2$

따라서 미분을 하면 $2(x-x_1)dx + 2(y-y_1)dy = 0$

$x - x_1 + (y - y_1)\frac{dy}{dx} = 0$ (1)

여기서 우리가 왜 미분을 했을까? 상수 r을 제거하기 위해서다. 우리가 미분을 한 결과로 미지의 상수가 x_1, y_1 두 개만 남았다. 미분을 한 번 더 하면 이 두 개의 미지수 가운데 한 개를 추가로 제거할 수 있다. 그런데 이 두 번째 미분을 하는 일은 얼핏 생각되는 만큼 쉽지가 않다. 같이 해보자. 두 번째 미분은 다음과 같다.

$$\frac{d(x)}{dx} + \frac{d\left[(y-y_1)\frac{dy}{dx}\right]}{dx} = 0$$

두 번째 항의 분자는 곱의 형태로 돼있다. 그 미분은 다음과 같이 하면 된다.

$$(y-y_1)\frac{d\left(\frac{dy}{dx}\right)}{dx} + \frac{dy}{dx}\frac{d(y-y_1)}{dx}$$
$$= (y-y_1)\frac{d^2y}{dx^2} + \left(\frac{dy}{dx}\right)^2$$

따라서 (1)을 다시 미분한 결과는 다음과 같다.

$$1 + \left(\frac{dy}{dx}\right)^2 + (y-y_1)\frac{d^2y}{dx^2} = 0$$

이로부터 우리는 다음 수식을 얻게 된다.

$$y_1 = y + \frac{1+\left(\frac{dy}{dx}\right)^2}{\frac{d^2y}{dx^2}}$$

이것을 (1)에 대입하면

$$(x-x_1) + \left\{y-y-\frac{1+\left(\frac{dy}{dx}\right)^2}{\frac{d^2y}{dx^2}}\right\}\frac{dy}{dx} = 0$$

결국 우리는 다음과 같은 결과를 얻게 된다.

$$x_1 = x - \frac{\frac{dy}{dx}\left\{1+\left(\frac{dy}{dx}\right)^2\right\}}{\frac{d^2y}{dx^2}}$$

방금 구한 x_1과 y_1은 곡률중심의 위치를 알려준다. 이 공식이 어떤 용도를 갖고 있는지는 풀이가 된 예를 몇 가지 주의 깊게 살펴보는 것을 통해 가장 잘 알 수 있다.

예 1

$x=0$인 점에서 곡선 $y=2x^2-x+3$의 곡률반지름과 곡률중심의 좌표를 구하라.

$$\frac{dy}{dx}=4x-1, \quad \frac{d^2y}{dx^2}=4$$

$$r=\frac{\pm\left\{1+\left(\frac{dy}{dx}\right)^2\right\}^{\frac{3}{2}}}{\frac{d^2y}{dx^2}}=\frac{\{1+(4x-1)^2\}^{\frac{3}{2}}}{4}$$

$x=0$일 때 이것은 다음과 같이 된다.

$$\frac{\{1+(-1)^2\}^{\frac{3}{2}}}{4}=\frac{\sqrt{8}}{4}=0.707$$

이제 x_1, y_1이 곡률중심의 좌표라면

$$x_1=x-\frac{\frac{dy}{dx}\left\{1+\left(\frac{dy}{dx}\right)^2\right\}}{\frac{d^2y}{dx^2}}=x-\frac{(4x-1)\{1+(4x-1)^2\}}{4}$$

$$=0-\frac{(-1)\{1+(-1)^2\}}{4}=\frac{1}{2}$$

$x=0$일 때 $y=3$이므로

$$y_1=y+\frac{1+\left(\frac{dy}{dx}\right)^2}{\frac{d^2y}{dx^2}}=y+\frac{1+(4x-1)^2}{4}=3+\frac{1+(-1)^2}{4}=3\frac{1}{2}$$

곡선과 원을 그려보는 것은 흥미롭기도 하지만 그 과정에서 얻는 바도 있을 것이다. 위에서 우리가 구한 값을 검증해보는 것은 쉽다. $x=0$일 때 $y=3$이므로 다음과 같이 된다.

$$x_1^2+(y_1-3)^2=r^2, \ \ 즉 \ 0.5^2+0.5^2=0.50=0.707^2$$

예 2

$y=0$에서 곡선 $y^2=mx$의 곡률반지름과 곡률중심의 위치를 구하라.

$$y=m^{\frac{1}{2}}x^{\frac{1}{2}}, \quad \frac{dy}{dx}=\frac{1}{2}m^{\frac{1}{2}}x^{-\frac{1}{2}}=\frac{m^{\frac{1}{2}}}{2x^{\frac{1}{2}}}$$

$$\frac{d^2y}{dx^2}=-\frac{1}{2}\times\frac{m^{\frac{1}{2}}}{2}x^{-\frac{3}{2}}=-\frac{m^{\frac{1}{2}}}{4x^{\frac{3}{2}}}$$

$$r=\frac{\pm\left\{1+\left(\frac{dy}{dx}\right)^2\right\}^{\frac{3}{2}}}{\frac{d^2y}{dx^2}}=\frac{\pm\left\{1+\frac{m}{4x}\right\}^{\frac{3}{2}}}{-\frac{m^{\frac{1}{2}}}{4x^{\frac{3}{2}}}}=\frac{(4x+m)^{\frac{3}{2}}}{2m^{\frac{1}{2}}}$$

여기서 분자의 부호로 마이너스가 선택됐는데, 이는 r이 양수가 되게 하기 위해서다.

$y=0$일 때 $x=0$이므로 $r=\frac{m^{\frac{3}{2}}}{2m^{\frac{1}{2}}}=\frac{m}{2}$ 임을 우리는 알 수 있다.

또한 x_1, y_1이 곡률중심의 좌표라면

$$x_1=x-\frac{\frac{dy}{dx}\left\{1+\left(\frac{dy}{dx}\right)^2\right\}}{\frac{d^2y}{dx^2}}=x-\frac{\frac{m^{\frac{1}{2}}}{2x^{\frac{1}{2}}}\left\{1+\frac{m}{4x}\right\}}{-\frac{m^{\frac{1}{2}}}{4x^{\frac{3}{2}}}}$$

$$=x+\frac{4x+m}{2}=3x+\frac{m}{2}$$

따라서 $x=0$일 때 $x_1=\frac{m}{2}$

$$y_1=y+\frac{1+\left(\frac{dy}{dx}\right)^2}{\frac{d^2y}{dx^2}}=m^{\frac{1}{2}}x^{\frac{1}{2}}-\frac{1+\frac{m}{4x}}{\frac{m^{\frac{1}{2}}}{4x^{\frac{3}{2}}}}=-\frac{4x^{\frac{3}{2}}}{m^{\frac{1}{2}}}$$

따라서 $x=0$일 때 $y_1=0$

예 3

원은 곡률이 일정한 곡선임을 보여라.

직교좌표에서 x_1, y_1이 중심의 좌표, R이 반지름이라고 하면 원의 방정식은 다음과 같다.

$$(x-x_1)^2+(y-y_1)^2=R^2$$

이것을 다음과 같이 변형시키는 것은 쉬운 일이다.

$$y=\sqrt{R^2-(x-x_1)^2}+y_1=\{R^2-(x-x_1)^2\}^{\frac{1}{2}}+y_1$$

이것을 미분하기 위해 $R^2-(x-x_1)^2=v$로 놓으면 $y=v^{\frac{1}{2}}+y_1$이 되므로

$$\frac{dy}{dv}=\frac{1}{2}v^{-\frac{1}{2}},\ \frac{dv}{dx}=-2(x-x_1)$$

$$\frac{dy}{dx}=\frac{dy}{dv}\times\frac{dv}{dx}=-\frac{1}{2}\{R^2-(x-x_1)^2\}^{-\frac{1}{2}}\times 2(x-x_1)$$

$$=\frac{-(x-x_1)}{\{R^2-(x-x_1)^2\}^{\frac{1}{2}}}$$

분수식 미분에 관한 규칙을 이용해 한 번 더 미분하면 우리는 다음 결과를 얻게 된다.

$$\frac{d^2y}{dx^2}=\frac{\{R^2-(x-x_1)^2\}^{\frac{1}{2}}\times\frac{d}{dx}\{-(x-x_1)\}-\{-(x-x_1)\}\frac{d}{dx}\{R^2-(x-x_1)^2\}^{\frac{1}{2}}}{R^2-(x-x_1)^2}$$

(복잡한 수식을 다룰 때에는 이런 식으로 수식 전부를 써보는 것이 언제나 좋은 방법이다.)

위 수식은 다음과 같이 단순화된다.

$$\frac{d^2y}{dx^2}=\frac{\{R^2-(x-x_1)^2\}^{\frac{1}{2}}(-1)-\frac{(x-x_1)^2}{\{R^2-(x-x_1)^2\}^{\frac{1}{2}}}}{R^2-(x-x_1)^2}$$

$$=\frac{R^2}{\{R^2-(x-x_1)^2\}^{\frac{3}{2}}}$$

따라서

$$r = \frac{\pm\left\{1+\left(\frac{dy}{dx}\right)^2\right\}^{\frac{3}{2}}}{\frac{d^2y}{dx^2}} = \frac{\left\{1+\frac{(x-x_1)^2}{R^2-(x-x_1)^2}\right\}^{\frac{3}{2}}}{\frac{R}{\{R^2-(x-x_1)^2\}^{\frac{3}{2}}}} = \frac{(R^2)^{\frac{3}{2}}}{R^2} = R$$

결국 곡률반지름은 상수이며, 원의 반지름과 같다.

예 4

$x=0$, $x=0.5$, $x=1.0$인 점에서 곡선 $y=x^3-2x^2+x-1$의 곡률반지름과 곡률중심을 구하라. 아울러 변곡점의 위치도 구하라.

$$\frac{dy}{dx}=3x^2-4x+1, \quad \frac{d^2y}{dx^2}=6x-4$$

$$r=\frac{\{1+(3x^2-4x+1)^2\}^{\frac{3}{2}}}{6x-4}$$

$$x_1=x-\frac{(3x^2-4x+1)\{1+(3x^2-4x+1)^2\}}{6x-4}$$

$$y_1=y+\frac{1+(3x^2-4x+1)^2}{6x-4}$$

$x=0$일 때 $y=-1$이므로

$$r=\frac{\sqrt{8}}{4}=0.707, \quad x_1=0+\frac{1}{2}=0.5, \quad y_1=-1-\frac{1}{2}=-1.5$$

곡선을 그리고 그 곡선 위에 $x=0$, $y=-1$인 점을 표시해보라. 그리고 그 오른쪽과 왼쪽으로 각각 2분의 1인치 떨어진 곳에 두 개의 점을 잡은 다음에 그 세 개의 점을 스치는 원을 그려라. 그리고 그 원의 반지름과 중심의 좌표를 측정하고 그것을 위에서 우리가 얻은 결과와 비교해보라. 2인치를 단위 길이로 하는 눈금이 그어진 모눈종이 위에 그러한 원을 그려놓고 보면 그 원의 반지름은 $r=0.72$, 그 중심의 좌표는 $x_1=0.47$,

$y_1 = -1.53$이 됨을 알 수 있을 것이다. 이것은 위에서 우리가 구한 원과 거의 같다.

$x=0.5$일 때에는 $y=-0.875$이고,

$$r = \frac{-\{1+(-0.25)^2\}^{\frac{3}{2}}}{-1} = 1.09$$

$$x_1 = 0.5 - \frac{-0.25 \times 1.09}{-1} = 0.33$$

$$y_1 = -0.875 + \frac{1.09}{-1} = -1.96$$

이때 앞에서와 같이 원을 그리면 그 원의 반지름은 $r=0.98$, 그 중심의 좌표는 $x_1=0.33$, $y_1=-1.83$이 된다.

$x=1$일 때에는 $y=-1$이고,

$$r = \frac{(1+0)^{\frac{3}{2}}}{2} = 0.5$$

$$x_1 = 1 - \frac{0 \times (1+0)}{2} = 1$$

$$y_1 = -1 + \frac{1+0^2}{2} = -0.5$$

이때 앞에서와 같이 원을 그리면 그 원의 반지름은 $r=0.57$, 그 중심의 좌표는 $x_1=0.96$, $y_1=-0.44$가 된다.

변곡점에서는 $\frac{d^2y}{dx^2}=0$이므로 $6x-4=0$이 되고, 따라서 $x=\frac{2}{3}$, $y=0.925$.

예 5

$x=0$인 점에서 곡선 $y=\frac{a}{2}(\varepsilon^{\frac{x}{a}} + \varepsilon^{-\frac{x}{a}})$의 곡률반지름과 곡률중심을 구하라. (이 곡선은 늘어뜨린 사슬과 정확하게 똑같은 기울기를 보여준다는 점에서 '커티너리'라고 불린다.[53])

이 곡선의 방정식은 다음과 같이 바꿔 쓸 수 있다.

$$y = \frac{a}{2}\varepsilon^{\frac{x}{a}} + \frac{a}{2}\varepsilon^{-\frac{x}{a}}$$

따라서 다음과 같이 된다(168쪽의 예를 보라).

$$\frac{dy}{dx} = \frac{a}{2} \times \frac{1}{a}\varepsilon^{\frac{x}{a}} - \frac{a}{2} \times \frac{1}{a}\varepsilon^{-\frac{x}{a}} = \frac{1}{2}(\varepsilon^{\frac{x}{a}} - \varepsilon^{-\frac{x}{a}})$$

$$\frac{d^2y}{dx^2} = \frac{1}{2a}(\varepsilon^{\frac{x}{a}} + \varepsilon^{-\frac{x}{a}}) = \frac{1}{2a} \times \frac{2y}{a} = \frac{y}{a^2}$$

$$r = \frac{\left\{1 + \frac{1}{4}(\varepsilon^{\frac{x}{a}} - \varepsilon^{-\frac{x}{a}})^2\right\}^{\frac{3}{2}}}{\frac{y}{a^2}} = \frac{a^2}{8y}\sqrt{(2 + \varepsilon^{\frac{2x}{a}} + \varepsilon^{-\frac{2x}{a}})^3}$$

$\varepsilon^{\frac{x}{a} - \frac{x}{a}} = \varepsilon^0 = 1$이므로 이것은 결국 다음과 같이 된다.

$$r = \frac{a^2}{8y}\sqrt{(2\varepsilon^{\frac{x}{a} - \frac{x}{a}} + \varepsilon^{\frac{2x}{a}} + \varepsilon^{-\frac{2x}{a}})^3} = \frac{a^2}{8y}\sqrt{(\varepsilon^{\frac{x}{a}} + \varepsilon^{-\frac{x}{a}})^6} = \frac{y^2}{a}$$

$x=0$일 때 $y = \frac{a}{2}(\varepsilon^0 + \varepsilon^0) = a$, $\frac{dy}{dx} = \frac{1}{2}(\varepsilon^0 - \varepsilon^0) = 0$이므로

$$r = \frac{a^2}{a} = a$$

따라서 y 축과 교차하는 점에서의 곡률반지름은 상수 a와 같다.

또한 $x_1 = 0 - \dfrac{0(1+0)}{\frac{1}{a}} = 0$, $y_1 = y + \dfrac{1+0}{\frac{1}{a}} = a + a = 2a$

이제 당신은 위와 같은 유형의 문제에 익숙해졌을 것이고, 따라서 아래에 제시되는 연습문제를 얼마든지 풀 수 있을 것이다. 예 4에서 설명한 바와 같이 곡선과 곡률원을 주의 깊게 그려보는 것을 통해 당신이 구한 해답을 검증해보기를 권한다.

---

53 _ (역주) 영어로 커티너리(catenary)는 사슬(chain)이라는 뜻을 가진 라틴어 카테나(catena)에서 유래한 낱말이다. 커티너리는 현수선(懸垂線), 현수곡선(懸垂曲線), 수곡선(垂曲線) 등으로 번역돼왔다.

연습문제 XX

해답은 329~330쪽을 보라.

(1) $x=0$에서 곡선 $y=\varepsilon^x$의 곡률반지름과 곡률중심의 위치를 구하라.

(2) $x=2$에서 $y=x\left(\dfrac{x}{2}-1\right)$의 곡률반지름과 곡률중심을 구하라.

(3) 곡선 $y=x^2$에서 곡률이 1인 점 또는 점들을 구하라.

(4) $x=\sqrt{m}$인 점에서 곡선 $xy=m$의 곡률반지름과 곡률중심을 구하라.

(5) $x=0$인 점에서 곡선 $y^2=4ax$의 곡률반지름과 곡률중심을 구하라.

(6) $x=\pm 0.9$와 $x=0$인 점에서 곡선 $y=x^3$의 곡률반지름과 곡률중심을 구하라.

(7) 각각 $x=0$과 $x=1$인 두 점에서 곡선 $y=x^3-x+2$의 곡률반지름과 곡률중심의 좌표를 구하라. 아울러 y의 극대값 또는 극소값을 구하라. 그래프를 그려서 당신이 구한 모든 결과를 검증하라.

(8) $x=-2$, $x=0$, $x=1$인 점에서 곡선 $y=x^3-x-1$의 곡률반지름과 곡률중심의 좌표를 구하라.

(9) 곡선 $y=x^3+x^2+1$의 변곡점을 있는 대로 다 구하라.

(10) $x=1.2$, $x=2$, $x=2.5$인 점에서 곡선 $y=(4x-x^2-3)^{\frac{1}{2}}$의 곡률반지름과 곡률중심의 좌표를 구하라. 이 곡선은 어떤 형태인가?

(11) $x=0$와 $x=+1.5$인 점에서 곡선 $y=x^3-3x^2+2x+1$의 곡률반지름과 곡률중심을 구하라. 아울러 변곡점의 위치도 구하라.

(12) $\theta=\dfrac{\pi}{4}$와 $\theta=\dfrac{\pi}{2}$인 점에서 곡선 $y=\sin\theta$의 곡률반지름과 곡률중심을 구하라. 아울러 변곡점의 위치를 구하라.

(13) 좌표 $x=1$, $y=0$을 중심으로 하고 반지름이 3인 원을 그려라. 기본원리(117쪽을 보라)에 입각해 그 원의 방정식을 도출하라. 몇 개의

적당한 점에서 곡률반지름과 곡률중심의 좌표를 가능한 한 정확하게 계산해보고, 당신이 이미 알고 있는 값들을 구하게 되는지를 확인하라.

(14) $\theta=0$, $\theta=\dfrac{\pi}{4}$, $\theta=\dfrac{\pi}{2}$인 점에서 곡선 $y=\cos\theta$의 곡률반지름과 곡률중심을 구하라.

(15) $x=0$인 점과 $y=0$인 점에서 타원 $\dfrac{x^2}{a^2}+\dfrac{y^2}{b^2}=1$의 곡률반지름과 곡률중심을 구하라.

23장
곡선의 일부인 호의 길이를 구하는 방법

어떤 곡선이든 그 곡선의 일부인 호는 그 한 쪽 끝에서 다른 쪽 끝까지 직선의 수많은 작은 조각들이 연결되어 이루어진 것이므로 그 작은 조각들을 다 더할 수 있다면 우리는 호의 길이를 구할 수 있다. 그런데 우리는 수많은 작은 조각들을 더하는 작업은 바로 적분이라고 하는 것임을 알고 있고, 적분을 하는 방법도 알고 있다. 따라서 곡선의 방정식이 적분을 할 수 있는 형태이기만 하다면 우리는 그것이 어떤 곡선이든 그 곡선의 일부인 호의 길이도 구할 수 있다.

어떤 곡선이든 그 곡선의 일부인 호 MN이 있고 우리가 그 길이 s를 구해야 한다고 하자(그림 66 (a)). 호를 잘게 나누면 얻게 되는 '작은 조각' 하나를 ds라고 하면 우리는 곧바로 다음과 같이 됨을 알 수 있다.

$(ds)^2 = (dx)^2 + (dy)^2$

이것은 다음과 같이 바꿔 쓸 수 있다.

$ds = \sqrt{1+\left(\dfrac{dx}{dy}\right)^2}\, dy$ 또는 $ds = \sqrt{1+\left(\dfrac{dy}{dx}\right)^2}\, dx$

그런데 호 MN은 M과 N 사이, 즉 x_1과 x_2 사이 또는 y_1과 y_2 사이에 있는 작은 조각 ds들 전부의 합이므로 그 호의 길이는 다음과 같이 된다.

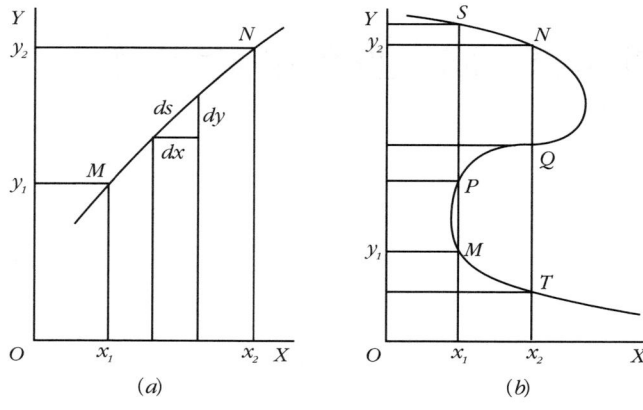

| 그림 66 |

$$s=\int_{x_1}^{x_2}\sqrt{1+\left(\frac{dy}{dx}\right)^2}\,dx \text{ 또는 } s=\int_{y_1}^{y_2}\sqrt{1+\left(\frac{dx}{dy}\right)^2}\,dy$$

여기까지 알면 알아야 할 것은 다 아는 것이다!

주어진 x의 값에 대응하는 곡선 위의 점이 여러 개 있는 경우(그림 66 (b)에서와 같이)에는 위의 두 가지 적분 가운데 두 번째 적분이 유용하다. 이런 경우에 x_1과 x_2 사이에서 적분을 하려고 한다면 우리가 길이를 구해야 하는 곡선의 일부가 정확하게 어느 부분인지에 대한 의문이 해소되지 않는다. 그 부분은 MN이 아니라 ST일 수도 있고 SQ일 수도 있다. 그러나 y_1과 y_2 사이에서 적분을 하기로 한다면 그런 불확실한 측면은 제거된다. 따라서 이런 경우에는 두 번째 적분을 이용해야 한다.

x와 y의 좌표, 즉 우리가 그 창시자인 프랑스의 수학자 데카르트의 이

---

54 _ (역주) '카티지언 좌표(Cartesian coordinates)'라고도 한다. 이는 그 창안자인 르네 데카르트(René Descartes, 1596~1650)의 라틴어식 이름이 레나투스 카르테시우스(Renatus Cartesius)였던 데서 유래한 것이다.

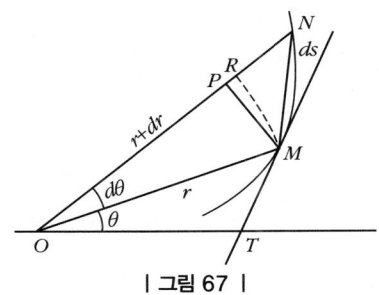

| 그림 67 |

름을 따서 '데카르트 좌표'[54]라고 부르는 것 대신에 r과 θ의 좌표(즉 극좌표, 이에 대해서는 245쪽을 보라)를 사용할 때에는 어떻게 하면 될까?

어떤 곡선이든 우리가 그 곡선의 길이 s를 구하려고 하는 경우에 그 일부로서 길이가 ds인 작은 호를 MN이라고 하자(그림 67을 보라). O를 극이라고 하고 일반화해 말하면, 거리 ON은 거리 OM과 작은 양의 거리 dr만큼 차이가 날 것이다. 작은 각도 MON을 $d\theta$로 부르기로 한다면 점 M의 극좌표는 θ와 r이고, 점 N의 극좌표는 $(\theta+d\theta)$와 $(r+dr)$가 된다. MP가 ON에 대해 수직이고 $OR=OM$이라고 하면 $RN=dr$이고, 이것은 $d\theta$가 아주 작은 각도인 한 PN과 거의 같은 것으로 볼 수 있다. 또한 $RM=rd\theta$이고, RM은 PM과 거의 같으며, 호 MN은 현 MN[55]과 거의 같다. 사실 우리는 $PN=dr$, $PM=rd\theta$, 호$MN=$현MN이라고 써도 되며, 이렇게 써도 인식될 정도의 오차는 발생하지 않는다. 따라서 다음과 같이 된다.

$$(ds)^2 = (\text{현}MN)^2 = \overline{PN}^2 + \overline{PM}^2 = dr^2 + r^2 d\theta^2$$

---

55 _ (역주) 여기서 '호 MN'은 'arc MN', '현 MN'은 'chord MN'을 각각 가리킨다.

양변을 $d\theta^2$으로 나누면 $\left(\dfrac{ds}{d\theta}\right)^2 = r^2 + \left(\dfrac{dr}{d\theta}\right)^2$이 되므로

$$\dfrac{ds}{d\theta} = \sqrt{r^2 + \left(\dfrac{dr}{d\theta}\right)^2}$$

$$ds = \sqrt{r^2 + \left(\dfrac{dr}{d\theta}\right)^2}\, d\theta$$

그런데 길이 s는 $\theta = \theta_1$과 $\theta = \theta_2$라는 두 개의 θ 값 사이에 존재하는 작은 조각 ds들을 전부 더한 것이므로 우리는 다음과 같은 결과를 얻을 수 있다.

$$s = \int_{\theta_1}^{\theta_2} ds = \int_{\theta_1}^{\theta_2} \sqrt{r^2 + \left(\dfrac{dr}{d\theta}\right)^2}\, d\theta$$

여기서 우리는 곧바로 몇 개의 예를 풀어보는 일로 넘어갈 수 있겠다.

예 1

원점, 즉 x축과 y축이 교차하는 점에 중심을 두고 있는 원의 방정식은 $x^2 + y^2 = r^2$이다. 그 사분원의 호의 길이를 구하라.

$$y^2 = r^2 - x^2$$

$$2y\,dy = -2x\,dx, \ 즉\ \dfrac{dy}{dx} = -\dfrac{x}{y}$$

따라서 다음과 같이 된다.

$$s = \int \sqrt{1 + \left(\dfrac{dy}{dx}\right)^2}\, dx = \int \sqrt{1 + \dfrac{x^2}{y^2}}\, dx$$

그런데 $y^2 = r^2 - x^2$이므로

$$s = \int \sqrt{1 + \dfrac{x^2}{r^2 - x^2}}\, dx = \int \dfrac{r\,dx}{\sqrt{(r^2 - x^2)}}$$

우리가 길이를 구해야 하는 사분원의 호는 $x = 0$인 점부터 $x = r$인 점까지에 걸쳐있다. 이를 우리는 다음과 같이 표현할 수 있다.

$$s = \int_{x=0}^{x=r} \dfrac{r\,dx}{\sqrt{(r^2 - x^2)}}$$

이것은 다음과 같이 바꿔 쓰면 더 간단해진다.

$$s=\int_0^r \frac{rdx}{\sqrt{(r^2-x^2)}}$$

적분기호의 오른쪽 아래와 위에 씌어진 0과 r은 곡선의 일부에서만, 즉 우리가 앞(233~234쪽)에서 본 대로 $x=0$과 $x=r$ 사이에서만 적분을 해야 한다는 의미일 뿐이다.

그런데 여기서 새로운 적분 하나를 만나게 됐다! 당신은 그 적분을 할 수 있겠는가?

앞의 190쪽에서 우리는 $y=\text{arc}(\sin x)$를 미분해서 $\dfrac{dy}{dx}=\dfrac{1}{\sqrt{(1-x^2)}}$이 라는 결과를 얻었다. 당신이 거기서 제시된 예들의 온갖 변종을 두루 다뤄보았다면(당연히 그랬어야 한다!) 아마도 $y=a\,\text{arc}\left(\sin \dfrac{x}{a}\right)$와 같은 형태의 수식도 미분해보았을 것이다. 그것은 다음과 같다.

$$\frac{dy}{dx}=\frac{a}{\sqrt{(a^2-x^2)}}, \quad \text{즉 } dy=\frac{adx}{\sqrt{(a^2-x^2)}}$$

이것은 우리가 지금 적분해야 하는 것과 똑같은 수식이다.

따라서 C가 상수라고 하면 다음과 같이 적분이 된다.

$$s=\int \frac{rdx}{\sqrt{(r^2-x^2)}}=r\,\text{arc}\left(\sin \frac{x}{r}\right)+C$$

그런데 이 적분은 $x=0$과 $x=r$ 사이에서만 해야 하므로 다음과 같이 써야 한다.

$$s=\int_0^r \frac{rdx}{\sqrt{(r^2-x^2)}}=\left[r\,\text{arc}\left(\sin \frac{x}{r}\right)+C\right]_0^r$$

이제 236쪽의 예 (1)에서 설명된 대로 진행하면 우리는 다음과 같은 결과를 얻게 된다.

$$s=r\,\text{arc}\left(\sin \frac{r}{r}\right)+C-r\,\text{arc}\left(\sin \frac{0}{r}\right)-C, \quad \text{즉 } s=r\times\frac{\pi}{2}$$

왜 이렇게 되느냐면 $\text{arc}(\sin 1)$은 90° 또는 $\dfrac{\pi}{2}$이고, $\text{arc}(\sin 0)$은 영이며, 상수 C는 수식을 보면 알 수 있듯이 소거되기 때문이다.

따라서 사분원의 호의 길이는 $\dfrac{\pi r}{2}$이고, 전체 원의 둘레는 이것의 4배이므로 $4 \times \dfrac{\pi r}{2} = 2\pi r$이다.

예 2

원 $x^2+y^2=6^2$의 둘레 가운데 $x_1=2$와 $x_2=5$ 사이의 호 AB의 길이를 구하라(그림 68).

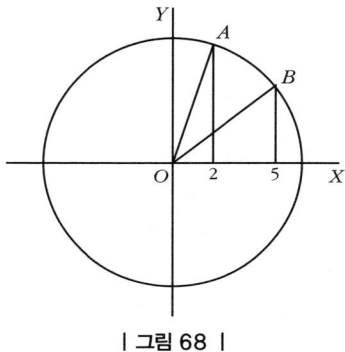

| 그림 68 |

앞의 예에서 했던 대로 하면 다음과 같이 된다.

$$s = \left[r\arcsin\left(\frac{x}{r}\right) + C \right]_{x_1}^{x_2} = \left[6\arcsin\left(\frac{x}{6}\right) + C \right]_{2}^{5}$$

$$= 6\left[\arcsin\left(\frac{5}{6}\right) - \arcsin\left(\frac{2}{6}\right)\right] = 6(0.9850 - 0.3397)$$

$=3.8718$인치 (여기서 아크사인의 값은 라디안 단위로 표시됐다.)

아직 익숙해지지 않은 새로운 방법으로 구한 결과는 언제나 검증해보는 것이 좋다. 방금 구한 결과를 검증해보는 것은 쉬운 일이다.

$\cos AOX = \dfrac{2}{6} = \dfrac{1}{3}$, $\cos BOX = \dfrac{5}{6}$

따라서 $AOX = 70° \, 32'$, $BOX = 33° \, 34'$

$AOX - BOX = AOB = 36° 58'$

$= \dfrac{36.9667}{57.2958}$ 라디안 $= 0.6451$ 라디안 $= 3.8706$ 인치

여기서 생겨난 차이는 단지 로그표와 삼각함수표에 실린 소수의 마지막 자리에 씌어있는 수가 근사값이라는 사실에 기인한 것일 뿐이다.

예 3

곡선 $y = \dfrac{a}{2}(\varepsilon^{\frac{x}{a}} + \varepsilon^{-\frac{x}{a}})$(이 곡선은 커티너리다)이 $x=0$과 $x=a$ 사이에 만드는 호의 길이를 구하라.

$y = \dfrac{a}{2}\varepsilon^{\frac{x}{a}} + \dfrac{a}{2}\varepsilon^{-\frac{x}{a}}, \ \dfrac{dy}{dx} = \dfrac{1}{2}(\varepsilon^{\frac{x}{a}} - \varepsilon^{-\frac{x}{a}})$

$s = \int \sqrt{1 + \dfrac{1}{4}(\varepsilon^{\frac{x}{a}} - \varepsilon^{-\frac{x}{a}})^2}\, dx$

$= \dfrac{1}{2}\int \sqrt{4 + \varepsilon^{\frac{2x}{a}} + \varepsilon^{-\frac{2x}{a}} - 2\varepsilon^{\frac{x}{a} - \frac{x}{a}}}\, dx$

그런데 $\varepsilon^{\frac{x}{a} - \frac{x}{a}} = \varepsilon^0 = 1$이므로 $s = \dfrac{1}{2}\int \sqrt{2 + \varepsilon^{\frac{2x}{a}} + \varepsilon^{-\frac{2x}{a}}}\, dx$

그리고 2를 $2 \times \varepsilon^0 = 2 \times \varepsilon^{\frac{x}{a} - \frac{x}{a}}$으로 바꿔 쓸 수 있으므로 다음과 같이 된다.

$s = \dfrac{1}{2}\int \sqrt{\varepsilon^{\frac{2x}{a}} + 2\varepsilon^{\frac{x}{a} - \frac{x}{a}} + \varepsilon^{-\frac{2x}{a}}}\, dx$

$= \dfrac{1}{2}\int \sqrt{(\varepsilon^{\frac{x}{a}} + \varepsilon^{-\frac{x}{a}})^2}\, dx = \dfrac{1}{2}\int (\varepsilon^{\frac{x}{a}} + \varepsilon^{-\frac{x}{a}})\, dx$

$= \dfrac{1}{2}\int \varepsilon^{\frac{x}{a}}\, dx + \dfrac{1}{2}\int \varepsilon^{-\frac{x}{a}}\, dx = \dfrac{a}{2}\left[\varepsilon^{\frac{x}{a}} - \varepsilon^{-\frac{x}{a}}\right]$

따라서 $s = \dfrac{a}{2}\left[\varepsilon^{\frac{x}{a}} - \varepsilon^{-\frac{x}{a}}\right]_0^a = \dfrac{a}{2}\left[\varepsilon^1 - \varepsilon^{-1} + 1 - 1\right]$

결국 $s = \dfrac{a}{2}\left(\varepsilon - \dfrac{1}{\varepsilon}\right)$이다.

예 4

곡선 위의 어느 점이든 그 점을 P라고 하고 P에서 그 곡선과 접하는 직선(접선)이 다른 어떤 고정된 직선 AB와 교차하는 점을 T라고 할 때 P와 T 사이에 걸치는 접선의 길이가 상수 a로 일정하다고 하자(그림 69를 보라). 이런 특성을 가진 곡선(이런 곡선을 '트랙트릭스'[56]라고 부른다)의 호를 나타내는 수식을 구하라. 아울러 $a=3$일 때 그 곡선의 호 가운데 세로좌표 $y=a$와 $y=1$ 사이에 걸치는 부분의 길이도 구하라.

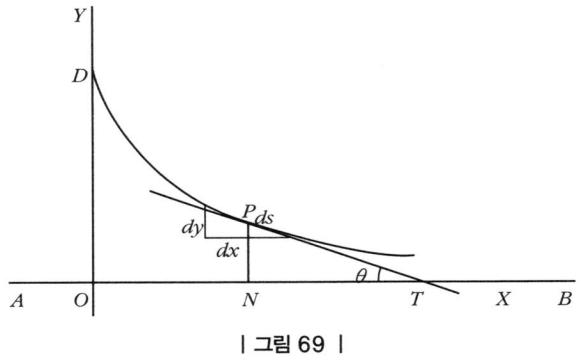

| 그림 69 |

고정된 직선 AB를 x축으로 간주하자. $DO=a$인 점 D를 곡선 위의 한 점이라고 하면 그 점에서 직선 OD가 곡선의 접선이 된다. OD를 y축

---

56 _ (역주) 트랙트릭스(tractrix)는 '끌어당기다'라는 뜻의 라틴어 트라헤레(trahere)에서 유래한 말로 견인선(牽引線), 인호선(引弧線), 추적선(追跡線), 추적곡선(追跡曲線) 등으로 번역된다. 트랙트릭스의 어원상 의미를 보존하는 '견인선'이나 '인호선'는 본문의 그림 69에서 움직이지 않으려고 하는 개의 주인이 길이가 OD인 줄의 끝에 그 개를 묶고 끌어당기면서 점 O에서 출발해 $\overrightarrow{OB}$의 방향으로 걸어갈 때 그 개가 끌려오는 궤적과 같은 것을 가리킨다는 관점에서 선호되는 번역어다. 이에 비해 '추적선'이나 '추적곡선'은 본문의 그림 69에서 점 O에서 $\overrightarrow{OB}$의 방향으로 달아나는 도망자를 계속 정면 앞으로 바라보며 점 D에서부터 쫓아가는 추격자가 그리는 궤적과 같은 것을 가리킨다는 관점에서 선호되는 번역어다.

으로 간주하자. 이때 AB나 OD가 대칭축이라고 불리는 것이 된다. 이는 곧 우리가 검토하는 곡선은 AB나 OD를 중심으로 해서 대칭되는 형태를 갖는다는 뜻이다. 그러면 $PT=a$, $PN=y$, $ON=x$로 놓을 수 있다.

곡선의 일부인 점 P 부분의 작은 조각 하나의 길이가 ds와 같다고 하면 $\sin\theta = \dfrac{dy}{ds} = -\dfrac{y}{a}$가 된다(여기서 음의 부호를 붙인 것은 곡선이 우하향으로 기울어지기 때문이다. 93쪽을 보라.).

따라서 $\dfrac{ds}{dy} = -\dfrac{a}{y}$, 즉 $ds = -a\dfrac{dy}{y}$가 되고, 따라서 $s = -a\displaystyle\int\dfrac{dy}{y}$, 즉 $s = -a\log_\varepsilon y + C$가 된다.

$x=0$일 때 $s=0$, $y=a$이므로 $0 = -a\log_\varepsilon a + C$이고, 따라서 $C = a\log_\varepsilon a$가 된다.

이것을 대입하면 $s = a\log_\varepsilon a - a\log_\varepsilon y = a\log_\varepsilon \dfrac{a}{y}$.

$a=3$일 때 $y=a$와 $y=1$ 사이에 걸치는 곡선의 길이는 다음과 같다.

$$s = 3\left[\log_\varepsilon \dfrac{3}{y}\right]_1^3 = 3(\log_\varepsilon 1 - \log_\varepsilon 3) = 3\times(0-1.0986)$$

$$= -3.296 (\text{또는} 3.296)$$

여기서 음의 부호는 곡선의 길이를 측정하는 방향, 즉 D에서부터 P까지로 측정하느냐, 아니면 P에서부터 D까지로 측정하느냐 하는 문제와 관련된 것일 뿐이다.

위와 같은 결과는 곡선의 방정식이 어떤 것인지를 알지 못하는 가운데 구해진 것이라는 사실에 주목하라. 이렇게 되는 경우가 종종 있다. 그러나 가로좌표에 의해 위치가 지정된 두 점 사이에 걸치는 호의 길이를 구하기 위해서는 해당 곡선의 방정식을 알아야 할 필요가 있다. 그 방정식은 다음과 같은 방법으로 쉽게 구할 수 있다.

$PT=a$이므로 $\dfrac{dy}{dx}=-\tan\theta=-\dfrac{y}{\sqrt{a^2-y^2}}$

따라서 $dx=-\dfrac{\sqrt{a^2-y^2}dy}{y}$

이것을 적분하면 그 결과가 x와 y 사이의 관계를 나타내는 수식을 우리에게 알려줄 텐데, 그 수식이 바로 우리가 구하려는 곡선의 방정식이다.

$$x=-\int\dfrac{\sqrt{a^2-y^2}dy}{y}=-a^2\int\dfrac{dy}{y\sqrt{a^2-y^2}}+\int\dfrac{ydy}{\sqrt{a^2-y^2}}$$

여기서 $\dfrac{dy}{y\sqrt{a^2-y^2}}$를 적분하기 위해 $y=\dfrac{1}{z}$로 놓으면 다음과 같이 된다.

$$\dfrac{dy}{dz}=-\dfrac{1}{z^2}=-\dfrac{y}{z},\ \text{즉}\ \dfrac{dy}{y}=-\dfrac{dz}{z}$$

따라서 우리는 $-\int\dfrac{dz}{\sqrt{a^2z^2-1}}$ 를 적분해야 한다.

이것을 적분하기 위해 $\sqrt{a^2z^2-1}=v-az$로 놓으면 다음과 같이 된다.

$a^2z^2-1=v^2+a^2z^2-2avz$

이것을 미분하면 $0=2vdv-2azdv-2avdz$

이로부터 $dz=\dfrac{v-az}{av}dv$를 얻을 수 있다. 이것을 대입해보자.

$$-\int\dfrac{dz}{\sqrt{a^2z^2-1}}=-\int\dfrac{v-az}{av}\times\dfrac{1}{v-az}dv$$
$$=-\dfrac{1}{a}\int\dfrac{dv}{v}=-\dfrac{1}{a}\log_\varepsilon v$$

따라서 $\int\dfrac{dy}{y\sqrt{a^2-y^2}}=-\dfrac{1}{a}\log_\varepsilon\dfrac{a+\sqrt{a^2-y^2}}{y}+C_1$

이번에는 $\int\dfrac{ydy}{\sqrt{a^2-y^2}}$를 다루자.

$z=\sqrt{a^2-y^2}$으로 놓으면 $dz=-\dfrac{ydy}{\sqrt{a^2-y^2}}$

따라서 $\displaystyle\int\dfrac{ydy}{\sqrt{a^2-y^2}}=-\int dz=-z=-\sqrt{a^2-y^2}+C_2$

결국 우리는 다음과 같은 결과를 얻게 된 셈이다.
$x=a\log_\varepsilon\dfrac{a+\sqrt{a^2-y^2}}{y}-\sqrt{a^2-y^2}+C$

$x=0$일 때 $y=a$이므로 $0=a\log_\varepsilon 1-0+C$이고, 따라서 $C=0$.

그렇다면 트랙트릭스의 방정식은 다음과 같다.
$x=a\log_\varepsilon\dfrac{a+\sqrt{a^2-y^2}}{y}-\sqrt{a^2-y^2}$

앞에서와 같이 $a=3$이라고 하고 $x=0$과 $x=1$ 사이에 걸치는 호의 길이를 구해야 하는 경우라면 수치로 주어진 어떤 x의 값에 대응하는 y의 값을 계산해내는 것이 쉬운 문제가 아니다. 그러나 a의 값이 주어졌을 때 그래프를 이용해 y의 정확한 값에 우리가 원하는 정도만큼 근접한 값을 구하는 것은 쉬운 일이며, 다음과 같이 하면 된다.

y에 이를테면 3, 2, 1.5, 1과 같은 적당한 값을 부여해 그래프를 그려 보자. 그리고 그 그래프를 이용해 우리가 길이를 구해야 하는 호의 구간을 결정하는 x의 주어진 두 값에 각각 대응하는 y의 값을 그래프의 눈금이 허용하는 한도까지 정확하게 구해보자. $x=0$일 때 $y=3$이 됨은 당연하다. $x=1$일 때에는 $y=1.72$가 됨을 당신이 그래프를 이용해 알아냈다고 하자. 물론 이것은 단지 근사값일 뿐이다. 이번에는 y의 값으로 1.6, 1.7, 1.8 세 개만 잡고 가능한 한 크게 그래프를 다시 그려보자. 이 두 번째 그래프는 완전한 직선은 아니지만 거의 직선에 가까운 곡선일 것이다. 이 곡선에서 아마도 당신은 y의 어떤 값이든 소수점 아래로 세 번째 자리까지 정확하게 읽어낼 수 있을 것이다. 그리고 그런 정도의 정확성

이라면 우리의 목적에는 충분하다. 우리는 그래프에서 $x=1$에 $y=1.723$이 대응함을 알아낼 수 있다. 그렇다면 다음과 같이 된다.

$$s = 3\left[\log_\varepsilon \frac{3}{y}\right]_{x=0}^{x=1} = 3\left[\log_\varepsilon \frac{3}{y}\right]_3^{1.723}$$
$$= 3(\log_\varepsilon 1.741 - 0) = 1.66$$

우리가 만약 더 정확한 y의 값을 원한다면 y의 값을 1.722, 1.723, 1.724 등으로 잡고 세 번째 그래프를 그려볼 수 있다. 이렇게 하면 우리는 $x=1$에 대응하는 y의 값을 소수점 아래로 다섯 번째 자리까지 정확하게 알아낼 수 있다. 필요한 만큼의 정확도에 이를 때까지 이런 식으로 계속 해나가면 된다.

예 5

$\theta = 0$라디안과 $\theta = 1$라디안 사이에 걸치는 로그나선[57] $r = \varepsilon^\theta$의 호의 길이를 구하라.

당신은 $y = \varepsilon^x$를 미분해보았던 것을 기억하는가? 이것을 미분하면 어떻게 되는지는 기억하기가 쉽다. 왜냐하면 이것은 몇 번을 미분해도 언제나 변함없이 그 자신 그대로이기 때문이다. 즉 $\frac{dy}{dx} = \varepsilon^x$다(161쪽을 보라).

지금 우리가 다뤄야 할 방정식이 $r = \varepsilon^\theta$이므로 $\frac{dr}{d\theta} = \varepsilon^\theta = r$.

이 미분의 과정을 거꾸로 뒤집어 적분 $\int \varepsilon^\theta d\theta$를 하면 앞의 17장에서 보았던 대로 $r+C$를 얻게 된다. 즉 적분의 과정에서 항상 끼어드는 상수

---

57 _ (역주) logarithmic spiral. 곡선 위의 어느 점에서나 접선을 그으면 그 접선이 그 점과 좌표계의 원점을 이어주는 직선과 동일한 각도를 유지하는 형태의 곡선. 이 곡선은 소라 껍데기의 무늬처럼 원점을 중심으로 해서 점점 더 큰 반지름으로 회전하면서 발산하는 나선(螺線) 모양이며, 인접한 두 나선 사이의 간격이 기하급수적으로 커진다.

C가 덧붙여진 것을 빼고는 원위치하게 되는 것이다.

따라서 우리가 구해야 하는 길이는 다음과 같이 된다.

$$s = \int \sqrt{\left[r^2 + \left(\frac{dr}{d\theta}\right)^2\right]} d\theta = \int \sqrt{r^2 + r^2}\, d\theta$$

$$= \sqrt{2} \int r\, d\theta = \sqrt{2} \int \varepsilon^\theta d\theta = \sqrt{2}(\varepsilon^\theta + C)$$

주어진 두 개의 θ 값, 즉 $\theta=0$과 $\theta=1$ 사이에서는 이 적분의 값이 다음과 같이 된다.

$$s = \int_0^1 \sqrt{\left[r^2 + \left(\frac{dr}{d\theta}\right)^2\right]} d\theta = \left[\sqrt{2}(\varepsilon^\theta + C)\right]_0^1$$

$$= \sqrt{2}\,\varepsilon^1 - \sqrt{2}\,\varepsilon^0 = \sqrt{2}(\varepsilon - 1)$$

$$= 1.41 \times 1.713 = 2.42\text{인치}$$

왜냐하면 $\theta=0$일 때 $r=\varepsilon^0=1$인치이기 때문이다.

예 6

$\theta=0$과 $\theta=\theta_1$ 사이에 걸치는 로그나선 $r=\varepsilon^\theta$의 호의 길이를 구하라.

바로 앞에서 보았던 대로 하면 된다.

$$s = \sqrt{2} \int_0^{\theta_1} \varepsilon^\theta d\theta = \sqrt{2}\,[\varepsilon^{\theta_1} - \varepsilon^0] = \sqrt{2}(\varepsilon^{\theta_1} - 1).$$

예 7

마지막 예로, 이 장의 끝부분에 나오는 몇 가지 연습문제를 푸는 데 도움이 될 표준적인 적분의 유형을 얻게 해주는 예를 완전하게 풀어보겠다. 곡선 $y = \frac{a}{2}x^2 + 3$의 호의 길이를 나타내는 수식을 구해보자.

$$\frac{dy}{dx}=ax,\ s=\int\sqrt{1+a^2x^2}\,dx$$

부분적분의 방법을 적용하자. 우선 9장에서 설명한 미분의 방법에 따라 $u=\sqrt{1+a^2x^2}$, $dx=dv$로 놓으면 다음과 같이 된다.

$$x=v,\ du=\frac{a^2x\,dx}{\sqrt{1+a^2x^2}}$$

$\int u\,dv=uv-\int v\,du$이므로(252쪽을 보라) 다음과 같이 된다.

$$\int\sqrt{1+a^2x^2}\,dx=x\sqrt{1+a^2x^2}-a^2\int\frac{x^2\,dx}{\sqrt{1+a^2x^2}} \quad (1)$$

또한 우리는 다음과 같이 쓸 수 있다.

$$\int\sqrt{1+a^2x^2}\,dx=\int\frac{(1+a^2x^2)\,dx}{\sqrt{1+a^2x^2}}$$

이것을 다음과 같이 바꿔 써보자.

$$\int\sqrt{1+a^2x^2}\,dx=\int\frac{dx}{\sqrt{1+a^2x^2}}+a^2\int\frac{x^2\,dx}{\sqrt{1+a^2x^2}} \quad (2)$$

(1)과 (2)를 더하면 그 결과는 다음과 같다.

$$2\int\sqrt{1+a^2x^2}\,dx=x\sqrt{1+a^2x^2}+\int\frac{dx}{\sqrt{1+a^2x^2}} \quad (3)$$

$\int\frac{dx}{\sqrt{1+a^2x^2}}$를 다루는 문제가 아직 남아있다. 이 문제를 풀기 위해 $\sqrt{1+a^2x^2}=v-ax$로 놓으면 다음과 같이 된다.

$1+a^2x^2=v^2-2avx+a^2x^2$, 즉 $1=v^2-2avx$

상수를 제거하기 위해 미분을 하면 다음 결과를 얻게 된다.

$0=2v\,dv-2av\,dx-2ax\,dv$

이것은 $avdx=vdv-axdv$와 같고, 따라서 $dx=\dfrac{(v-ax)dv}{av}$

이것을 $\int\dfrac{dx}{\sqrt{1+a^2x^2}}$ 에 대입하면 다음과 같이 된다.

$$\int\dfrac{(v-ax)dv}{av\sqrt{1+a^2x^2}}=\dfrac{1}{a}\int\dfrac{(v-ax)dv}{v(v-ax)}=\dfrac{1}{a}\int\dfrac{dv}{v}=\dfrac{1}{a}\log_\varepsilon v$$

따라서 $\int\dfrac{dx}{\sqrt{1+a^2x^2}}=\dfrac{1}{a}\log_\varepsilon(ax+\sqrt{1+a^2x^2})$

이것을 (3)에 대입하고 양변을 2로 나누면 결국 우리는 다음과 같은 결과를 얻게 된다.

$$s=\int\sqrt{1+a^2x^2}\,dx$$
$$=\dfrac{x}{2}\sqrt{1+a^2x^2}+\dfrac{1}{2a}\log_\varepsilon(ax+\sqrt{1+a^2x^2})$$

상한과 하한이 어떻게 주어지든 그 사이에서 이 적분의 결과가 어떤 값을 갖게 되는지를 계산하는 것은 쉬운 일이다.

이제 당신은 아래 연습문제를 잘 풀어낼 수 있게 됐을 것이 틀림없다. 가능하다면 언제나 곡선의 그래프를 그리고 그것을 가지고 측정한 값과 당신이 수식을 가지고 구한 결과를 대조해보는 방식으로 검증을 해보면 그렇게 하는 것이 흥미로우면서도 뭔가를 배우게 해주는 과정임을 알게 될 것이다.

아래의 연습문제를 푸는 과정에서 만나게 되는 적분은 대개 254쪽의 예 (5), 255쪽의 예 (1), 303쪽의 예 7에서 만났던 종류의 적분이다.

연습문제 XXI

해답은 330~332쪽을 보라.

(1) $x=1$과 $x=4$인 두 점 사이에 걸치는 직선 $y=3x+2$의 길이를 구하라.

(2) $x=a^2$과 $x=-1$인 두 점 사이에 걸치는 직선 $y=ax+b$의 길이를 구하라.

(3) $x=0$과 $x=1$인 두 점 사이에 걸치는 곡선 $y=\frac{2}{3}x^{\frac{3}{2}}$의 길이를 구하라.

(4) $x=0$과 $x=2$인 두 점 사이에 걸치는 곡선 $y=x^2$의 길이를 구하라.

(5) $x=0$과 $x=\dfrac{1}{2m}$인 두 점 사이에 걸치는 곡선 $y=mx^2$의 길이를 구하라.

(6) $\theta=\theta_1$과 $\theta=\theta_2$ 사이에 걸치는 곡선 $r=a\cos\theta$와 $r=a\sin\theta$의 길이를 구하라.

(7) 곡선 $r=a\sec\theta$의 길이를 구하라.

(8) $x=0$과 $x=a$ 사이에 걸치는 곡선 $y^2=4ax$의 호의 길이를 구하라.

(9) $x=0$과 $x=4$ 사이에 걸치는 곡선 $y=x\left(\dfrac{x}{2}-1\right)$의 호의 길이를 구하라.

(10) $x=0$과 $x=1$ 사이에 걸치는 곡선 $y=\varepsilon^x$의 호의 길이를 구하라.

(주의: 이것은 직교좌표에 그려지는 곡선으로, 극좌표에 그려지는 로그나선 $r=\varepsilon^\theta$과 같은 것이 아니다. 두 개의 방정식은 형태가 비슷하지만, 그 두 개의 곡선은 완전히 다르다.)

(11) θ가 0과 2π 사이에서 변동하는 각도라고 할 때 $x=a(\theta-\sin\theta)$와 $y=$

---

58 _ (역주) cycloid. 원이 직선 위를 굴러간다고 할 때 원둘레 위에 고정된 한 점이 그리게 되는 곡선. '굴렁쇠선'이라고도 한다.

$a(1-\cos\theta)$를 좌표로 하는 점들로 이루어지는 곡선이 있다. 이 곡선의 길이를 구하라. (이 곡선은 '사이클로이드'[58]라고 불린다.)

(12) $x=0$과 $x=\dfrac{m}{4}$ 사이에 걸치는 곡선 $y^2=mx$의 호의 길이를 구하라.

(13) 곡선 $y^2=\dfrac{x^3}{a}$의 호의 길이를 나타내는 수식을 구하라.

(14) $x=1$과 $x=2$인 두 점 사이에 걸치는 곡선 $y^2=8x^3$의 길이를 구하라.

(15) $x=0$과 $x=a$ 사이에 걸치는 곡선 $y^{\frac{2}{3}}+x^{\frac{2}{3}}=a^{\frac{2}{3}}$의 길이를 구하라.

(16) $\theta=0$과 $\theta=\pi$ 사이에 걸치는 곡선 $r=a(1-\cos\theta)$의 길이를 구하라.

지금까지 당신은 이 책의 안내를 받아 미적분이라는 매력적인 나라로 들어가는 국경을 넘었다. 이 책의 지은이인 나는 당신에게 작별인사를 하면서 여권을 선물하고자 한다. 그 여권은 그동안 우리가 도출한 주된 결과들을 당신이 언제든 편리하게 참고할 수 있도록 표준적인 형태로 정리해놓은 간편한 표다(311~313쪽을 보라). 가운데 열에는 우리가 가장 흔히 접하게 되는 다수의 함수를 늘어놓았다. 그리고 그것들을 미분한 결과는 왼쪽의 열에, 그것들을 적분한 결과는 오른쪽의 열에 각각 써놓았다. 이 표가 당신에게 유용하기를 바란다!

| 맺음말 |

 이 책이 전문적인 수학자들의 손에 들어가면 그들은 마치 한 사람이 움직이듯 일제히 일어서서(그들이 너무 게으르지만 않다면) 아주 나쁜 책이라고 이 책을 비난할 것이라고 지은이는 장담할 수 있다. 그들의 관점에서는 이 책이 아주 나쁜 책이라는 데 대해 어떠한 종류의 의심도 가질 수 없을 것이다. 그들이 보기에는 이 책이 심각하고 개탄스러운 여러 가지 잘못을 저지르고 있기 때문이다.
 첫째, 이 책은 대부분의 미적분 연산이 사실은 얼마나 우스꽝스러울 정도로 쉬운가를 보여주고 있다.
 둘째, 이 책은 그들의 직업적 비밀을 너무나 많이 누설하고 있다. 이 책은 독자에게 어느 한 바보가 할 수 있는 일은 다른 바보도 할 수 있음을 보여줌으로써, 미적분과 같이 엄청나게 어려운 주제에 통달했다는 자부심을 갖고 있는 수학의 귀족들이 그렇게 우쭐대기에 충분한 근거를 갖고 있지 못함을 독자로 하여금 알게 해준다. 그들은 미적분은 끔찍하게 어려운 것이라고 당신이 생각하기를 원하며, 그러한 미신이 무참하게 깨지는 것을 원하지 않는다.

셋째, 이 책 자체가 '아주 쉽다'는 점과 관련해 그들이 하게 될 말 가운데 가장 험악한 것 하나는 이 책의 지은이가 단순한 형태로 제시한 갖가지 방법들의 타당성을 엄밀하고 만족스러울 정도로 완벽하게 증명해 보이는 데 완전히 실패했으며, 그럼에도 불구하고 이런저런 문제를 푸는 데 그러한 방법들을 감히 사용하기까지 했다는 말일 것이다! 그렇지만 지은이가 왜 그렇게 하지 말아야 하는가? 우리는 시계를 만드는 방법을 모르는 사람들 모두에 대해 시계의 사용을 금지하지는 않는다. 음악인이 자기가 손수 만들지 않은 바이올린을 연주한다고 해서 그가 그렇게 하는 것을 우리가 반대하지는 않는다. 우리가 문장구조의 규칙을 가르쳐주기 전에 이미 아이들은 언어를 술술 잘 말하게 된다. 미적분의 초보자에게 일반적이고 엄밀한 증명을 자세히 설명해주어야 한다는 것도 마찬가지로 터무니없는 요구일 것이다.

완전히 나쁘고 사악한 이 책에 대해 전문적인 수학자들이 하게 될 말이 또 하나 있다. 이 책이 아주 쉬운 이유는 지은이가 정말로 어려운 것들은 모두 다 **빼버렸기** 때문이라는 말이 그것이다. 이런 비난에는 모골이 송연해지게 하는 측면이 있다. 왜냐하면 그 비난의 내용이 옳기 때문이다! 그런데 이 책이 씌어진 것은 바로 그런 이유에서다. 미적분은 거의 언제나 어리석은 교수방법에 의해 가르쳐지고 있는데, 이 책은 그런 어리석은 교수방법 때문에 지금까지 미적분의 기본을 습득하기를 저지당해왔을 뿐 스스로는 아무 죄도 없는 다수의 사람들을 위해 씌어진 것이다. 어떤 주제에 관한 공부든 어려운 내용을 **빽빽**하게 채워 넣으면 그 공부를 하기 싫은 것으로 만들 수 있다. 이 책의 목적은 미적분의 초보자가 실용적이지 못한 수학자들이 그토록 소중하게 여기는 복잡하고도 기기

묘묘한(그러나 대부분 부적절한) 수학적 훈련과정을 힘들여 통과하도록 강요받지 않으면서도 미적분의 언어를 배우고, 그 매력적인 단순한 특성에 익숙해지고, 그 강력한 문제풀이 방법을 파악할 수 있게 해주는 것이다.

젊은 공학도들 가운데는 어느 한 바보가 할 수 있는 일은 다른 바보도 할 수 있다는 격언이 친숙하게 들리는 사람이 많이 있을 것이다. 그들에게 부탁하건대, 지은이의 정체를 누설하거나 수학자들에게 지은이가 정말로 얼마나 바보인지를 말하지 말라.

미분과 적분의 표준형태

$\dfrac{dy}{dx}$ ←	y	→ $\int y\,dx$
대수식		
1	x	$\dfrac{1}{2}x^2 + C$
0	a	$ax + C$
1	$x \pm a$	$\dfrac{1}{2}x^2 \pm ax + C$
a	ax	$\dfrac{1}{2}ax^2 + C$
$2x$	x^2	$\dfrac{1}{3}x^3 + C$
nx^{n-1}	x^n	$\dfrac{1}{n+1}x^{n+1} + C$
$-x^{-2}$	x^{-1}	$\log_\varepsilon x + C$
$\dfrac{du}{dx} \pm \dfrac{dv}{dx} \pm \dfrac{dw}{dx}$	$u \pm v \pm w$	$\int u\,dx \pm \int v\,dx \pm \int w\,dx$
$u\dfrac{dv}{dx} + v\dfrac{du}{dx}$	uv	알려진 일반적 형태 없음
$\dfrac{v\dfrac{du}{dx} - u\dfrac{dv}{dx}}{v^2}$	$\dfrac{u}{v}$	알려진 일반적 형태 없음
$\dfrac{du}{dx}$	u	$ux - \int x\,du + C$

지수식과 로그식		
ε^x	ε^x	$\varepsilon^x + C$
x^{-1}	$\log_\varepsilon x$	$x(\log_\varepsilon x - 1) + C$
$0.4343 \times x^{-1}$	$\log_{10} x$	$0.4343 x(\log_\varepsilon x - 1) + C$
$a^x \log_\varepsilon a$	a^x	$\dfrac{a^x}{\log_\varepsilon a} + C$
삼각함수식		
$\cos x$	$\sin x$	$-\cos x + C$
$-\sin x$	$\cos x$	$\sin x + C$
$\sec^2 x$	$\tan x$	$-\log_\varepsilon \cos x + C$
삼각함수의 역함수식		
$\dfrac{1}{\sqrt{(1-x^2)}}$	$\arcsin x$	$x \cdot \arcsin x + \sqrt{1-x^2} + C$
$-\dfrac{1}{\sqrt{(1-x^2)}}$	$\arccos x$	$x \cdot \arccos x - \sqrt{1-x^2} + C$
$\dfrac{1}{1+x^2}$	$\arctan x$	$x \cdot \arctan x - \dfrac{1}{2}\log_\varepsilon(1+x^2) + C$
쌍곡선함수식		
$\cosh x$	$\sinh x$	$\cosh x + C$
$\sinh x$	$\cosh x$	$\sinh x + C$
$\operatorname{sech}^2 x$	$\tanh x$	$\log_\varepsilon \cosh x + C$

	그 밖의 여러 가지	
$-\dfrac{1}{(x+a)^2}$	$\dfrac{1}{x+a}$	$\log_{\varepsilon}(x+a)+C$
$-\dfrac{x}{(a^2+x^2)^{\frac{3}{2}}}$	$\dfrac{1}{\sqrt{a^2+x^2}}$	$\log_{\varepsilon}(x+\sqrt{a^2+x^2})+C$
$\mp\dfrac{b}{(a\pm bx)^2}$	$\dfrac{1}{a\pm bx}$	$\pm\dfrac{1}{b}\log_{\varepsilon}(a\pm bx)+C$
$-\dfrac{3a^2x}{(a^2+x^2)^{\frac{5}{2}}}$	$\dfrac{a^2}{(a^2+x^2)^{\frac{3}{2}}}$	$\dfrac{x}{\sqrt{a^2+x^2}}+C$
$a\cdot\cos ax$	$\sin ax$	$-\dfrac{1}{a}\cos ax+C$
$-a\cdot\sin ax$	$\cos ax$	$\dfrac{1}{a}\sin ax+C$
$a\cdot\sec^2 ax$	$\tan ax$	$-\dfrac{1}{a}\log_{\varepsilon}\cos ax+C$
$\sin 2x$	$\sin^2 x$	$\dfrac{x}{2}-\dfrac{\sin 2x}{4}+C$
$-\sin 2x$	$\cos^2 x$	$\dfrac{x}{2}+\dfrac{\sin 2x}{4}+C$
$n\sin^{n-1}x\cdot\cos x$	$\sin^n x$	$-\dfrac{\cos x}{n}\sin^{n-1}x+\dfrac{n-1}{n}\int\sin^{n-2}xdx+C$
$-\dfrac{\cos x}{\sin^2 x}$	$\dfrac{1}{\sin x}$	$\log_{\varepsilon}\tan\dfrac{x}{2}+C$
$-\dfrac{\sin 2x}{\sin^4 x}$	$\dfrac{1}{\sin^2 x}$	$-\cotan x+C$
$\dfrac{\sin^2 x-\cos^2 x}{\sin^2 x\cdot\cos^2 x}$	$\dfrac{1}{\sin x\cdot\cos x}$	$\log_{\varepsilon}\tan x+C$
$n\cdot\sin mx\cdot\cos nx+$ $m\cdot\sin nx\cdot\cos mx$	$\sin mx\cdot\sin nx$	$\dfrac{1}{2}\cos(m-n)x-\dfrac{1}{2}\cos(m+n)x+C$
$2a\cdot\sin 2ax$	$\sin^2 ax$	$\dfrac{x}{2}-\dfrac{\sin 2ax}{4a}+C$
$-2a\cdot\sin 2ax$	$\cos^2 ax$	$\dfrac{x}{2}+\dfrac{\sin 2ax}{4a}+C$

연습문제의 해답

연습문제 I (35쪽)

(1) $\dfrac{dy}{dx} = 13x^{12}$

(2) $\dfrac{dy}{dx} = -\dfrac{3}{2} x^{-\frac{5}{2}}$

(3) $\dfrac{dy}{dx} = 2ax^{(2a-1)}$

(4) $\dfrac{du}{dt} = 2.4 t^{1.4}$

(5) $\dfrac{dz}{du} = \dfrac{1}{3} u^{-\frac{2}{3}}$

(6) $\dfrac{dy}{dx} = -\dfrac{5}{3} x^{-\frac{8}{3}}$

(7) $\dfrac{du}{dx} = -\dfrac{8}{5} x^{-\frac{13}{5}}$

(8) $\dfrac{dy}{dx} = 2ax^{a-1}$

(9) $\dfrac{dy}{dx} = \dfrac{3}{q} x^{\frac{3-q}{q}}$

(10) $\dfrac{dy}{dx} = -\dfrac{m}{n} x^{-\frac{m+n}{n}}$

연습문제 II (44~45쪽)

(1) $\dfrac{dy}{dx} = 3ax^2$

(2) $\dfrac{dy}{dx} = 13 \times \dfrac{3}{2} x^{\frac{1}{2}}$

(3) $\dfrac{dy}{dx} = 6 x^{-\frac{1}{2}}$

(4) $\dfrac{dy}{dx} = \dfrac{1}{2} c^{\frac{1}{2}} x^{-\frac{1}{2}}$

(5) $\dfrac{du}{dz} = \dfrac{an}{c} z^{n-1}$

(6) $\dfrac{dy}{dt} = 2.36 t$

(7) $\dfrac{dl}{dt} = 0.000012 \times l_0$

(8) $\dfrac{dc}{dV} = abV^{B-1}$. 각각 볼트당 0.98, 3.00, 7.47 촉광/볼트.

(9) $\dfrac{dn}{dD} = -\dfrac{1}{LD^2} \sqrt{\dfrac{gT}{\pi\sigma}}$, $\dfrac{dn}{dL} = \dfrac{1}{DL^2} \sqrt{\dfrac{gT}{\pi\sigma}}$

$\dfrac{dn}{d\sigma} = -\dfrac{1}{2DL} \sqrt{\dfrac{gT}{\pi\sigma^3}}$, $\dfrac{dn}{dT} = \dfrac{1}{2DL} \sqrt{\dfrac{g}{\pi\sigma T}}$

(10) $\dfrac{t\text{가 변화할 때 } P\text{의 변화율}}{D\text{가 변화할 때 } P\text{의 변화율}} = -\dfrac{D}{t}$

(11) $2\pi,\ 2\pi r,\ \pi l,\ \dfrac{2}{3}\pi rh,\ 8\pi r,\ 4\pi r^2$

(12) $\dfrac{dD}{dT} = \dfrac{0.0000121_t}{\pi}$

연습문제 III (59~60쪽)

(1) (a) $1+x+\dfrac{x^2}{2}+\dfrac{x^3}{6}+\dfrac{x^4}{24}+\cdots$ (b) $2ax+b$

  (c) $2x+2a$ (d) $3x^2+6ax+3a^2$

(2) $\dfrac{dw}{dt}=a-bt$ (3) $\dfrac{dy}{dx}=2x$

(4) $14110x^4-65404x^3-2244x^2+8192x+1379$

(5) $\dfrac{dx}{dy}=2y+8$ (6) $185.9022654x^2+154.36334$

(7) $\dfrac{-5}{(3x+2)^2}$ (8) $\dfrac{6x^4+6x^3+9x^2}{(1+x+2x^2)^2}$

(9) $\dfrac{ad-bc}{(cx+d)^2}$ (10) $\dfrac{anx^{-n-1}+bnx^{n-1}+2nx^{-1}}{(x^{-n}+b)^2}$ (11) $b+2ct$

(12) $R_0(a+2bt),\ R_0\left(a+\dfrac{b}{2\sqrt{t}}\right),\ -\dfrac{R_0(a+2bt)}{(1+at+bt^2)^2}$, 또는 $-\dfrac{R^2(a+2bt)}{R_0}$

(13) $\dfrac{dE}{dt}=1.4340(0.000014t-0.001024)$,

  $-0.00117,\ -0.00107,\ -0.00097$

(14) (a) $\dfrac{dE}{dl}=b+\dfrac{k}{i}$ (b) $\dfrac{dE}{di}=-\dfrac{c+kl}{i^2}$

연습문제 IV (64쪽)

(1) $17+24x$, 24

(2) $\dfrac{x^2+2ax-a}{(x+a)^2}$, $\dfrac{2a(a+1)}{(x+a)^3}$

(3) $1+x+\dfrac{x^2}{1\times 2}+\dfrac{x^3}{1\times 2\times 3}$, $1+x+\dfrac{x^2}{1\times 2}$

(4) (연습문제 III)

 (1) (a) $\dfrac{d^2u}{dx^2}=\dfrac{d^3u}{dx^3}=1+x+\dfrac{1}{2}x^2+\dfrac{1}{6}x^3+\cdots$

  (b) $2a$, 0 (c) 2.0 (d) $6x+6a$, 6

 (2) $-b$, 0 (3) 2, 0

 (4) $56440x^3-196212x^2-4488x+8192$

  $169320x^2-392424x-4488$

 (5) 2, 0 (6) $371.80453x$, 371.80453

 (7) $\dfrac{30}{(3x+2)^3}$, $-\dfrac{270}{(3x+2)^4}$

(예, 52~55쪽)

 (1) $\dfrac{6a}{b^2}x$, $\dfrac{6a}{b^2}$

 (2) $\dfrac{3a\sqrt{b}}{2\sqrt{x}}-\dfrac{6b\sqrt[3]{a}}{x^3}$, $\dfrac{18b\sqrt[3]{a}}{x^4}-\dfrac{3a\sqrt{b}}{4\sqrt{x^3}}$

 (3) $\dfrac{2}{\sqrt[3]{\theta^8}}-\dfrac{1.056}{\sqrt[5]{\theta^{11}}}$, $\dfrac{2.3232}{\sqrt[5]{\theta^{16}}}-\dfrac{16}{3\sqrt[3]{\theta^{11}}}$

 (4) $810t^4-648t^3+479.52t^2-139.968t+26.64$

  $3240t^3-1944t^2+959.04t-139.968$

(5) $12x+2$, 12 (6) $6x^2-9x$, $12x-9$

(7) $\dfrac{3}{4}\left(\dfrac{1}{\sqrt{\theta}}+\dfrac{1}{\sqrt{\theta^5}}\right)+\dfrac{1}{4}\left(\dfrac{15}{\sqrt{\theta^7}}-\dfrac{1}{\sqrt{\theta^3}}\right)$

$\dfrac{3}{8}\left(\dfrac{1}{\sqrt{\theta^5}}-\dfrac{1}{\sqrt{\theta^3}}\right)-\dfrac{15}{8}\left(\dfrac{7}{\sqrt{\theta^9}}+\dfrac{1}{\sqrt{\theta^7}}\right)$

연습문제 V (78~79쪽)

(1) $\dfrac{dy}{dt}=2bt+4ct^3$, $\dfrac{d^2y}{dt^2}=2b+12ct^2$

(2) 초당 64, 147.2, 0.32피트 (3) $\dot{x}=a-gt$, $\ddot{x}=-g$

(4) 초당 45.1피트 (5) 12.4 피트/초^2, 동일하다.

(6) 각속도=11.2라디안/초, 각가속도=9.6라디안/초^2

(7) $v=20.4t^2-10.8$, $a=40.8t$, 172.8인치/초, 122.4인치/초^2

(8) $v=\dfrac{1}{30\sqrt[3]{(t-125)^2}}$, $a=-\dfrac{1}{45\sqrt[3]{(t-125)^5}}$

(9) $v=0.8-\dfrac{8t}{(4+t^2)^2}$, $a=\dfrac{24t^2-32}{(4+t^2)^3}$,

0.7926미터/초, 0.00211미터/초^2

(10) $n=2$, $n=11$

연습문제 VI (86쪽)

(1) $\dfrac{x}{\sqrt{x^2+1}}$ (2) $\dfrac{x}{\sqrt{x^2+a^2}}$

(3) $-\dfrac{1}{2\sqrt{(a+x)^3}}$ (4) $\dfrac{ax}{\sqrt{(a-x^2)^3}}$

(5) $\dfrac{2a^2-x^2}{x^3\sqrt{x^2-a^2}}$ (6) $\dfrac{\frac{3}{2}x^2\left[\frac{8}{9}x(x^3+a)-(x^4+a)\right]}{(x^4+a)^{\frac{2}{3}}(x^3+a)^{\frac{3}{2}}}$

(7) $\dfrac{2a(x-a)}{(x+a)^3}$ (8) $\dfrac{5}{2}y^3$

(9) $\dfrac{1}{(1-\theta)\sqrt{1-\theta^2}}$

연습문제 VII (89쪽)

(1) $\dfrac{dw}{dx}=-\dfrac{3x^2(3+3x^3)}{27(\frac{1}{2}x^3+\frac{1}{4}x^6)^3}$

(2) $\dfrac{dv}{dx}=-\dfrac{12x}{\sqrt{1+\sqrt{2+3x^2}(\sqrt{3}+4\sqrt{1+\sqrt{2+3x^2}})^2}}$

(3) $\dfrac{du}{dx}=-\dfrac{x^2(\sqrt{3}+x^3)}{\sqrt{\left[1+\left(1+\dfrac{x^3}{\sqrt{3}}\right)^2\right]^3}}$

연습문제 VIII (105~106쪽)

(2) 1.44

(4) $\dfrac{dy}{dx}=3x^2+3$, 이것이 각 점에서 갖는 값은 $3, 3\dfrac{3}{4}, 6, 15$.

(5) $\pm\sqrt{2}$

(6) $\dfrac{dy}{dx}=-\dfrac{4}{9}\dfrac{x}{y}$. 기울기는 $x=0$일 때에는 0이고, $x=1$일 때에는

318

$\mp \dfrac{1}{3\sqrt{2}}$

(7) $m=4$, $n=-3$

(8) $x=1$, $x=-3$일 때 교차함. 교각의 각도는 153° 26′, 2° 28′

(9) $x=3.57$, $y=3.57$에서 교차함. 교각의 각도는 16° 16′

(10) $x=\dfrac{1}{3}$, $y=2\dfrac{1}{3}$, $b=-\dfrac{5}{3}$

연습문제 IX (125~126쪽)

(1) $x=0$일 때 극소값 $y=0$, $x=-2$일 때 극대값 $y=-4$ (2) $x=a$

(4) $25\sqrt{3}$ 제곱인치   (5) $\dfrac{dy}{dx}=-\dfrac{10}{x^2}+\dfrac{10}{(8-x)^2}$, $x=4$, $y=5$

(6) $x=-1$에서 극대값, $x=1$에서 극소값

(7) 각 변의 한가운데에 위치한 점들을 이어서 그린 정사각형.

(8) (a) $r=\dfrac{2}{3}R$ (b) $r=\dfrac{R}{2}$ (c) r의 극대값은 없다.

(9) (a) $r=R\sqrt{\dfrac{2}{3}}$ (b) $r=\dfrac{R}{\sqrt{2}}$ (c) $r=0.8506R$

(10) 초당 $\dfrac{8}{r}$ 제곱피트의 속도로 증가한다.

(11) $r=\dfrac{R\sqrt{8}}{3}$ (12) $n=\sqrt{\dfrac{NR}{r}}$

연습문제 X (134~135쪽)

(1) $x=-2.19$일 때 극대값 $y=24.19$, $x=1.52$일 때 극소값 $y=-1.38$

(2) $\dfrac{dy}{dx} = \dfrac{b}{a} - 2cx$, $\dfrac{d^2y}{dx^2} = -2c$, $x = \dfrac{b}{2ac}$, 극대값.

(3) 하나의 극대값과 두 개의 극소값, 하나의 극대값($x=0$일 때. 그 밖의 다른 점들은 실수의 공간에 존재하지 않음).

(4) $x=1.71$에서 극소값 $y=6.14$

(5) $x=-0.5$에서 극대값 $y=4$

(6) $x=1.414$에서 극대값 $y=1.7675$

$x=-1.414$에서 극소값 $y=-1.7675$

(7) $x=-3.565$에서 극대값 $y=2.12$

$x=+3.565$에서 극소값 $y=7.88$

(8) $0.4N$과 $0.6N$으로 나눈다.

(9) $x=\sqrt{\dfrac{a}{c}}$

(10) 속도는 시간당 8.66해리. 걸리는 시간은 115.47시간, 최소비용은 112파운드 12실링.

(11) $x=7.5$에서 극대값과 극소값 $y=\pm5.414$ (85쪽의 예 (10)을 보라.)

(12) $x=\dfrac{1}{2}$에서 극소값 $y=0.25$, $x=-\dfrac{1}{3}$에서 극대값 $y=1.408$.

연습문제 XI (147쪽)

(1) $\dfrac{2}{x-3} + \dfrac{1}{x+4}$

(2) $\dfrac{1}{x-1} + \dfrac{2}{x-2}$

(3) $\dfrac{2}{x-3} + \dfrac{1}{x+4}$

(4) $\dfrac{5}{x-4} - \dfrac{4}{x-3}$

(5) $\dfrac{19}{13(2x+3)} - \dfrac{22}{13(3x-2)}$

(6) $\dfrac{2}{x-2} + \dfrac{4}{x-3} - \dfrac{5}{x-4}$

(7) $\dfrac{1}{6(x-1)} + \dfrac{11}{15(x+2)} + \dfrac{1}{10(x-3)}$

(8) $\dfrac{7}{9(3x+1)} + \dfrac{71}{63(3x-2)} - \dfrac{5}{7(2x+1)}$

(9) $\dfrac{1}{3(x-1)} + \dfrac{2x+1}{3(x^2+x+1)}$

(10) $x + \dfrac{2}{3(x+1)} + \dfrac{1-2x}{3(x^2-x+1)}$

(11) $\dfrac{3}{(x+1)} + \dfrac{2x+1}{x^2+x+1}$

(12) $\dfrac{1}{x-1} - \dfrac{1}{x-2} + \dfrac{2}{(x-2)^2}$

(13) $\dfrac{1}{4(x-1)} - \dfrac{1}{4(x+1)} + \dfrac{1}{2(x+1)^2}$

(14) $\dfrac{4}{9(x-1)} - \dfrac{4}{9(x+2)} - \dfrac{1}{3(x+2)^2}$

(15) $\dfrac{1}{x+2} - \dfrac{x-1}{x^2+x+1} - \dfrac{1}{(x^2+x+1)^2}$

(16) $\dfrac{5}{x+4} - \dfrac{32}{(x+4)^2} + \dfrac{36}{(x+4)^3}$

(17) $\dfrac{7}{9(3x-2)^2} + \dfrac{55}{9(3x-2)^3} + \dfrac{73}{9(3x-2)^4}$

(18) $\dfrac{1}{6(x-2)} + \dfrac{1}{3(x-2)^2} - \dfrac{x}{6(x^2+2x+4)}$

연습문제 XII (173~174쪽)

(1) $ab(\varepsilon^{ax} + \varepsilon^{-ax})$

(2) $2at + \dfrac{2}{t}$

(3) $\log_\varepsilon n$

(5) npv^{n-1}

(6) $\dfrac{n}{x}$

(7) $\dfrac{3\varepsilon^{-\frac{x}{x-1}}}{(x-1)^2}$

(8) $6x\varepsilon^{-5x} - 5(3x^2+1)\varepsilon^{-5x}$

(9) $\dfrac{ax^{a-1}}{x^a+a}$

(10) $\dfrac{15x^2 + 12x\sqrt{2} - 1}{2\sqrt{x}}$

(11) $\dfrac{1 - \log_\varepsilon(x+3)}{(x+3)^2}$

(12) $a^x(ax^{a-1} + x^a \log_\varepsilon a)$

(14) $x = 0.694$에서 극소값 $y = 0.7$

(15) $\dfrac{1+x}{x}$

(16) $\dfrac{3}{x}(\log_\varepsilon ax)^2$

연습문제 XIII (183~185쪽)

(1) $\dfrac{t}{T} = x (\therefore t = 8x)$로 놓고 179쪽의 표를 이용하라.

(2) $T = 34.627$, 159.46분.

(3) $2t = x$로 놓고 179쪽의 표를 이용하라.

(5) (a) $x^x(1 + \log_\varepsilon x)$ (b) $2x(\varepsilon^x)^x$ (c) $\varepsilon^{x^x} \times x^x(1 + \log_\varepsilon x)$

(6) 0.14초

(7) (a) 1.642 (b) 15.58

(8) $\mu = 0.00037$, 31분 13초

(9) i는 i_0의 63.4%로 줄어든다. 최대 길이는 221.55킬로미터.

(10) $k=0.1339, 0.1445, 0.1553$, 평균값은 0.1446.

　　　상대오차는 -10.2%, 거의 0%, $+71.9\%$.

(11) $x=\dfrac{1}{\varepsilon}$에서 극소값을 갖는다.

(12) $x=\varepsilon$에서 극대값을 갖는다.

(13) $x=\log_\varepsilon a$에서 극소값을 갖는다.

연습문제 XIV (195~196쪽)

(1) (i) $\dfrac{dy}{d\theta}=A\cos(\theta-\dfrac{\pi}{2})$

　(ii) $\dfrac{dy}{d\theta}=2\sin\theta\cos\theta=\sin2\theta$와 $\dfrac{dy}{d\theta}=2\cos2\theta$

　(iii) $\dfrac{dy}{d\theta}=3\sin^2\theta\cos\theta$와 $\dfrac{dy}{d\theta}=3\cos3\theta$

(2) $\theta=45°$ 또는 $\dfrac{\pi}{4}$ 라디안　　(3) $\dfrac{dy}{dt}=-n\sin2\pi nt$

(4) $a^x\log_\varepsilon a\cos a^x$　　　　　(5) $\dfrac{-\sin x}{\cos x}=-\tan x$

(6) $18.2\cos(x+26°)$

(7) 기울기는 $\dfrac{dy}{d\theta}=100\cos(\theta-15°)$.

　　$(\theta-15°)=0$, 즉 $\theta=15°$일 때 기울기가 극대값을 갖는다. 따라서

　　기울기의 극대값은 100.

　　$\theta=75°$일 때에는 기울기가 $100\cos(75°-15°)=100\cos60°=100\times\dfrac{1}{2}$

$= 50$이 된다.

(8) $\cos\theta\sin2\theta + 2\cos2\theta\sin\theta = 2\sin\theta(\cos^2\theta + \cos2\theta)$

$$= 2\sin\theta(3\cos^2\theta - 1)$$

(9) $amn\,\theta^{n-1}\tan^{m-1}(\theta^n)\sec^2\theta^n$

(10) $\varepsilon^x(\sin^2 x + \sin 2x),\ \varepsilon^x(\sin^2 x + 2\sin 2x + 2\cos 2x)$

(11) (i) $\dfrac{dy}{dx} = \dfrac{ab}{(x+b)^2}$ (ii) $\dfrac{a}{b}\varepsilon^{-\frac{x}{b}}$ (iii) $\dfrac{1}{90°} \times \dfrac{ab}{(b^2+x^2)}$

(12) (i) $\dfrac{dy}{dx} = \sec x \tan x$ (ii) $\dfrac{dy}{dx} = -\dfrac{1}{\sqrt{1-x^2}}$

(iii) $\dfrac{dy}{dx} = \dfrac{1}{1+x^2}$ (iv) $\dfrac{dy}{dx} = \dfrac{1}{x\sqrt{x^2-1}}$

(v) $\dfrac{dy}{dx} = \dfrac{\sqrt{3\sec x}(3\sec^2 x - 1)}{2}$

(13) $\dfrac{dy}{d\theta} = 4.6(2\theta+3)^{1.3}\cos(2\theta+3)^{2.3}$

(14) $\dfrac{dy}{d\theta} = 3\theta^2 + 3\cos(\theta+3) - \log_\varepsilon 3(\cos\theta \times 3^{\sin\theta} + 3\theta)$

(15) 미분하고 영으로 놓으면 $\theta = \cot\theta$. $\theta = \pm 0.86$, $y = \pm 0.56$.

$+\theta$에서 극대값, $-\theta$에서 극소값.

연습문제 XV (205~206쪽)

(1) $x^2 - 6x^2y - 2y^2,\ \dfrac{1}{3} - 2x^3 - 4xy$

(2) $2xyz + y^2z + z^2y + 2xy^2z^2,$

$2xyz + x^2z + xz^2 + 2x^2yz^2,$

$$2xyz+x^2y+xy^2+2x^2y^2z$$

(3) $\dfrac{1}{r}\{(x-a)+(y-b)+(z-c)\}=\dfrac{(x+y+z)-(a+b+c)}{r}$, $\dfrac{2}{r}$

(4) $dy=vu^{v-1}du+u^v\log_\varepsilon u\,dv$

(5) $dy=3\sin vu^2 du+u^3\cos v\,dv$

$dy=u\sin^{u-1}\cos x\,dx+(\sin x)^u\log_\varepsilon \sin x\,du$

$dy=\dfrac{1}{v}\dfrac{1}{u}du-\log_\varepsilon u\dfrac{1}{v^2}dv$

(7) $x=y=-\dfrac{1}{2}$에서 극소값$=-\dfrac{1}{2}$

(8) (a) 길이 2피트, 너비=깊이=1피트, 부피=2세제곱피트

   (b) 반지름=$\dfrac{2}{\pi}$피트=7.46인치, 길이=2피트,

   부피=2.54세제곱피트

(9) 세 부분을 똑같이 한다. 곱은 극대값.

(10) $x=y=1$에서 극소값

(11) $x=\dfrac{1}{2}$, $y=2$에서 극소값

(12) 모서리의 각도=90°, 이등변 삼각형의 두 변의 길이는

   각각=$\sqrt[3]{2V}$

연습문제 XVI (216쪽)

(1) $1\frac{1}{3}$ (2) 0.6344 (3) 0.2624

(4) (a) $y=\frac{1}{8}x^2+C$ (b) $y=\sin x+C$ (c) $y=x^2+3x+C$

연습문제 XVII (230쪽)

(1) $\dfrac{4\sqrt{a}\,x^{\frac{3}{2}}}{3}+C$ (2) $-\dfrac{1}{x^3}+C$

(3) $\dfrac{x^4}{4a}+C$ (4) $\dfrac{1}{3}x^3+ax+C$

(5) $-2x^{-\frac{5}{2}}+C$ (6) $x^4+x^3+x^2+x+C$

(7) $\dfrac{ax^2}{4}+\dfrac{bx^3}{9}+\dfrac{cx^4}{16}+C$

(8) 나누어주면 $\dfrac{x^2+a}{x+a}=x-a+\dfrac{a^2+a}{x+a}$.

따라서 답은 $\dfrac{x^2}{2}-ax+(a^2+a)\log_\varepsilon(x+a)+C$ (224쪽과 226쪽을 보라.)

(9) $\dfrac{x^4}{4}+3x^3+\dfrac{27}{2}x^2+27x+C$ (10) $\dfrac{x^3}{3}+\dfrac{2-a}{2}x^2-2ax+C$

(11) $a^2(2x^{\frac{3}{2}}+\dfrac{9}{4}x^{\frac{4}{3}})+C$ (12) $-\dfrac{1}{3}\cos\theta-\dfrac{1}{6}\theta+C$

(13) $\dfrac{\theta}{2}+\dfrac{\sin 2a\theta}{4a}+C$ (14) $\dfrac{\theta}{2}-\dfrac{\sin 2\theta}{4}+C$

(15) $\dfrac{\theta}{2}-\dfrac{\sin 2a\theta}{4a}+C$ (16) $\dfrac{1}{3}\varepsilon^{3x}+C$

(17) $\log_\varepsilon(1+x)+C$ (18) $-\log_\varepsilon(1-x)+C$

연습문제 XVIII (250~251쪽)

(1) 넓이=60, 평균 높이=10 (2) 넓이=$a \times 2a\sqrt{a}$의 $\frac{2}{3}$

(3) 넓이=2, 평균 높이=$\frac{2}{\pi}=0.637$

(4) 넓이=1.57, 평균 높이=0.5 (5) 0.572, 0.0476

(6) 부피=$\pi r^2 \frac{h}{3}$ (7) 1.25   (8) 79.6

(9) 부피=4.9348, 겉넓이=12.57 (0부터 π까지)

(10) $a\log_\varepsilon a$, $\frac{a}{a-1}\log_\varepsilon a$

(12) 산술평균=9.5, 이차평균=10.85

(13) 이차평균=$\frac{1}{\sqrt{2}}\sqrt{A_1^2+A_3^2}$, 산술평균=0

이차평균을 구하는 과정에는 다소 어려운 적분이 끼어든다. 그 과정은 다음과 같다.

정의에 따라 이차평균은 다음과 같이 쓸 수 있다.

$$\sqrt{\frac{1}{2\pi}\int_0^{2\pi}(A_1\sin x+A_3\sin 3x)^2 dx}$$

여기서 적분 $\int (A_1^2\sin^2 x+2A_1A_3\sin x\sin 3x+A_3^2\sin^2 3x)dx$의 값은 $\sin^2 x$를 $\frac{1-\cos 2x}{2}$로 써주면 보다 빨리 구할 수 있다.

또한 $2\sin x\sin 3x$ 대신 $\cos 2x-\cos 4x$, $\sin^2 3x$ 대신 $\frac{1-\cos 6x}{2}$라고 쓰자.

이렇게 바꿔주고 나서 적분을 하면 다음과 같이 된다(227쪽을 보라).

$$\frac{A_1^2}{2}(x-\frac{\sin 2x}{2})+A_1A_3(\frac{\sin 2x}{2}-\frac{\sin 4x}{4})+\frac{A_3^2}{2}(x-\frac{\sin 6x}{6})$$

하한에서 x에 0을 대입하면 이 수식이 통째로 사라진다. 그러나 상한에서는 x에 2π를 대입하면 $A_1^2\pi+A_3^2\pi$가 남는다. 따라서 이 차평균의 해답이 위와 같이 된다.

(14) 넓이는 62.6, 평균 높이는 10.42

(16) 436.3 (이 입체는 서양배 모양이다.)

연습문제 XIX (260쪽)

(1) $\dfrac{x\sqrt{a^2-x^2}}{2}+\dfrac{a^2}{2}\sin^{-1}\dfrac{x}{a}+C$ (2) $\dfrac{x^2}{2}(\log_\varepsilon x-\dfrac{1}{2})+C$

(3) $\dfrac{x^{a+1}}{a+1}\left(\log_\varepsilon x-\dfrac{1}{a+1}\right)+C$ (4) $\sin\varepsilon^x+C$

(5) $\sin(\log_\varepsilon x)+C$ (6) $\varepsilon^x(x^2-2x+2)+C$

(7) $\dfrac{1}{a+1}(\log_\varepsilon x)^{a+1}+C$ (8) $\log_\varepsilon(\log_\varepsilon x)+C$

(9) $2\log_\varepsilon(x-1)+3\log_\varepsilon(x+2)+C$

(10) $\dfrac{1}{2}\log_\varepsilon(x-1)+\dfrac{1}{5}\log_\varepsilon(x-2)+\dfrac{3}{10}\log_\varepsilon(x+3)+C$

(11) $\dfrac{b}{2a}\log_\varepsilon\dfrac{x-a}{x+a}+C$

(12) $\log_\varepsilon \dfrac{x^2-1}{x^2+1} + C$ (13) $\dfrac{1}{4}\log_\varepsilon \dfrac{1+x}{1-x} + \dfrac{1}{2}\arctan x + C$

(14) $\dfrac{1}{\sqrt{a}}\log_\varepsilon \dfrac{\sqrt{a}-\sqrt{a-bx^2}}{x\sqrt{a}}$

 ($\dfrac{1}{x}=v$로 놓고, 결과에서 $\sqrt{v^2-\dfrac{b}{a}}=v-u$로 놓는다)

이 해답을 미분하면 주어진 문제의 수식으로 되돌아가게 되는지를 확인해보라.

연습문제 XX (289~290쪽)

(1) $r=2\sqrt{2},\ x_1=-2,\ y_1=3$ (2) $r=2.83,\ x_1=0,\ y_1=2$

(3) $x=\pm 0.383,\ y=0.147$ (4) $r=2,\ x_1=y_1=2\sqrt{m}$

(5) $r=2a,\ x_1=2a+3x,\ y_1=-\dfrac{2x^{\frac{3}{2}}}{a^{\frac{1}{2}}}$. $x=0$일 때 $x_1=2a,\ y_1=0$

(6) $x=0$일 때 $r=y_1=$ 무한대, $x_1=0$

 $x_1=+0.9$일 때 $r=3.36,\ x_1=-2.21,\ y_1=+2.01$

 $x=-0.9$일 때 $r=3.36,\ x_1=+2.21,\ y_1=-2.01$

(7) $x=0$일 때 $r=1.41,\ x_1=1,\ y_1=3$

 $x=1$일 때 $r=1.41,\ x_1=0,\ y_1=3$

 극소값 $=1.75$

(8) $x=-2$일 때 $r=112.3,\ x_1=109.8,\ y_1=-17.2$

$x=0$일 때 $r=x_1=y_1=$ 무한대

$x=1$일 때 $r=1.86$, $x_1=-0.67$, $y_1=-0.17$

(9) $x=-0.33$, $y=+1.08$

(10) 모든 점에서 $r=1$, $x=2$, $y=0$. 원.

(11) $x=0$일 때 $r=1.86$, $x_1=1.67$, $y_1=0.17$

$x=1.5$일 때 $r=0.365$, $x_1=1.59$, $y_1=0.98$

곡률이 영이어야 하므로 $x=1$, $y=1$

(12) $\theta=\dfrac{\pi}{2}$ 일 때 $r=1$, $x_1=\dfrac{\pi}{2}$, $y_1=0$

$\theta=\dfrac{\pi}{4}$ 일 때 $r=2.598$, $x_1=2.285$, $y_1=-1.41$

(14) $\theta=0$일 때 $r=1$, $x_1=0$, $y_1=0$

$\theta=\dfrac{\pi}{4}$ 일 때 $r=2.598$, $x_1=0.7146$, $y_1=-1.41$

$\theta=\dfrac{\pi}{2}$ 일 때 $r=x_1=y_1=$ 무한대

(15) $r=\dfrac{(a^4y^2+b^4x^2)^{\frac{3}{2}}}{a^4b^4}$. $x=0$일 때 $r=\dfrac{a^2}{b}$, $x_1=0$, $y_1=\dfrac{b^2-a^2}{b}$

연습문제 XXI (306~307쪽)

(1) $s=9.48$ (2) $s=(1+a^2)^{\frac{3}{2}}$ (3) $s=1.21$

(4) $s=\displaystyle\int_0^2 \sqrt{1+4x^2}dx=\left[\dfrac{x}{2}\sqrt{1+4x^2}+\dfrac{1}{4}\log_\varepsilon(2x+\sqrt{1+4x^2})\right]_0^2=4.64$

(5) $s=\dfrac{0.57}{m}$ (6) $s=a(\theta_2-\theta_1)$ (7) $s=\sqrt{r^2-a^2}$

(8) $s=\displaystyle\int_0^a \sqrt{1+\dfrac{a}{x}}\,dx$ 와 $s=a\sqrt{2}+a\log_\varepsilon(1+\sqrt{2})$

(9) $s=\dfrac{x-1}{2}\sqrt{(x-1)^2+1}+\dfrac{1}{2}\log_\varepsilon\{(x-1)+\sqrt{(x-1)^2+1}\}$, $s=6.80$

(10) $s=\displaystyle\int\dfrac{dy}{y\sqrt{1+y^2}}+\int\dfrac{y\,dy}{\sqrt{1+y^2}}$

앞의 항에서 $y=\dfrac{1}{z}$, 뒤의 항에서 $\sqrt{1+y^2}=v^2$으로 각각 놓으면 다음과 같은 결과를 얻게 된다.

$$s=\sqrt{1+y^2}+\log_\varepsilon\dfrac{y}{1+\sqrt{1+y^2}},\ s=2.00$$

(11) $s=2a\displaystyle\int\sin\dfrac{\theta}{2}\,d\theta,\ s=8a$

(12) $s=\sqrt{x}\sqrt{x+\dfrac{m}{4}}+\dfrac{m}{4}\log_\varepsilon\left(\sqrt{x}+\sqrt{x+\dfrac{m}{4}}\right)$,

$s=\dfrac{m}{4}\sqrt{2}+\dfrac{m}{4}\log_\varepsilon(1+\sqrt{2})$

(13) $s=\dfrac{8a}{27}\left\{1+\left(\dfrac{9x}{4a}\right)\right\}^{\frac{3}{2}}$

(14) $s=\displaystyle\int_1^2 \sqrt{1+18x}\,dx$. $1+18x=z$로 놓고 s의 값을 z의 함수로 구한 다음에 $x=1$과 $x=2$에 각각 대응하는 z의 두 값 사이에서 그것을 적분한다. $s=5.27$

(15) $s=\dfrac{3a}{2}$

(16) $4a$

진지하게 열심히 공부하는 학생이라면 누구나 자신의 능력을 점검해보기 위해 모든 단계에서 스스로 더 많은 예를 만들어 풀어볼 것을 권한다. 적분을 할 때에는 언제나 자신이 해답으로 구한 적분의 결과를 미분해봄으로써 그 해답이 맞는지를 확인해볼 수 있다. 적분을 올바르게 했다면 그 결과를 미분하면 애초에 문제로 주어진 수식으로 되돌아가게 될 것이다.

연습을 하는 데 이용할 수 있는 예들을 싣고 있는 책은 많다. 여기서는 그런 책 가운데 두 권만 소개해도 충분할 것이다. 그것은 R. G. Blaine, *The Calculus and its Application*과 F. M. Saxelby, *A Course in Practical Mathematics*다.

| 옮긴이의 후기 |

이 책 《톰슨의 쉬운 미적분》은 영국의 과학자인 실베이너스 필립스 톰슨이 집필해 1910년에 펴냈던 *Calculus Made Easy*의 개정판(1914년)을 우리말로 옮긴 것이다.

지금으로부터 무려 100년 전에 영국에서 출판된 이 책을 지금 우리말로 번역해 펴내게 된 것은 그 내용이 지금 우리나라에서 미적분을 배우는 고등학생이나 대학생들에게도 좋은 교과서 내지 참고서가 된다고 판단됐기 때문이다. 아니, 좀 더 정확히 말하면 지금 우리나라의 학생들이 미적분을 처음 배울 때 사용하는 그 어떤 교과서나 참고서보다도 어떤 점에서는 이 책이 더 낫다고 여겨졌기 때문이다.

생전에 명쾌하고 알기 쉬운 저술과 강연으로 유명한 학자였던 톰슨은 이 책에서도 일상적인 언어로부터 미적분의 주요 개념들을 이끌어내고 설명해주는 등 미적분 초보자의 눈높이에서 미적분을 친절하게 가르쳐준다. 그래서 이 책은 누구나 미적분이라는 수학의 한 분야에 확실하게 첫 발을 내디딜 수 있게 해준다.

이런 강점은 수학책으로는 이례적으로 이 책이 처음 출판된 뒤로 100

년이나 지난 지금까지도 생명력을 유지하게 된 비결인 것으로 보인다. 지금도 전 세계에 걸쳐 많은 학생들은 물론이고 직업상 미적분을 알아야 하거나 학생시절에 배운 미적분에 관한 지식을 되살려보고자 하는 일반인 가운데서도 많은 사람들이 이 책을 구해 읽고 있다. 미국의 인터넷 서점 아마존에 올라온 다음과 같은 독자들의 서평을 보면 이 책의 가치가 어디에 있는지에 대한 감을 잡을 수 있을 것이다.

"부전공으로 수학과 물리학도 연구하는 전기공학도이자 25년간의 현업 경험도 쌓은 나는 뒤늦게 이 책을 읽고 나서 약간의 분노를 느꼈음을 고백하지 않을 수 없다. 그 분노는 다음 두 가지 사실에서 비롯되는 것이다. (1) 나는 미적분을 공부할 때 불운하게도 이 책을 접할 기회가 없었다. (2) 나는 그동안 미적분을 가르쳐준다면서 대중을 좌절시키는 허풍선이 저자의 기능적 헛소리 같은 책만 많이 보았다. … 미적분 공부를 시작하려고 하거나 미적분을 제대로 이해하고자 하는 사람이라면 누구에게나 이 책을 강력히 권한다."

"나는 2년 전부터 학생들에게 미적분을 가르쳐온 교사인데 몇 주 전에야 비로소 이 책을 우연히 만나게 됐다. 읽어보니 미적분의 철학을 아주 간명한 방식으로 설명함으로써 수학에 능숙하지 않은 사람도 미적분을 쉽게 이해하게 해주는 책이라는 사실을 알게 됐다. 미적분에서 사용되는 개념들은 정말로 단순하다. 그런데 교사들의 자존심이 항상 문제다. 교사들은 자존심 때문에 자기가 아는 게 얼마나 많은가를 보고 학생들이 놀라기를 기대하면서 미적분을 아주 어려운 것으로 보이게 만든다. 유감스럽게도 그 결과로 학생들은 혼란을 느끼게 되고, 미적분 공부에 대한 흥미를 잃게 되며, 심지어는 그로 인해 성공적으로 걸어갈 수 있을 만한 길도 지레 포기하게 되기도 한다."

"나는 몇 년간에 걸쳐 대학에서 고등수학을 배우고 공학 분야의 학위를 취득했지만 미적분에 대해 내가 알게 된 것은 모두 다 기계적인 암기와 반복연습의 방식으로 습득된 것이다. 그동안 내가 미적분에 관한 문제에 대해 답을 찾아낼 수 있었던 것은 미적분의 기본원리나 그 기초를 이해했기 때문이 아니라 문제를 푸는 과정을 암기했기 때문이었다. 학교를 졸업하고 나서 여러 해가 지난 뒤에야 나는 이 책을 사서 읽게 됐다. 마치 어둠 속에서 불이 켜진 것 같았다. … 이 책을 읽고 나는 비로소 미적분을 제대로 이해하게 됐고, 아마도 나 말고 다른 사람들도 이 책을 읽으면 그렇게 될 것이다. … 주위에서 누군가가 미적분을 배우는 데 애를 먹고 있는 사람이 있으면 그에게 이 책을 소개해주도록 하라."

위에 인용해본 서평은 미적분뿐만 아니라 수학교육 전체에 대해서도 다시 한 번 생각해보게 한다. 수학교육이 기본원리에 대한 이해보다는 공식의 암기와 문제풀이 요령의 습득에 치중하는 폐단은 우리나라에만 있는 것이 아니라 서구사회에도 있는 모양이다. 그러나 우리나라만큼이야 그렇겠는가? 수학에서 배우는 내용 가운데 특히 미적분에 대해서는 위와 같은 폐단으로 인해 많은 학생들이 두려움을 느끼는 것 같다.

입시당국이 몇 년 전에 학생들의 입시부담을 줄여준다는 명분 아래 대학수학능력시험의 인문계 문제에서 미적분을 제외하는 조치를 취했다가 최근에 그 조치를 번복하고 인문계 학생들에게도 미적분 문제를 내겠다고 발표하자 학생들이 크게 긴장하는 반응을 보인 바 있다. 이런 일은 대학의 자연계 교육에서만이 아니라 인문계 교육에서도 미적분에 대한 지식이 요구된다는 사실을 확인해주는 것인 동시에 미적분에 대해 학생들이 느끼는 부담감이 얼마나 큰 지를 보여주는 것이기도 하다.

그런데 지은이 톰슨은 이 책의 속표지에서 '고대 원숭이 속담'이라는 해학적인 가상의 출처를 대면서 "어느 한 바보가 할 수 있는 것은 다른 바보도 할 수 있다"는 격언을 들려주는 데 이어 머리말에서 "미적분을 할 줄 아는 바보가 얼마나 많은가?"라고 묻는다. 굳이 풀이하자면, 미적분은 제대로만 배운다면 바보도 배울 수 있을 만큼 쉬운 것이니 겁먹지 말고 이 책을 통해 배워보라는 권유인 셈이다.

그러나 이 책은 미적분을 처음 배우려는 학생들만이 아니라 어느 정도 배운 상태에서 미적분의 핵심을 다시 한 번 파악해보고 싶어 하는 학생들, 학창시절에 배운 미적분 지식을 되살리고 싶은 일반인들, 학생들에게 미적분을 어떻게 가르쳐야 하는지를 고민하는 교사들에게도 도움이 될 것 같다. 이 책은 이해하기가 쉬운데다가 읽기를 즐길 수 있는 책이기도 하다.

| 찾아보기 |

ㄱ

가분수식 137
가속도 69, 72
각가속도 76
각속도 76
감소계수 178
견인선 298
곡률 276~82, 285
곡률반지름 279, 283~4, 286~7
곡률원 279, 281
곡률중심 281~7
곡면적분 229
곡선과 직선 93
곡선의 기울기 91~2, 98, 127, 210
곱해진 상수 37
굴렁쇠선 306
그레이디언트 97
그리스 문자 8
극댓값 95, 109~10, 112, 128, 265
극대점 95
극솟값 94, 107~110, 112, 128
극소점 94
극좌표 245
기하급수 174
기하급수적 증가 156

ㄴ

냉각의 법칙 176

네이피어 로그표 165
네이피어 상수 166
네이피어, 존 163
뉴턴, 아이작 71, 176

ㄷ

단리 151, 156
단열과정 241
단위 로그 성장률 157
단진동 190
대수 24
대수적 성장률 157
대학수학능력시험 305
더해진 상수 36, 40
데카르트 좌표 293
데카르트, 르네 292
도함수 62
독립변수 24, 72
두 번째 단계로 작은 양 13~4, 28~9
될롱, 피에르 루이스 57

ㄹ

라이프니츠 71
로그 24
로그 성장률 157
로그곡선 174~5
로그나선 302~3, 306
루트 민 스퀘어 248

찾아보기 337

ㅁ
면적분 228
명시적 함수 23~4
무한 비순환 소수 160
미누트 11
미분 14
미분기호 9, 26
미분계수 24~5, 49, 62, 90, 148
미분과 적분의 표준형태 311-3
미분방정식 219, 258, 261
미분방정식의 해 258

ㅂ
반감기 182
발뢰르 에피카스 248
방사성 물질의 평균수명 182
변곡점 281, 286
변수 18
복리 151~5
부분분수식 136~46, 257
부분적분 252~3, 266, 304
부피적분 229
불, 조지 259
비율 65, 71
뾰족점 123

ㅅ
사이클로이드 306~7
산술평균 249
삼각함수의 미분 186~91
삼중적분 228~9
상수 18, 49, 119
상용로그 164~6
상한 233
수학교육 335

스위프트, 조너선 16
시간상수 178, 180
실효값 248

ㅇ
아르 엠 에스 248
암묵적 함수 23~4
양함수 23
에어턴, 허사 마크스 60
엡실론 157~60, 162~3
역학의 방정식 72
역함수 148~9
영으로 놓는 방법 110, 112
오일러의 수 166
완전미분 269~71
운동량 70
원의 방정식 117
유기적 성장률 157
유율 71~2
유클리드 21
유효값 248
율 65, 68
음함수 23
이상기체 241
이자 151~4
이자율 151~4
이중적분 228
이차 미분방정식 271
이차평균 248
이항정리 33, 158~9
인수분해 138~9
인호선 298
일 72
일반적분 233~4
일반적인 방정식 112

ㅈ

자연대수 163
자연로그 163~6
자연로그표 165
적분기호 9, 207, 219
적분상수 220, 228, 236, 239, 263
적분의 공식 226~7
적분의 상한과 하한 233~4
적분인수 270
전도체 180
전미분 198
접선의 기울기 91, 101
접촉원 279
정적분 233
제곱평균 248
제곱평균제곱근 248
조건부 방정식 112
종속변수 23, 36
주파수 190
지수급수 160~2
지수함수 273~4
진동수 44, 190
진분수식 137~8

ㅊ

체적적분 229
추적선 298
축차미분 61~2, 127
치환 255

ㅋ

카티지언 좌표 292
커티너리 287~8, 297
켈빈 경 173

ㅌ

톰슨, 실베이너스 필립스 333, 336
통약 160
트랙트릭스 298, 301

ㅍ

파동 190, 275
파스칼의 달팽이 246
파이 157
파형률 249
페리의 복사고온계 42
편미분 197~8
평균 높이 243~4
평방평균 248
포시스, 앤드루 러셀 258
피타고라스의 정리 202

ㅎ

하한 233
한계 사이의 적분 233
함수 23, 61
헤론의 공식 201~2
현수곡선 288
형태계수 249
호와 현 293
호의 길이 291
회전체 244
휘트워스, 조지프 209
흐름률 71
흡수상수 181
힘 70~2